U0023222

非營利組織行銷：以使命為導向

MISSION-BASED MARKETING

Positioning Your Not-for-Profit in an Increasingly Competitive World

Peter C. Brinckerhoff◎著

劉淑瓊◎校譯

許瑞妤、鍾佳怡、雷宇翔、李依璇◎譯

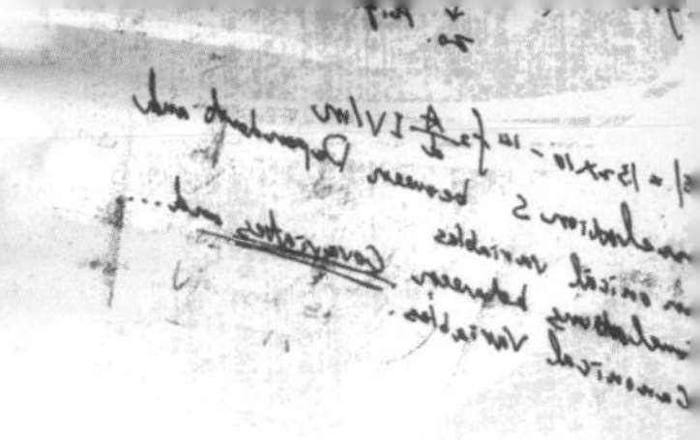

行銷是幫助非營利組織達成使命的利器

黃俊英

行銷原先是從營利事業的經營環境中孕育出來的，也是在營利事業的應用中不斷成長壯大。但自1969年有學者提出擴大化的行銷觀念以來，行銷的適用範圍已不再侷限在營利事業，許多非營利性的組織，如學校、醫院、教會、公益團體、慈善組織等，也都著手引進行銷的理念和方法，希望運用行銷的技巧來提升本身的吸引力和競爭力，俾能有效爭取足夠的社會資源，爲社會大眾提供更完美和更快速的服務。

不過，仍然有許多的非營利組織不了解行銷，甚至排斥行銷。有人認爲行銷就是銷售、就是廣告，認爲只有營利事業才用得著行銷；有的人誤以爲行銷就是作秀，就是誇大不實的廣告，就是花招百出的噱頭。由於對行銷的不了解或誤解，因而未能運用行銷這一個利器來有效爭取和運用社會資源，提升服務的能量，擴大服務的績效。這不僅是非營利組織的損失，也是整個社會的損失。

大多數的非營利組織都有其崇高的使命。譬如，創世紀基金會的使命是要「結合各界善士，服務殘到底（植物人）、老到底（失智、失依、失能老人）、窮到底（街頭流浪人）的社會弱勢。」喜憨兒社會福利基金會的使命是要「以愛與關懷化解障礙，啓發憨兒的潛能，回歸社會主流，並享有生命的尊嚴與喜悅。」非營利組織存在的意義就是要結合志同道合的人士和匯集社會各界的資源，來達成組織的使命。而誠如本書作者所強調的：「行銷會是幫助你以更快速、更專注的方法，更完美地達成使命。」

本書的內容非常廣泛，涵蓋市場導向、競爭環境、市場區隔、競爭對手的分析、市場研究、顧客服務、行銷計畫等重要的行銷領域，而且列舉許多眞實的案例和實用的表格，是專爲非營利組織的董事、管理人員和志工而寫的，是一本非常實用的行銷工具書。

本書譯者是五位優秀的青年朋友，譯筆流暢，並由多年前在行政院研考會服務時的老同事劉淑瓊教授審校，是一本值得所有非營利組織的朋友用心研讀的好書。希望所有的非營利組織都能從本書中了解行銷的本質和眞義，並能善用本書所介紹的行銷理念與技巧，讓組織能更有效能和更有效率地達成組織的使命。

（本文作者為義守大學管理研究所講座教授、
國立中山大學管理學院榮譽講座）

善用行銷概念，達成組織永續經營

馮燕

社會工作專業的領域範圍很廣，從個人體系、家庭社區，到社會政策的倡導與制定，都有社會工作專業人員可以發揮的空間，其中非營利／非政府組織更是愈來愈受到社工專業人員的重視而願意投入其中，發展其職業生涯。在以公益使命爲宗旨的非營利組織中，社工專業人員得以認同其價值觀，服務弱勢族群，倡導公平正義的社會觀念，並可以運用其專業知識與技術，提供各種促進社會福利、改善案主處境的服務，然而也往往受限於資源不足，或與其他專業人員互動不順利的困境，因而亟需加強有關「行銷」的觀念與技術。

在傳統印象中，「行銷」好像總是與「市場」概念相伴，像是營利事業才會運用的技術，但是本書的作者卻把「重視市場」與「實踐使命」這兩個重點結合，將行銷概念轉化成能堅持組織使命，亦能隨著市場移動，以鞏固非營利組織本身永續經營的策略。更好的是，作者同時寫了一本工作手冊，還有各個單元的練習作業，以幫助讀者掌握實境。因此，當我知悉本系劉淑瓊教授選本書爲她所開「社會工作與行銷」課程用書時，即十分爲學生高興。後來果然不但該課大受學生歡迎，更願意合力翻譯本書及工作手冊爲中文，以嘉惠後進學生及其他有需要的非營利組織工作人員。

檢視譯者大多爲本系優秀學生，在劉淑瓊教授的悉心校譯下，本書兼具觀念建立與實用價值，且流暢易讀，相信可以幫助讀者很快得到應有的概念與技術。

（本文作者為台大社工系系主任、
台大非營利組織與社會發展研究室召集人）

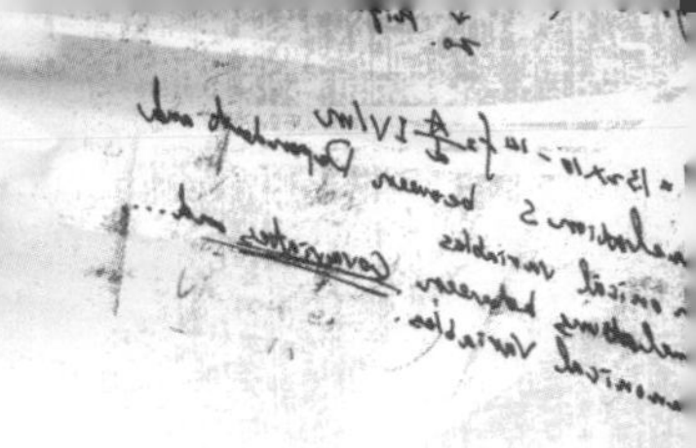

行銷：永續使命的護照

蘇國禎

翻閱了《非營利組織行銷：以使命爲導向》一書，心頭像漣漪般激起一波波的震撼，這不正是當前非營利組織所應遵循的方向嗎？我在演講中經常會遇到有人向我表示「行銷好像很商業化」，對NPO的人而言，直接的反應是有損清高的志業，不以爲然、敬而遠之。這一道看不見的鴻溝使得像變革、像競爭、像產業化、像行銷被一切兩斷，清楚隔開了營利部門與非營利部門。其實第二部門與第三部門，只是使命有所不同，貫串的道理如管理，使用的手法如行銷，基礎設施如電腦化，又如何區分第一、第二及第三部門？我必須給提問者詳釋，像耶穌基督在佈教建立使命時就要靠行銷來吸引信徒。像國父孫中山先生鼓吹革命時不靠行銷哪來的槍砲彈藥？哪來的革命志士？

其實行銷只是在滿足顧客價值主張的過程中，各取所需。所以它是一項價值的交換，而非關營利或非營利，第三部門正必須靠著不斷獲得新的資源，才能維持組織的永續發展與使命的逐步達成。

有人說喜憨兒基金會做得很好，發展得很快。其實這都有賴優秀的行銷手法。九年前我們成立基金會時，我們沒沒無聞，與其他小團體一樣經歷過狹縫中成長的危機。只是我們了解社會資源的有限性及社福團體的非獨占性。在這非零和遊戲的賽局中，行銷就是維持競爭優勢的唯一手段。我們妥善的運用了「這一股被忽視的經濟力量」，務實的創造價值，並藉著交換價值來實現我們的夢想、達成我們讓憨兒獲得生命尊嚴與生活喜悅的使命。所以，行銷就像一本讓我們邁向永續經營、達成使命的護照。

第三部門的行銷與第二部門所不同之處，即在於使命，第三部門開一家醫院是爲了病人而存在，而不是爲利潤而存在，利潤只是伴隨而來的，若是利潤導向那就歸類在第二部門。

「給他魚，不如給他釣竿教他釣魚。」是大家耳熟能詳的口號。喜憨兒基金會加入了「更要帶他到有魚的地方」的理念，也圓滿了行銷的四大要素。

狹義的行銷對喜憨兒而言是賣麵包與服務的價值交換。但是在使命基礎上的行銷，即是廣義的行銷，我們行銷的產品（Product）就是喜憨兒的核心能力，憨兒有核心能力嗎？你可能不相信，他們的純眞與認眞正是核心能力，而僅占2%的人口比例，彌足珍貴，這是珍藏的釣竿。在價格（Price）要素上，我們的行銷價值就是，要讓他釣到魚才能創造出社會價值來，有了社會價值，社會上才會引起共鳴、包容與肯定，使憨兒回歸到社會主流。而我們行銷的促銷（Promotion）是一項典範的轉移（Paradigm shift），隨著社會變遷的趨勢，自立自強、自立更生，而不是等著讓人同情、讓人救濟，這種改變憨兒形象與角色則是教他們釣魚。最後行銷的通路（Place）是要開拓出行銷市場，魚不會是在家裡、學校裡，而是在人群、在社區、在社會中，所以要帶領憨兒走出陰霾、走入社區。

如今，當許多公益團體對捐助者大聲疾呼：「我們要服務××位心智障礙者，請多多贊助。」的同時，喜憨兒們則信心滿滿的說：「我們到 2003 年底總共服務了三百九十萬人次的消費者。」這正是最好的使命行銷，喜憨兒取代過去「智障、弱智」這種負面意涵的字眼，成爲國人心目中喜悅、溫馨、堅強、自立的代名詞。

爲善不欲人知的時代已經過去了，非營利組織的使命有賴行銷，以取得更豐富的資源來達成，並使組織永續發展。觀念的變革如箭在弦，誠如書中所言：「火車就要離站了，你不是已經在車上，就是沒有趕上。」連喜憨兒都上車了，你呢？

（本文作者為喜憨兒社會福利基金會執行長）

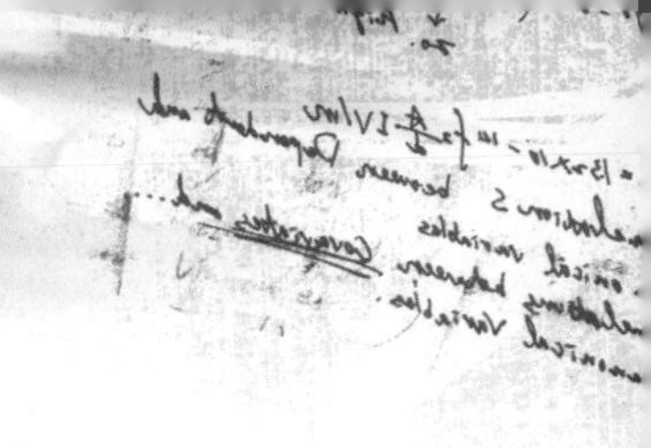

校譯序

我的生涯事業曲折離奇，雖是偶然的停駐，卻是我截至目前做最久的一份工作——在銘傳大學傳播學院教了八年的書，社會福利的訓練背景，很自然地在同事的耳濡目染中，開始對非營利組織的行銷與公關產生了濃厚的興趣，並且從指導學生相關議題的論文當中累積了更多的知識。

這十年來投身政府公共服務契約委託的研究，貼近觀察，也投身參與各式各樣的非營利組織，眼看著一些有理想有抱負的非營利組織，由於資源不足或流失而「壯志未酬」日漸萎縮；但也看到若干組織因為善用行銷的知識和技術，不僅成功地扭轉社會大眾對於弱勢者的刻板印象，紮實地改變了台灣社會根深柢固的一些觀念，組織更是蓬勃發展——社會知名人士樂於代言、專業工作者良禽擇木而棲紛紛投效、志工人力源源不絕、民眾捐款受到經濟不景氣影響相對較低……，各種事實都顯示在越來越競爭的世界當中，非營利組織要能接受、並實踐行銷的知能，才可以動員更多的資源，完成更多的使命。

儘管許多非營利組織的管理者都意識到了應該面對行銷時代的到來，然而，更多人雖然羨慕某些組織的行銷公關成果，但對於它們花俏的宣傳手法、公關人員多於專業服務人員、只見煙火，不見服務績效，或者一味追求更高知名度與募款成效，而和組織承諾的使命漸行漸遠的做法卻議論紛紛，他們對此困惑而反感，從而堅決反對把行銷和神聖的公益事業連在一起。而我也看到了這些一心致力於專業服務的組織，爲汲取更多的資源，爲教育這塊土地上的人們，很辛苦地撐在那裡。

有鑑於此，2002年我決定在台大開「社會工作與行銷」的課，並且採用Peter C. Brinkerhoff的套書做爲主要參考書。這是在網路書店的眾多選擇中讓我驚豔不已的一本書，作者在書名上就表明了他對非營利行銷的核心主張——使命導向，追逐市場的浪頭卻不出賣靈魂，深得我心。許多商學背景者撰寫的非營利行銷書籍或是文章，多一語帶過非營利行銷所運用的原理原則與營利組織並無二致。這種論點雖簡易卻無法說服長期參與非營利組織運作的我，也無法解答反對非營利行銷的人心中的困惑。作者憑藉著深厚豐富的實務經驗，信手捻來都是非營利組織現實運作中貼切生動的例子，加上頗具創意與實用性的實際操作，以及行銷高手輕鬆幽默的筆調，一路讀來就像作者在旁面授機宜、殷殷提醒般，確實是一本有說服力、有用有趣好讀的教科書與工具書。特別值得一提的是，本書作者也顧及了實務工作者的需求，以套書加光碟的方式出版，《非營利組織行銷：以使命爲導向》一書側重論述和舉例，《非營利組織行銷工作手冊》則是擷取前書的精華，並附上許多查核表與工作單，讓讀者可以無師自通，從自我檢視與團隊研討當中，擬定貼近自己組織需求的行銷計畫。

雖然非營利組織在台灣已成顯學，雖然大家越來越覺得非營利行銷很重要，但放眼四望，截至本書出版前，台灣卻還沒有一本以此爲主題的專書。在一次與剛從柬埔寨當難民志工回來，也修這門課的大四學生許瑞妤聊天中，我提到把這本書翻譯成中文的想法，她靈慧的大眼閃著興奮的光芒，跟我說，「我去找人。」就這樣，瑞妤和她的好朋友台大工商管理系的雷宇翔、台大社工系的鍾佳怡和她的好朋友台大工商管理系的董家驊，以及澳洲墨爾本大學主修行銷、來台大當交換學生的李依璇就組成了一個堅強的團隊。這五位二十出頭的大孩子英文能力有一定的水準，具國際觀，本身自主、自律，也自我負責、相互打氣，在畢業前的短短三個月卯起來翻譯，眞是教人刮目相看，其中瑞妤和宇翔更是譯書團隊的靈魂人物。

接下來就是我的工作了。在目前學術界處處以SSCI爲標竿，翻譯沒有credit的評鑑機制下，投入很大心力好好譯一本書，校閱一本書，讓更多非營利組織的學習者與管理者不費力地吸收正確的知識，達成更多使命，似乎並不是一件聰明的事。我自己也有教學、研究的本職，因此這本書的校譯工作，就成了這一年每天清晨的早課，和無數小空檔時的必做之事。我的主要任務是逐一比對中英文，把英譯修改得更正確，把涉及社會或醫療專業服務的內容改寫得更精準，把文句順得更流暢，把四個人的筆調拉得更近些，好讓讀者讀來行雲流水、興味盎然，在愉悅中盡情領受書中的哲理、智慧與成功的策略。

這本書能夠完成呈現在讀者面前，要謝謝很多人。首先要謝我在行政院研考會工作時的老闆，也是一生的恩師——魏鏞教授，追隨他工作多年，視野爲之開擴，學到不少知識和本領，更「磨」出了實事求是、鍥而不捨的態度和習性，這對我爲學和翻譯都有很大的助益。其次要謝行銷大師黃俊英教授，也是我在研考會的長官，一路關懷這本書的翻譯進度，獎掖後進慨允寫序。台大社工系系主任、非營利組織管理兼具理論與實務的專家，也是台大非營利組織與社會發展研究室召集人的馮燕教授，和在非營利行銷的實務上令人高度欽佩的喜憨兒社會福利基金會蘇國禎執行長，在百忙中閱讀這本書的初稿，提供高見並撰寫序文，對翻譯團隊來說都是莫大的鼓勵！

剛七轉八折回到社工圈，我對出版社不熟，出版社也不熟我，多虧我的學長東海大學曾華源教授引介，促成美事一樁。爲了提高整本書翻譯素質，對於一些事涉美國文化與生活的部分，好多位國外的友人熱心解惑，都是我要衷心感謝的。此外，玲君、尹男、惠俐、慧婷、珮珊等幾位學生先後幫了不少忙，讓我可以專注於譯文的校閱。揚智的葉忠賢總經理、林新倫總編輯、潘德育協理和晏華璞副主編更要一謝，一路走來，他們對譯者的體貼沒話說，讓我的校譯工作可以有充裕的時間精工雕琢，所有可以讓這本書更有質感的要求，他們都照單全收，無疑地，這是一次愉快的合作經驗。最後，也是最重要的，謝謝先生陳芳明的支持和女兒幼庭與家悅的貼心！

謝了這麼多，還是不能免俗地要說，如果翻譯上有任何疏漏之處，擔任校譯的我責無旁貸，希望讀者能讓我知道，好在下一版（如果有的話）修改過來。

劉淑瓊

謹誌於台大社工系405研究室

2004年8月27日

譯 序

非營利組織從最早的慈善形象轉變為企業化經營，已是個不爭的事實，彼此除必須合作，更得在資源有限的環境下激烈競爭，缺錢、缺人總是第三部門工作者琅琅上口的遺憾。潮流如此，現實也是如此。然而，如何在百家爭鳴的時代不只曇花一現、實現各組織的目標，並不是每個組織先天所具備的能力可以達成的。有鑑於此，希望可以將這本《非營利組織行銷：以使命為導向》及《非營利組織行銷工作手冊》的實用概念帶給大家，增加各組織的能力。

作者以數十年與非營利組織工作的經驗，揉合輕鬆幽默的筆調，逐一帶領讀者進入新的行銷視野，並用易於理解的實際例子，分享務實的應用技巧；更體貼的附上工作手冊，化理論為實際。首先打破過去陳舊的行銷觀點，讓大眾了解行銷不再只限用於營利事業，而是可以更廣泛地被使用，建立品牌、提升形象等過去令第三部門工作者不以為然的技巧，是讓組織得以更容易達成使命的助力。這些方法往往被忽略，卻是最基本也是最容易支持組織運作的途徑。適當地利用行銷，不僅可以在眾多競爭者中脫穎而出，留住已存在的支持者，也可以吸引更多有心卻苦無門路的潛在顧客。

之後，作者不但提供組織變革需要的眼光和動力，又以多方面的裝備提高組織的行銷能力，最後，終於讓行銷在組織中成為一個完整而永續的過程，來實踐願景。譯完這本書，如同親身走了一遭組織變革的過程，許多時候不禁爲作者的切重要害拍案叫絕，改變行銷哲學和架構時，即使遇上的必然挑戰，也已經被周到的包含在討論範圍內，並用許多資訊及實踐原則協助組織克服挑戰，作者的用心和遠見可見一斑。感謝工作團隊認眞且負責的合作，以及劉淑瓊老師細心的校譯和修正，希望各位讀者也和我們一樣得到許多啓發。

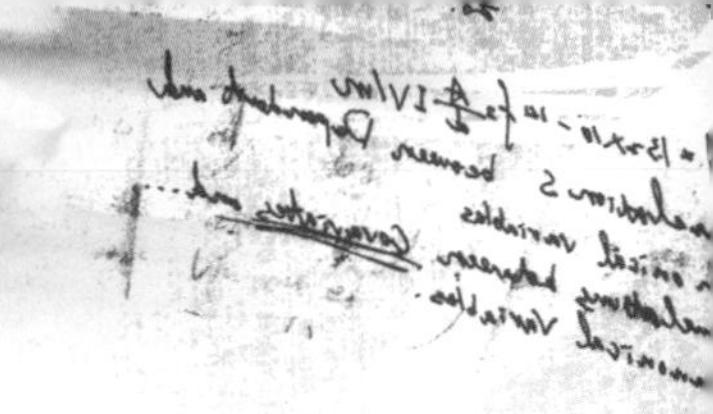

感　謝

當一個人坐下開始著手於第三本書的第二版時，才開始眞正了解自己的工作，並且有能力妥善的處理它。當然，這是不對的，或者至少我是錯的。這件工作的完成，有太多的人要感謝，尤其是那些非營利組織的志工及工作人員，他們的實例，讓書中的許多想法鮮活了起來，而且是有根有據的。任何一個優秀的顧問都會教學相長，因此我希望把自己的訓練課程以及出版品當作是一種分享所學的方法。而這本書眞的做到了！

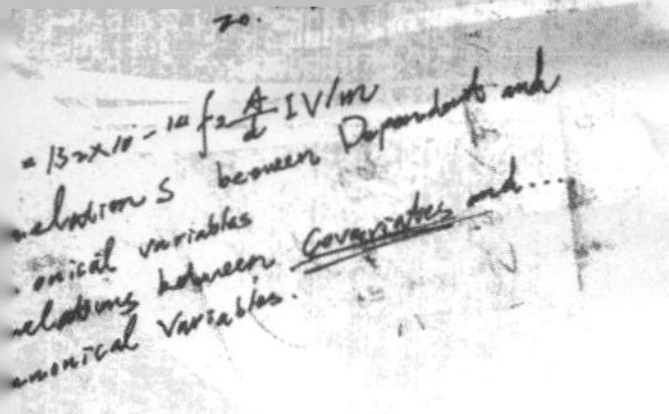

關於作者

Peter Brinckerhoff 是一位國際知名的專家，專門協助非營利組織完成更多的使命，募集更多的資金。自從1982 年成立自己的公司 Corporate Alternatives Inc. 開始從事顧問的工作之後，他在全美各地與上千個非營利組織的工作人員及董事們合作過。Peter 著作等身，還有五十篇以上關於非營利組織管理的文章發表在各著名的期刊上，如 *Nonprofit World*, *Advancing Philanthropy*, *Contributions*, *Strategic Governance*, *Journal of Nonprofit and Voluntary Sector Marketing* 等。他同時也是這幾本獲獎書的作者：*Mission-Based Management*, *Financial Empowerment*, *Social Entrepreneurship, Faith-Based Management*, *Mission-Based Management Workbook*。Peter 的著作爲全球超過七十所大專院校大學部及研究所的非營利課程所使用。

Peter 在他的著作、諮詢和訓練當中，帶入了相當廣泛的實務操作經驗。他自己曾經擔任過若干地區性、州層級或全國性非營利組織的董事、工作人員及執行長，本身相當了解這三種角色在非營利部門中不同的觀點及其重要性。

Peter 在賓州大學（University of Pennsylvania）得到學士學位，並在杜蘭大學（Tulane University）的公共衛生學院獲得公共衛生碩士學位，他現在和太太及三個小孩住在伊利諾州的春田市。

讀者可以透過 Peter 的網站和他聯絡：www.missionbased.com。

目　錄

1 引言

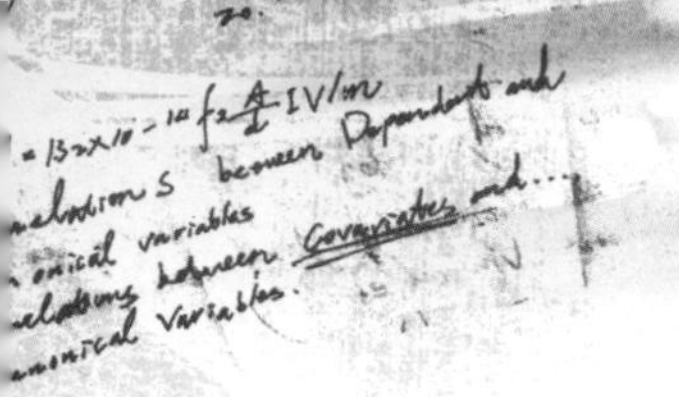

總覽

更加競爭、社會企業主義、競爭的環境、自由市場、開放的市場、根據市場所做的定價、管理式照護（managed care）。以上這些用字在現代非營利組織的世界裡幾乎無所不在，但這些詞彙對你、你的工作人員、你的董事會來說，有什麼意義呢？更重要的是，你的組織在競爭越來越激烈和需要快速反應的環境裡，如何去調適、生存，甚至發展繁榮呢？

科技日新月異。網路的世界使我們總是在線上，總是期待立即的答案，快速的回應，馬上下載需要的問題對策。變革的步伐、期待的步調（我們期望事情多快被完成）都在持續加速中，你的組織要如何因應？

從1996年出版了《非營利組織行銷：以使命為導向》（*Mission-Based Marketing*）這本書的第一版之後，儘管很多事情都改變了，唯獨非營利組織行銷的核心議題和技術並沒有太多變化：現在對非營利組織的廣告、非營利組織利用商業技巧來達成使命的接受度更高；科技的進步有助於大幅降低成本，例如自行印製行銷素材。但是在另一方面，時間與金錢的投入，和聘用有技術的工作人員的成本卻是提高了，比方說要維持一個有價值、吸引人的網站就所費不貲。當然，各非營利組織之間對於優秀的工作人員與志工、捐款和捐贈物資，以及更重要的各種補助、契約和服務對象，都有更激烈的競爭。

當大部分非營利組織提供的都不是立即解決問題的對策，你要怎麼在講求「當下」的文化（“right-now” culture）中經營組織呢？或許你無法立即改善環境、終止兒童虐待、改進學齡前教育、終結人們流離失所、飢餓，或歧視，但這並不代表你不能現在就著手開始，並以高度關注當下文化的方式來實踐你的使命。

這本書將會教你如何反應、回應和重塑你的組織，成爲一個成功運用二十一世紀非營利組織管理最佳工具的組織。怎麼做呢？透過維持以使命爲本的同時，轉變成市場導向；透過完善的、經過時間考驗的行銷方法，以達成更多的使命；透過將每一個和貴組織互動的人，都當作是很有價值的顧客般對待；透過發展一個行銷的團隊模式，使提高顧客滿意度成爲每一個人的責任。

我在上課和演講當中，都不停地重複主張：行銷的技巧其實是將商業技巧轉換成使命。許多人對於在非營利組織裡談行銷概念感到不自在，因爲他們都把行銷窄化成粗糙的銷售。銷售（不論你認爲粗糙與否）是行銷的一部分，但不是全部。爲了幫助你立刻了解爲什麼這本書以及使命導向的行銷概念是如此重要，讓我向你保證，行銷將可幫助你以更快速、更專注的方法，更完美地達成使命。在非營利組織中，好的行銷就是一個好的使命，本書將與讀者一起分享個中祕訣。

在開始的這一章，我們會檢視爲什麼你所處的世界變得越來越競爭，而競爭和行銷又有什麼關聯；會說明我爲誰寫這本書（也就是目標市場[target market]），以及閱讀、投資時間在這本書上的好處是什麼；最後，我會簡單概述後面的每一章節，好讓你對於本書的順序及對於往下閱讀的收穫有所預期。

接下來幾頁或許有些深奧，但卻可以提供一些紮實且務實的概念，教你如何引領你的組織抱持在二十一世紀不被淘汰的競爭心態。接下來幾章，讀者將可學習到：行銷對組織的使命是如此重要；一個使命導向的組織，如何同時也是市場導向的；行銷循環以及它如何適用於你的組織和使命；如何確認並貼近你的顧客；如何辨識和監看你的競爭對手；此外，你也將會看到科技如何同時使行銷變得更簡單、更便宜、更具挑戰性；本書也將討論一級棒的顧客服務之關鍵要素，並教你如何運用在你的顧客之上。

行銷不是一種有開始和結束之分的不連續事件，它是一個連續的過程，一個成爲定律的循環，是組織文化的一部分。在你的組織裡面培養那樣的文化可能得花上數個月，甚至數年的時間，但是也可能是一個很短的旅程，取決於你的工作人員、董事會、資助者，和你的社區，不過，最重要的是你。你將會是那個手上握有工具可以幫助組織跨越現況，成爲兼具使命承諾以及市場導向的人。這是個很大的工程，但毫無疑問對你的組織、你的社區和你所服務的人而言，肯定是值得的。

第一節　一個競爭、總是在線上的世界

過去十年當中，整個非營利社群的趨勢在各方面都面臨轉變，就像潮水拍打岸邊一樣，這些轉變一開始太不容易被察覺，而且只在一些局部的海岸線稍微明顯。但是一旦潮汐變化，它的動力已經轉向，變成不可逆轉的結果，這股力量太大、太有力、太全球性，讓我們無法抗拒。

在非營利的世界裡，這股潮流已然改變，整個趨勢是冷酷的、像一條不歸路似地，遠離獨占和有限的市場，轉向高度競爭的自由市場移動。政府，特別是州和地方的層級，已經注意到競爭在非營利世界中起了作用，可以活化這個領域的經濟，像其他部門一樣生產出更好、更低成本的服務。就像其他從限制性市場轉變成爲自由市場的歷程一樣，都會造成市場的重新洗牌：一些

組織因為無法適應和競爭而被淘汰出局。你的組織會是一個有活力的競爭者，還是下台一鞠躬，走入歷史？

在這裡，我必須先暫時叉開主題。當美國在一九六〇到一九九〇年代正花費大筆金錢打冷戰，最後打贏這場戰爭，捍衛了民主和資本主義安全（或是資本主義和民主）的同時，我們卻因為政策的偏差，使得非營利部門無法從開放市場中獲益。由於當時的政策是在同一社區中，針對每一類型的人群服務或藝術團體，只資助當中的一個，因此，造成其他類似的組織或團體無法生存下去。

- **舉例說明：**看看我們如何命名非營利組織：亞當郡心理衛生中心、春田室內樂團、丹佛心智障礙者協會、山克拉門都動物收容所。藉由命名，已經為這些團體和當地捐贈者宣示了地理上的獨占，再加上聯合勸募協會（United Ways）及其他的資助者再進一步以「服務重疊」作為藉口，完全排除了組織間相互競爭的可能性。

此種政策不僅令人難以置信，對非營利組織的工作人員和董事會來說，更是擺出一種恩賜的、要人領情的貶低態度。挑明了：「我們知道你們是好人，但不是非常高明的經營者，因此，不能和我們同台競技（自由市場）。可是，我們又需要各位的服務，所以，我們會保護你。」

事實上，在所有主要非營利組織場域——藝術、研究、環境、人群服務、教育、宗教和協會裡，只有宗教、民間興學（通常是高等教育）和協會這三個領域較能掙脫限制性市場的束縛。我們在與宗教崇拜相關的領域裡，看到各式不同的組織滿足人們各種不同的需求之最佳例證。沒有大小、地點、宗教理論或服務的限制，宗教已經成爲一個眞正多元的「產業」，有著適合每一個人的教團和派別（如神職人員說的「口味」）。教堂、寺廟、猶太教堂、清眞寺都可以自由競爭，而且發展出各式各樣的選擇。相對地，藝術或絕大多數的人群服務組織卻不是如此，這些團體耗用政府不少的預算，以很高的成本被保護著。壞消息（對一些來說）同時也是好消息（對另一些來說）：當卡在永無休止的財務危機中的政府，開始嘗試要找出支付與日俱增的社會與教育服務需求的新方法之際，這些保護正在逐步縮減當中。

這部分的改革已經在像是監獄或公立學校之類的傳統政府服務的契約委託或民營化裡表現出來。此種作法越來越被接受，資助者會用另外一種眼光重新看待他們對原來的「受委託者」——非營利組織的補助。資助者發現可以藉由引入競爭機制到這些先前被認爲神聖不可侵犯的領域，而得到本小利大的好處，只要他們持續維持高品質標準，應該可以造就一個三贏的局面。

❑ **舉例說明**：在德州，原來由政府及受委託或補助的非營利組織所執行的工作福利方案（Welfare-to-Work initiative），經由競爭性的投標，全數移轉給營利性質的 Lockheed Martin 來做。儘管非營利組織的反對聲浪震天嘎響，但並未獲得任何同情。經過了前三年的實施，顧客（那些從領取福利轉而去工作的人）都非常滿意這個計畫和他們所得到的服務。過去在麻州，提供成年肢體障礙服務的機構經常會接到州政府打電話來說「我們要把喬治（或南西，或巴勃）送過去」，然後這個人就成爲機構的案主。只要組織在那裡，而且提供令人滿意的服務，就會有源源不絕的人上門接受服務。現在情況改變了，從1995年開始，組織必須展現出本身的服務與競爭力，與其他非營利組織相互競標，才能「接收」到案主。在印地安那州，提供社會服務的

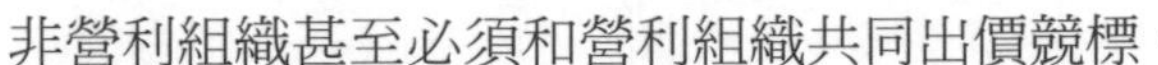

非營利組織甚至必須和營利組織共同出價競標。

- ❑ **舉例說明**：過去聯邦政府有不少長年的契約，現在則將更多的工作改以競標方式進行委託，特別是在人群服務的領域。他們對成效（outcomes）的重視多於過程，並且對過去完全由非營利組織執行的工作，現在也允許營利和非營利組織相互競標。

- ❑ **舉例說明**：如果我們問任何一個組織的業務發展高階主管，現在募款競爭是不是更激烈、更以服務成效為依據、更以捐贈者的需要和需求為導向。這些的答案肯定都是響亮的「是的」！最近我看了一篇文章提到申請補助經費的比例從1985年的1,500：1、1995年的13,000：1，到1999年的25,000：1。當然，我所認識的捐助型基金會的工作人員，幾乎都被五花八門，甚至五年前聽都沒聽過的組織送來的申請案所淹沒。

這樣的潮流，從納稅人以及捐贈者的角度來看毋寧是正面的。我們因此可以得到更多的服務，通常也有更好的品質，也較省錢。但是就你的非營利組織的觀點而言，又會是如何？是害怕？興奮？危險？或者是一個機會？

或許都有吧！如果你的組織不是市場導向，還沒有準備好要去競爭，可能危險和恐懼的成分會比較高！希望你可以藉由閱讀這本書和應用從裡面學到的概念和技術，化危機為轉機，並提升你的組織達成使命的能力。這裡有一個樂觀的提醒：或許你已經處在競爭中，並且在某些方面已經很成功，你只是沒有注意到，或是不願意去承認而已！下面幾章也會有更多的討論。

第二節　這本書爲誰寫的

這本書是爲各種非營利組織的管理階層和董事會成員所寫，不論你的組織是在人群服務、環境保護、藝術、教育、宗教領域，或是一個協會，這本書應該都適用。

你的組織必須更市場導向，而且，對很多組織來說，需要相當的文化變革，而且只有從管理或董事階層才能夠啓動改變的契機。同時，像這樣重要的變革，必須以長期的、一以貫之的訓練才能克盡其功，這一批董事和資深員工也需要被訓練。

除非處在這樣文化之下的所有人都能接受新觀念、新哲理，否則此一文化變革是不會成功的。就如同我們一再看到的：行銷和競爭是一種團隊運動，只要其中一個成員表現不好，整個隊伍就會輸。所以，把這本書的主要概念傳達給整個團隊，是非常重要的。我曾經擔任過地方性及全國性的非營利組織的工作人員、執行長和董事，我會試著爲組織裡所有層級的工作人員，提供各種理念，而不只是針對執行長或董事會。我相信強而有力的行銷努力是由一個團隊來呈現：從第一線的工作人員、資深管理人，到董事和志工，越多人能了解這個概念，就越容易更快速地實踐它。

這本書的目的在提供一些實用性的建議，教導讀者如何帶領組織以團隊的方式朝市場導向的哲理邁進，本書列舉了許多眞實案例（參見「❑ 舉例說明」），在某些案例中讓你塡寫表格自我評量（參見「☞ 實際操作」）。每一章的結尾，也會針對本章的重點列出「問題討論」。這些問題是爲了要引發讀者討論本書所提出的重要議題，並且提供一個團隊可以相互討論的機會，幫助你決定

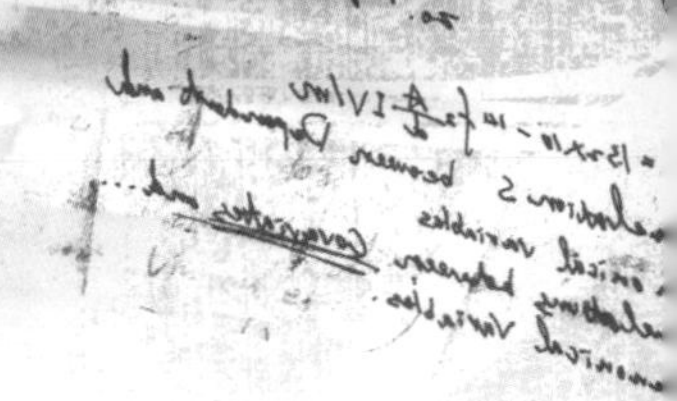

哪個概念是立刻可用的，哪個需要花一點時間，哪個對你的組織可能不適用。

【注意】這本書還有另外一個可用以幫助你實踐概念的工具：《非營利組織行銷工作手冊》和光碟片。工作手冊有許多自我評量、檢視的查核表，和行動概念，讓你用來實踐組織行銷的企圖心。

第三節　閱讀這本書的好處

當你購買和閱讀這本書時，我知道你正在投資你的時間和金錢，那麼投資在這本書上到底能獲得什麼利益呢？對你的組織會產生什麼影響呢？我向你保證你至少可以從本書獲得以下幾個好處：

- 了解爲什麼行銷對使命導向的組織如此重要。
- 了解爲什麼行銷對你的組織接下來要面對的競爭這麼重要。
- 對於什麼是行銷循環（marketing cycle）以及如何將它套用在你現在已有的和未來的服務以及顧客之上，有一個全新的體認。
- 學會一套方法來幫助你和工作人員把每一個人當作有價值的顧客。
- 清楚地了解需求（needs）和需（想）要（wants）之間的差異，這對具有競爭力的組織是非常重要的。
- 如何在組織的網站中加入行銷的概念。
- 知道利用科技生產更好、更具針對性的行銷素材

(marketing materials)的方法。

- 將電子郵件用到你的行銷、溝通和調查的方法。
- 學得設計和進行調查與焦點團體(focus groups)之最佳方法的知識。
- 了解爲何和如何撰擬一份行銷計畫(marketing plan)。
- 了解爲什麼行銷原則對更好的募款成績如此重要。
- 對於改進組織的行銷素材,並聚焦於市場的方法有新的體認。
- 或許是頭一遭讓你了解你眞正的市場是誰。
- 學到一系列提供出色的顧客服務的方法。
- 獲得使你的工作人員和董事會加入行銷團隊的方法。

當你讀完這本書以後,應該對行銷、競爭,和你在行銷團隊中的角色,有相當具實用性的全盤了解。

爲了能從這本書、或任何關於管理的書上獲得最多的收穫,我強烈建議整個團隊的董事會和工作人員一起閱讀。藉由團隊閱讀和團隊的應用,更有可能眞正實踐書中所提供的概念,這就是我在每一章結尾加入「問題討論」的原因。讓你的工作人員讀這本書,然後運用這些問題引發組織內建設性的討論。在每章的結尾也列出了本書出版前已存在的相關網路資源。最後,別忘了先前提到的《非營利組織行銷工作手冊》和光碟,有助於你實踐這些概念。

第四節　本書預覽

你現在已經知道爲什麼要讀這本書,以及你投資金錢和時間

會獲得什麼效益。但是這本書裡面有些什麼呢？以下我們來看一看這本書的架構和每一章節的簡短摘要。

這本書大分成兩個主要部分，前四章是關於哲理，以及改變讀者對於行銷、競爭，和你的非營利組織使命等概念間關係的想法。這些章節包含了啓動組織必要變革的重要概念和實際操作的構想。

從第5章開始，我們會進入行銷和競爭中較技術性的層面，包括市場、競爭對手、運用科技、詢問顧客需要的方法、改進行銷素材的策略、顧客服務，和發展一份行銷計畫。這七章可說是本書的行動指南，我提供實際的做法來幫助你吸收前五章概念。

以下就讓我們更仔細地了解這些章節的主要內容。

第1章：引言

這章提供了總覽、從這本書中學到最多東西的要訣，以及有關行銷與競爭的一些重要概念。

第2章：行銷：競爭的優勢

在這章我們會探討爲什麼卓越的、一以貫之的行銷是組織競爭的優勢。我們會先審視眞正具有競爭力的非營利組織的六個特徵，你會發現有競爭力的組織總是致力於滿足顧客的「需要」，而不只是他們的「需求」。你將第一次學習到如何把每一個人（包括資助者）當作有價値的顧客的想法。我們也會開始思索如何讓你的組織比其他競爭對手更好。最後，我們將探討爲什麼行銷是一種團隊的努力，並且提供一些將組織中所有人帶入這個團隊的方法。

第3章：兼具使命導向和市場導向

在一些時候你的組織會面臨兩難：是要堅守使命，還是要追隨市場？你會怎麼做？在這章裡，我們會處理怎麼決定何者對組織以及你個人的倫理與價值而言，是最好的方法。本章將討論組織如何在維護使命的前提下，隨市場移動。我也會與你分享如何描繪核心價值並使用它，好讓你更容易守住使命。另一項挑戰是，該怎樣帶領其他的工作人員和董事們跟上腳步呢？本章將提供你激勵工作人員和董事的一些策略，來解決這個問題。同時，本章也反覆論述成爲並維持兼具市場導向和顧客導向的組織，對於達成使命所能獲得的六個好處。這一章還會提供長期適應行銷文化的建議。

第4章：保持彈性並隨市場改變

彈性，是行銷和競爭致勝的關鍵。市場的需要時時在變——以一種無法預測、難以掌控的方式改變。這章將告訴你爲何必須保持彈性，提供一些市場步調改變的例子，教你七個成爲組織中變革媒介（change agent）的可行方法，並找出在當下環境可保持組織彈性的方法。

第5章：非營利組織的行銷循環

行銷的循環是永無休止的，而且很可能從一些令你驚訝的地方開始發生。這章會詳細與你分享行銷的適當順序，競爭對手同樣要歷經的行銷循環。另外，我們會再探討阻礙你成爲具有競爭力的行銷者的最大障礙：大部分非營利組織工作人員共通的行銷障礙（marketing disability）。

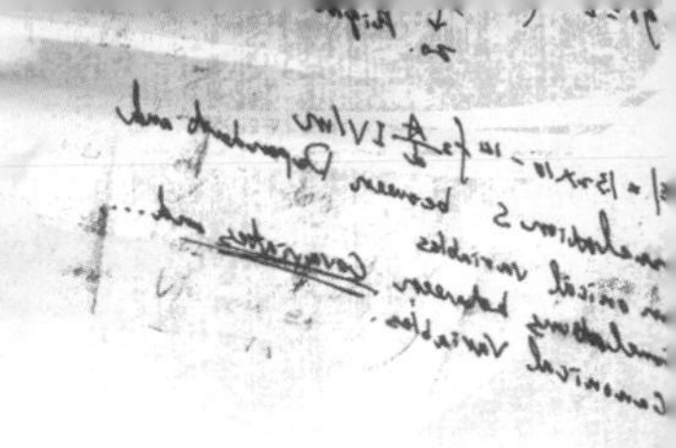

第6章：誰是你的市場？

爲了要服務組織的許多市場，首先你必須要知道他們是誰。這章將伴你走過市場定義（market definition）的驚喜歷程，接著教導如何區隔這些市場，以決定哪一個是貴機構最渴望追求的。一旦完成這個過程，接下來就會是你選擇和專注於目標市場的時候了。這裡的討論會提供具體的技巧，好同時運用在使命的提供和募款活動兩方面。最後，本章將確定你、你的工作人員，以及董事們，都能夠了解爲什麼應該把組織的每一個市場（即使是你的資助者），當作有價值的顧客般對待。

第7章：誰是你的競爭對手？

快速確認競爭對手的方法，就是看出除了貴機構以外，還有哪個組織也亦步亦趨地跟隨著市場的腳步。這樣的情況已經在募款、招募志工，和雇用優秀的工作人員當中一再發生。你要如何競爭？必須從觀察你的競爭對手開始，本章會教你如何確認和持續監控競爭對手。之後，也將探討讓你專注於本身的核心能力（core competencies），以成爲一個成功的競爭對手的方法。

第8章：詢問市場的需要

在使命與行銷策略的範圍內，你必須滿足市場的需要，但是這必須主動地去詢問，否則將無從得知。本章涵蓋詢問的細節，包括：調查、焦點團體、非正式詢問（和常犯的錯誤），以及在你詢問之後該做的事。我們會討論到在網路上詢問、如何詢問你的顧客關於競爭對手的一些關鍵資訊。最後，你也可以學到詢問之後該如何做的重要想法。

第9章：更好的行銷素材

當你要面對各種不同的市場，手上卻只有一兩種制式的行銷素材，實在沒什麼道理；如果你這些少量的行銷素材又都是以你的服務爲重點，而不是顧客的問題，那就更說不過去了。這章會教你如何改進行銷素材，七項應該包含進去的內容和七項應該避免的素材，依顧客需要調整素材以因應多元市場的方法，以及如何運用最新的（不昂貴的）科技，發展有重點和便宜的行銷素材。

第10章：科技與行銷

科技影響了我們做的每一件事，包括行銷。我將與你分享一些與你同性質的組織，利用科技找到市場、滿足市場需要，並且因此而節省時間和金錢的方法。本章同樣會談到一些網路的議題，像是改進組織的網站、線上詢問顧客，和提供線上會務通訊（online newsletter）。

第11章：一級棒的顧客服務

當人們——不論是工作人員、志工、或使用你所提供服務的顧客，被你的組織所吸引，你都要設法留住他們，而這必須採取一流的顧客服務方法才能做到。這章會重申三個顧客服務的核心法則；教你如何授能（empower）所有的工作人員，當下即刻解決顧客的問題；幫助你傳遞所謂的「感同身受的急迫感」（"compassionate urgency"）之必要態度；提供你八個接觸顧客的更好方式；以及教你八個把顧客轉化成轉介資源的可靠且可信的方法。

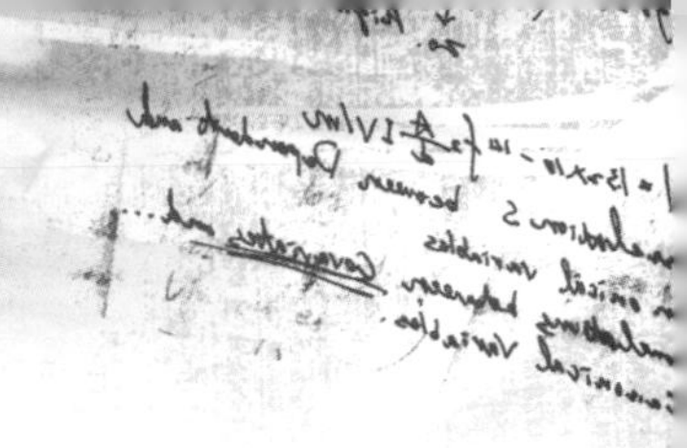

第12章：行銷規劃的程序

如同其他的主要功能，行銷必須要有策略、有目的，和有目標地加以規劃。這章會教你如何發展行銷團隊、設計詢問、鎖定市場，和應用目前最好的行銷策劃軟體，做爲發展組織行銷規劃的綱要。

第13章：行銷的相關資源

如果貴機構眞的想要成爲市場導向，而且是立基於使命的行銷者，這本書是很好的起步，但毫無疑問地，你需要更多的資訊與工具，以及在某些領域更特定的協助，這就是爲什麼本書爲你準備此一包含許多資源的章節，包括：書籍、軟體、出版品、組織和網站等，可協助你現在就開始展開行銷的資訊。

重點回顧

在這章引言中，你第一次暴露在更競爭、更連結、總是在線上的世界，而這正是你的組織身處其中的環境。我們已經討論從這本書的內容學到最多的方法，並爲你預覽所有的章節。

毫無疑問，行銷和競爭是並肩而行的。如果你不清楚顧客是誰，要如何發現他們的需要？如果你不知道他們要什麼，又怎麼像對顧客般地吸引、並留住他們？顯然你會在沒有顧客的情況下，在行銷的考驗中落敗。

你的挑戰是：將原本基於各種令人信服的歷史藉口，以致無法專注於行銷的組織文化，帶進一既可存活、更能成功地發展繁榮的世界！

2 行銷：競爭的優勢

and FX parameters
be fully automated
using any MIDI

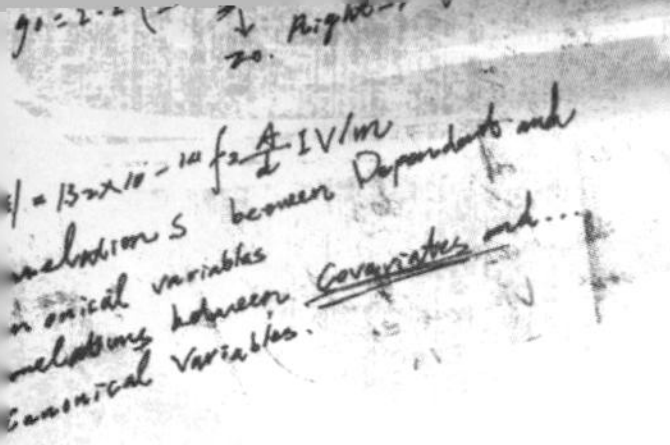

總覽

在第1章，你已經讀到有關在你未來的職業生涯中，你的非營利組織就是要在一個不斷地改變、競爭與日俱增，以及「當下」的世界中運作。如果你目前所在的組織在你來看是具有競爭性的，那麼該怎樣持續保有這個競爭力呢？或者，當你很客觀地來評估你的組織時，發現當中沒有任何一個人足以擔當提升競爭力的重責大任，那你又該做些什麼？

這兩個問題的答案都是：行銷。在最基礎的層次中，行銷不論對營利或是非營利組織來說都是競爭優勢，而這一章會帶你踏上成為一個使命導向，並且同時是市場導向的非營利組織管理者的旅途。

章節重點

- 市場導向組織的特質
- 滿足顧客的需要
- 將每個人都視為顧客
- 比你的競爭對手更強
- 團隊努力

我們會先從市場導向、使命導向的組織特質說起。以下列出的六項特質可以讓你拿來檢視你的組織，看看有沒有什麼潛在的弱點，是你在讀本書其他部分時可以特別去注意的。

基本原理弄清楚後，我們要區辨滿足「需（想）要」和滿足

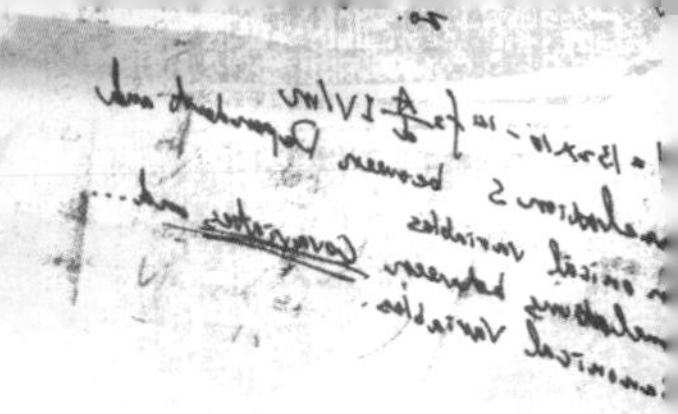

「需求」之間的不同，本章也列出了許多非營利組織努力調整服務方向來滿足「需（想）要」而非「需求」的例子。接下來，我們再介紹一些如何把每一個人（包括資助者）當作是個很有價值的顧客的方法，這些方法都是已經被運用過而且證明有效的。你，更重要的是你的工作人員把服務接受者當作是顧客的態度，對組織的轉型來說是絕對必要的。

其次，我們會再談談怎麼讓貴機構擁有更強的競爭力，了解競爭對手是怎麼看待你的，以及相對於其他競爭對手，你該如何自我評量。最後，我會告訴你如何開始把每個人都帶進行銷的團隊當中。行銷是每一個人的工作，而不只是高層主管或是公關部經理的事。

等你讀完這一章後，你會對於一些基本原則有初步的掌握，這些原則是本書後面幾章的導引，例如：好的行銷者滿足需要而非需求；具競爭力的組織一定是很有企圖心地積極在做行銷；每一個在你市場中的人都值得，並且需要被像個顧客般來對待；你的組織中每一個人所做的每一件事都是行銷：將每一個人納入行銷團隊中。

第一節　市場導向組織的特質

你問我到底希望你的組織最後變成什麼樣子？最後的成果是什麼？什麼樣的組織可以在市場導向的同時，仍然立基於使命？那就讓我們來看看一些可以在很困難、且充滿了高優先事項的挑戰中，處理得相當成功的非營利組織，到底具有什麼樣的特質。以下的六個特質是一個相互環扣的整體，千萬別認為你只要做到第一項、第三項、第五項就可以了，那是自己騙自己，絕對行不通的。你必須把這六個特質全部都落實執行才可以。

在行銷上成功的非營利組織是：

1．了解他們的市場

這些組織充分了解到只有在現有的服務對象上紮穩根基，才能繼續向外擴張市場。他們會去找到、加以數量化並且鎖定他們想要的、又同時有能力提供出優質服務的市場。他們會研究市場的現況和未來發展、了解在該市場當中的人，並且經常評估市場需要的改變。我們會在第6章再來研究市場界定和了解市場。

2．將每個人都視爲顧客

資助者、董事會、工作人員和接受服務的人都應該被視爲是顧客，也應該被當成顧客般來對待；即使是難纏的顧客，也應該盡力地將他們奉爲上賓。顧客滿意度、解決顧客的問題，和感同身受的急迫感，都應該是奉行於整個組織內的最高指導原則。顧客滿意度是第11章的主題，我們到時候會再詳細討論。

3．把每個人納入行銷團隊

在行銷上成功的非營利組織所抱持的態度是：所有人——每一個工作人員和每一位志工對成功的組織行銷、顧客服務和競爭優勢來說，都是很重要的。這些組織知道，哪怕是極小的閃失、一點不經意的輕忽冷漠，或是缺乏同理心，都可能造成某一個特定市場或是顧客降低對組織的評價。本章後續會對行銷團隊有更多的介紹。

4．多詢問，並且仔細聆聽

沒有人眞正知道顧客要什麼——除非他問，而且要經常、定期

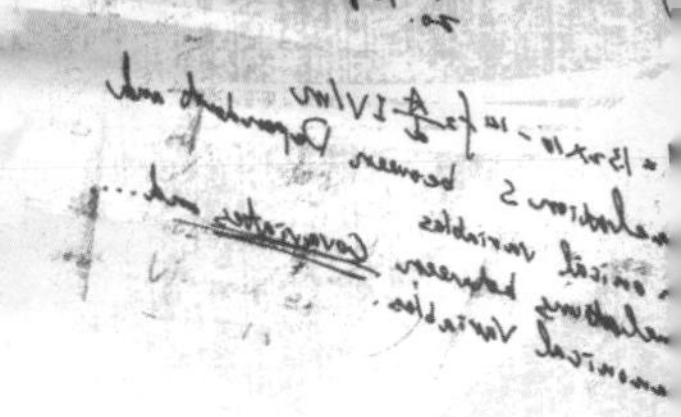

地問。成功的組織會改變他們的服務以滿足顧客的需要，而且他們透過經常詢問，來確保他們和顧客需要的改變及發展是相合拍的。我們在第8章會對此有更深入的探討。

5・經常創新

這些成功的非營利組織都具有彈性。為了回應經常在改變的市場狀況和顧客需要，這些組織都有極佳的彈性；同時，也會鼓勵工作人員和董事們代表他們的服務對象去冒合理的風險。在第4章談到彈性的時候，我們會對創新有更多進一步的討論。

6・接受競爭

這些組織並不害怕競爭（雖然他們可能也沒有陶醉其中）：會聚焦於顧客的需要，並且盡一切努力去提供最好的服務。他們知道，競爭有助於提升服務品質，並且更聚焦於市場。第7章會再深入討論競爭。

你覺得你的組織有達到上述的評估標準嗎？如果你自認做得很好的話，那眞是太棒了！在後面的章節中，你還可以學到一些絕佳的技巧來為你的組織再加把勁兒，更上一層樓。但是，如果你覺得你的組織沒有達到預期的標準，那也別沮喪，這裡所提到的每一項特質在本書往後的章節都會逐一詳述，並且會有一些讓你可以施行的「實際操作」的建議。

第二節　滿足顧客的需要

希望讀者已經注意到，當我每次提到行銷關注的對象時，不斷在重複使用「需（想）要」，而不是「需求」。爲什麼？因爲「需（想）要」和「需求」之間可是有很大的差距的！你可能需要重新考慮一下過去以滿足顧客需求爲念的工作方式，你必須鎖定的是他們的需（想）要。

首先，我們先來釐清需要和需求的不同。人都有「需求」，像是睡覺、吃東西、呼吸、工作、社交等；人也有「需要」，如巧克力、新衣服、和家人相處的時間，以及新的工作。兩者有什麼差別？人都「有」需求，但是人「追求」需要（People have needs, people seek wants.）——要想做到成功的行銷，再沒有比這句話更根本、更重要了。看看以下這些關於需要和需求的例子，讀者就能心領神會。

❑ **舉例說明：** 如果你有一個朋友、家人或是職員有酗酒或是吸毒的習慣，甚至已經到了讓他失去許多生活功能的地步。你知道他的「需求」是治療，是密集且立即的治療——早在他覺得他「需要」治療之前，你就知道他的「需求」了。事實上，在他身邊的所有人——朋友、家人、職員、鄰居，都知道他的「需求」是什麼。但只要這個酗酒或是吸毒的人不覺得他「需要」被幫助，他就不會去尋求協助。這是個令人難過的例子，但卻也是在我們實際生活中經常上演。「需要」最後總是佔上風。

❑ **舉例說明：** 我們都有喝水的需求，或是至少攝取其他的液體才能存活。在美國大部分的人從都會的供水系統，或是農村地區的井裡取水來喝。有的供水系統供的是「硬水」，有的是「軟水」，但是大體來說所有的水都是可以安心飲用的。儘管不同的供水系統送出來的水味道差很多（我常常旅行，所以我可以證實這一點），但是並沒有醫學上的根據，或是基於安全衛生的考

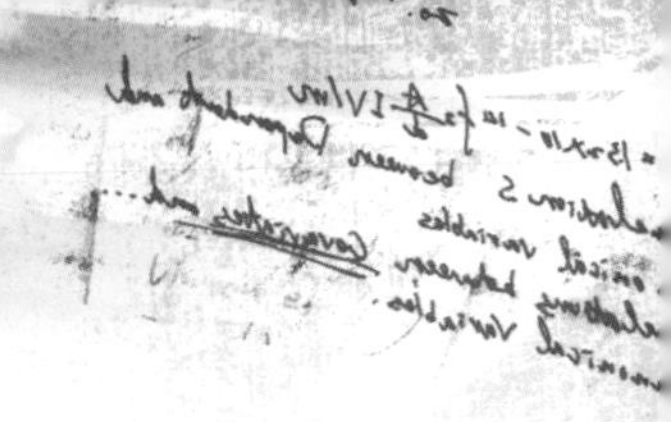

量，建議我們不要直接喝從水龍頭流出來的水。

那爲什麼令人不可置信地一大群人都要買瓶裝水喝呢？瓶裝水既貴、又不是必需的，但很顯然地，數以百萬計的美國顧客都想要這個產品，現在瓶裝水的品牌多到四十個以上，還有五、六種不同大小的容量，和數不清的口味。這是需要勝過需求的一個實例。再次證明，需要主宰一切。

- **舉例說明**：現在請你閉上眼想一想巧克力奶昔。誰對這種東西有「需求」？沒有。誰「想要」它？成千成萬的人都想要，多到所有的大型速食店都有賣巧克力奶昔，還研發了各種不同的口味上市。巧克力奶昔的美味可口徹底地擊敗了我們，而且最後還變成我們腰上一圈我們不「想要」的游泳圈！

- **舉例說明**：我的需求是搭乘交通工具到學校或是去工作，但我從許多選擇當中決定要自己買一輛交通工具。理論上，我的選擇包括：房車、卡車、機車、公車、或甚至是直排輪等等，而這些選擇中又各有不同的品牌和型號。我是有一個「需求」，但最後我還是會在我的預算之內買了我所「想要」的。事實上人們常常會「想要」一輛特定的車子，儘管未必有那麼高的「需求」優先性，但他們還是花了遠超過他們所能支付的額度買下那輛車。需要萬歲！

我想你也一定可以自己舉出很多這類的例子：人們「想要」某個東西，雖然不是眞的有這種「需求」，不過人們就是會付錢去買他們「想要」的東西。了解了這些之後，那你該如何去滿足顧客的需要呢？你要怎麼在其他同領域的競爭對手中脫穎而出，或是吸引住捐贈者的注意，獲得更多收入？

首先，你需要詢問。在行銷中，人們犯的最大的錯誤就是宣稱：「我已經在這一行中打滾了二十年，我非常清楚顧客想要什麼！」錯！沒有人眞正知道任何一個顧客想要什麼，除非他開口問。因此，貴機構應該發展出「問問題的文化」，這種組織文化的轉變太重要了，所以我們會用另外一整個專章的篇幅來說明詢問的方法、時機和該如何詢問。

第二，你要仔細聆聽，同時儘可能試著去滿足所有你能滿足的需要。這可能表示你需要在不同的時間、不同的地點、不同的環境，用不同的語言提供服務。下面我們來看一些例子：

- **舉例說明：**全美各地的教會，都越來越蓬勃地在發展「家庭之夜」和其他青年活動，而且也著手在蓋適合舉辦這些活動的建築物。各項活動當中最熱門的莫過於開放健身房時間、排球隊、籃球隊、家庭有氧運動，和家庭活動。這些活動滿足了哪些需要？它們抓住了父母希望「在一個安全的環境讓小孩盡情遊玩」的心理，讓父母可以安心，也提供了一個環境，讓家庭成員可以有一段時間進行有規劃的互動。而這些活動除了是在教會的場地舉辦之外，本身並沒有什麼宗教色彩，不論你是不是信徒都歡迎參加。這些活動對教會的好處很明顯：藉著滿足社區的需要，讓人們踏入教會，而這當中的某些人，很有可能會對教會的聚會產生興趣，甚至起而行參加某些聚會——而這正是教會想要達到的目的。

- **舉例說明：**一些博物館和動物園開始提供「課堂體驗」的活動給小學、國中和高中生。這些巡迴教育課程讓學生有機會在自己的學校裡，就可以學習到藝術、歷史、考古學和動物學。這滿足需要了嗎？學校不需要付出校外教學在時間上或交通上的

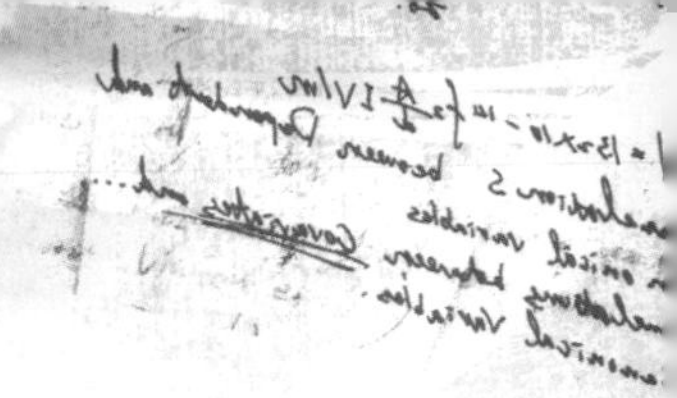

成本，就可因此加強了一些傳統基本課程。那博物館和動物園得到什麼好處？通常這種服務會有一些收入，同時也讓學生對博物館、動物園產生興趣——說不定就會要求父母帶他們去參觀呢！

這些組織如何發現顧客想要什麼？他們詢問、觀察、有企圖心地閱讀各種資料，他們也留意競爭對手，以及那些和他們還沒有競爭關係的組織，然後再去詢問顧客。他們沒有做的是：假設完全了解人們想要什麼——或更糟，假設他們知道人們的需求是什麼。

非營利組織對於回應人們的需求太在行，以至於常常忘了去關心人們想要什麼，我把這種現象稱之爲「非營利組織的行銷障礙」，在第5章會加以詳述。這裡唯一要提醒的是，我們必須打破這樣的模式：假設人們有那些需求，或更糟的是，假設「知道」人們的需求爲何，或甚至告訴對方「這就是你的需求」，以爲這樣人們就會想要那些東西。光是進行需求評估（needs assessment）是不夠的，一個以使命爲導向的行銷者，他的任務是：讓人們想要他們所需求的東西。

這就帶到一個有趣的重點：一旦我們診斷、測試、訪談，或觀察，並且決定一個人的需求是什麼之後，很多非營利組織的工作人員就產生道德上和專業上的責任，要看到顧客的這些需求被滿足。那這一點是不是否定了一句名言——「你必須給人們他們所想要的」？並沒有。顧客的需要和專業人員的責任，是可以兼顧的。

- **舉例說明**：一位心理師有個病人，最近所有證據都顯示這個病人的狀況越來越不穩定，而且有自虐行爲出現，所謂的標準療程或是門診治療顯然都已經無效了。這位心理師的專業判斷是，病人有住院接受治療的需求，若不是幾個月，至少也是幾個禮拜，否則很可能會有輕生意念，或是對其他人暴力相向。問題是這個病人已經是成年人，有權選擇是否接受這樣的治療建議，而現在顯然他並不想要住進療養院。

這位心理師該怎麼做？所有與需求相關的專業知識，在面對病人想要跟著自己的需要走時，是毫無用武之地的。但是這位心理師並沒有放棄，她反而試著讓這位病人相信自己想要住進療養院，她盡最大的力量去把需求轉變成需（想）要。事實上，她的做法就是行之有年的行銷技術——讓人們相信他們眞的需要某項產品或服務。這個技術叫作銷售（sales）。

如果你對「銷售」這個字眼感到不自在的話，並不令人驚訝，因爲在非營利領域中很多人跟你有一樣的感受。那換個方式表達好了，或許可以稍微減輕一點你的反感：營利組織可以，而且的確投入大筆經費來讓我們想要我們其實並不需要的東西。我們並不眞的有需求每三年就換一部新車；我青春期的女兒也不是眞的有需求非穿 Gap 或是 Limited 等品牌衣服不可；沒有人，甚至我太太也一樣，有吃巧克力的需求。在自由市場中刻意把需要和需求混在一起，是可以被接受，也可以被理解的。消費者可要小心囉！

非營利和營利行銷者很關鍵的差別在於：當營利組織想盡辦法讓人們想要他們不需求的東西時；非營利組織則是卯上全力讓人們想要他們眞正需求的東西。這樣你了解了嗎？你有沒有發現這兩種行銷目的所需的技巧在本質上是一樣的！有力的行銷就是有力的使命，組織有好的行銷技巧，通常也較能達成使命。而這些全是從了解——並且接受——需要和需求的差別而來的。

接下來你應該和你的工作人員一起努力，幫助他們了解：不論他們在需求評估上做得多正確，顧客有權利想要些別的東西。

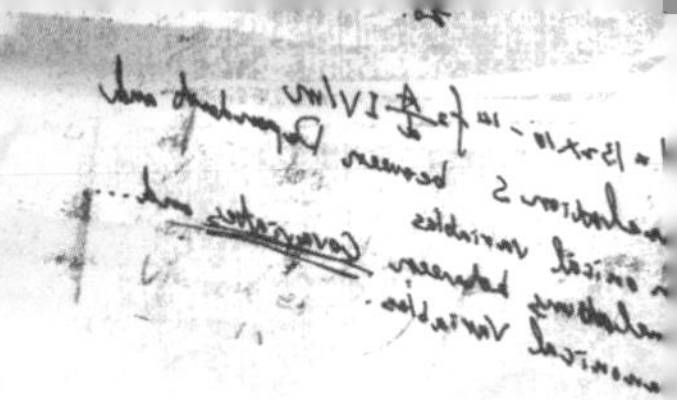

告訴他們，行銷——把需求轉化成需要——只會達成更多的使命，而不是減少。

領悟到人們追求需要——我們所服務的對象也是如此，這是眞正待每一個人以顧客之禮的第一步，也是下一節的主題。

第三節　將每個人都視為顧客

這個主題太重要了，所以在本書中我會不只一次提到它。成功而且有競爭力的組織都明白：組織內外的每一個人，都應該被視爲有價值的顧客（即使他們是錯的）。這對非營利組織來說可能特別困難，爲什麼呢？

非營利組織社群是我唯一知道，經常會把他們的最大顧客視爲頭號敵人的一群。讀者之中如果有機構的主要經費來源是地方或中央政府的話，讀到這兒肯定會會心一笑：你們經常把提供經費的單位視爲戰鬥對象、遊說對象，和吵架對象。婉轉地說，這樣的想法是缺乏遠見的。付錢給你的人就是顧客，而且他們也應該被當作顧客來對待，就算是從地獄來的顧客，可是，他們總還是顧客！

☞ **實際操作**：現在讓我們來檢視一下貴組織的態度。首先，從財務收支報表中找出四筆最主要的收入來源，現在閉上眼想一想，在那幾個組織裡你最常打交道的人，此時，在你腦海中浮現的是一個顧客，還是一根眼中釘？他們對你的服務來說是惠我良多，還是一塊絆腳石？拿同樣的問題去問問你的資深工作人員。如果你和許多其他的組織一樣，傾向於認爲你的資助者是個麻煩，而不是你的組織所能幫助的人，那你在這個競爭的世界中麻煩可就大了！

接著，我們再來看看收支報表的另一面——你所服務的人。如果你和大部分其他的非營利組織一樣，不稱他們爲顧客，那也沒關係。通常他們被稱爲學生、資助者、顧客、案主、病患、教友、服務接受者、承租人，或會眾等等，這些稱呼都沒問題。不過如果這些稱呼影響到態度，使得你不認爲這些人是顧客的話，那就有問題了。

一個有競爭力、市場導向的組織，不論是營利或非營利的，都會把組織外或組織內的每一個人視爲顧客。等到找出你所有的市場，以及他們不同的需要之後，第6章會有較長的篇幅對此加以討論。然後，我會在第11章教你如何運用「一級棒的顧客服務」來對待每一個顧客。現在只要記得（而且開始對你的工作人員和董事們洗腦），在現今的環境中，每一個人都是一個顧客。不認同此一眞理的組織，其使命達成度，將遠不及那些既認同又實踐此一理念的組織。一些行銷上的技巧可以對使命達成提供極大的助益，但是你必須要先建立這樣的態度：所有的資助者、工作人員、董事和你的服務對象都的的確確、眞眞實實是你的顧客；而這樣的態度必須被堅信不疑，不斷強化，並且和其他很多價值觀一樣，應該由你開始以身作則加以實踐。

第四節　比你的競爭對手更強

那其他的組織呢？在非競爭性的環境中，你無須擔心競爭問題；若不是根本沒有任何競爭對手，就是對手不多，而你被資助者保護得很好，完全不用擔心市場的波動和改變。不過好景不再，現在你不只需要留意你的市場，詢問他們的需要，設法去滿足這些需要（在第8章詳述），你還需要和那些處心積慮要把你的顧客引誘走的競爭對手相互競爭以博得顧客的青睞。

競爭對手形形色色：有的提供很棒、很有創意的服務，有的則是教人不敢恭維；有的可能蒸蒸日上，有的可能經營不善。很顯然地，不論是要行銷或是要讓組織更有競爭力，了解競爭對手都是很重要的，這是第7章的主題。現在，我要針對行銷與競爭提出以下兩個重點：

第一，從這本書所學到的一些競爭性行銷技巧，可以大大地協助你的組織在競爭市場中極大化地發揮效率。如果能將你在這幾頁中學到的東西實際應用出來，你可以做更好的研究、賣得更多、生產更多、更機靈，而且比你的競爭對手（即使是那些運作良好的）更有回應力。不過，要是你忽略行銷的工作，不詢問市場的需要，只是一味地認爲自己做得很好，而且自以爲知道什麼對服務對象是最好的的話，那即使是最遜的競爭對手——只要他們運用一點點行銷的技巧，也可以把你的飯碗搶走。但是，只要你密切留意競爭對手的動向、有創意、願意保持彈性順應市場變化，那你就可以比你的競爭對手更強。然而最重要的是，不只是自詡比競爭對手強就夠了，還要你的顧客也這麼認爲才算數。

❑ **舉例說明：**假設你正試著想留住貴機構中的物理治療師（對於人群服務領域不那麼熟悉的讀者來說可能不容易理解，因爲這個行業供不應求）。你四處打聽了一下，發現貴機構所付的薪水相當具有競爭力，員工福利也不錯。因此你便假設要留住這位物理治療師應該是沒問題的，因爲你已經給了你的顧客（也就是治療師們）想要的。但結果卻是他們跳槽到一個薪水較低的競爭對手那裡去！爲什麼？原來是那個組織一直很願意投資在定期舉辦的工作人員在職訓練上，治療設備也較好，而這些才是治療師所重視的。那之前你怎麼不知道呢？因爲你沒有問！你只是假設薪水是最重要的。或許你在財務上優於你的競爭對手，但是在對治療師而言比較重要的面向——在職訓練和設施上卻顯然不足。因此，你輸了。

第二個重點是，你必須開始對工作人員進行洗腦（或許你已經開始了，那就繼續不斷地強化），讓他們接受「我們必須競爭」的價值觀。很多非營利組織的第一線工作人員、中階主管，甚至資深工作人員，總覺得自己身爲專業人員，談競爭似乎不太得體、沒有尊嚴，甚至有些「骯髒」。他們可能會說：「競爭是行銷部門主管要關心的事，我只要做好專業分內的工作就夠了；要我對別的機構的案主（病患、顧客、學生、會員等）窮追不捨，那不只會玷污我的聲譽，還會得罪我在那個機構的所有朋友。」聽起來很熟悉嗎？

這樣的想法在過去是很好，而且值得尊敬的，但是在現今的環境中還這樣想就完了。這種態度讓工作人員不認爲自己是行銷團隊的一員，他們拒絕保有彈性、適時調整，並且快速改變以滿足顧客的需要，更會讓他們不認爲每一個人都是顧客。然而，畢竟行銷是團隊的工作，這種態度最終會導致整個團隊的績效變得非常差。

☞ **實際操作**：對很多讀者來說，這可能將面臨一項艱難的文化變革，因此以下要教你如何著手。首先，把工作人員每八到十人編成一組，以組爲單位和他們討論外在環境的變化，提出過去具有競爭力的做法，並討論眼前所面對的環境在哪些點上競爭變得更激烈。接下來，告訴他們誰是競爭對手，並且讓他們知

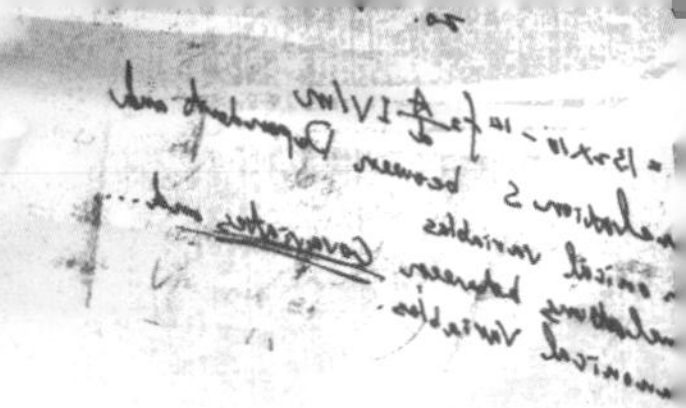

道現在競爭對手可以如何把你們的顧客、案主、志工和捐款搶走。如果正好你們最近有顧客離開（或是沒有回來），把他們當作案例來討論。最後，問你的工作人員：「我們該如何回應？」讓工作人員（順利的話）自己得到以下的結論：行銷和競爭才能解決問題——這或許有點困難而且不太合他們的胃口，但卻是唯一可以讓你的組織存活下來去達成更多使命的方法。就像其他有關組織變革的討論一樣，如果你能夠強調和使命的連結：行銷是好的使命、競爭是好的使命，那你可能會比較容易說服那些還存有疑慮的人。不斷重複這樣的活動直到所有工作人員都和你談過，在整個過程中記得留意哪些工作人員很進入狀況，哪些在退縮；鼓勵那些接受你觀點的工作人員去輔導、勸服還在遲疑的同事。要記住，像這樣的文化變革是需要時間的，漸進而持續的耳提面命、經常性的訓練是必要的工具。第3章將提供七個明確的建議，幫助你提升和強化工作人員和董事們的動機。

現在請跟著我唸：競爭沒什麼不好，競爭不是不道德的，競爭代表持續堅守崗位提供優質服務，競爭讓我們更卓越，競爭意味著以更專注和高效能的方式達成更多的使命。不過，在一個全新的、更競爭的環境中，你必須相信你的使命、技術，和工作成果的品質，足以讓你願意去加入競爭。記得小時候上課鐘響時大家爭先恐後衝回教室的情景嗎？你自己一個人跑的時候跑得比較快，還是在跟朋友比賽的時候跑得比較快？我的答案和你一樣。這就是競爭的必然結果，它讓我們去完成我們自己一個人時可能做不到的事。

另外一個提醒：競爭不必然要和某些軍事用語連在一起，如：占領、征服、全面勝利。競爭通常意指在市場中切出足夠的市場占有、足夠的客戶——更重要的是，你可以提供最優質服務的顧客量——好讓貴機構的財務健全、有創新，而且業務蒸蒸日上。你不需要爲了有競爭力而成爲一個掠奪者，但是你必須要對你和你的組織所做的事感到驕傲，並且不必在告訴其他組織的顧客你有多麼優秀的時候感到羞愧。

❑ **舉例說明**：美國的教會是一個很典型的例子。我一直覺得他們提供絕佳的示範，在自由市場存在的同時，非營利組織還是可以有發揮的空間。從來沒有聯合勸募或是政府部門資助者會抱怨：「這個社區裡教會太多了，這樣會造成服務重疊！」反而越來越多的教會，可以讓我們有多元的屬靈選擇。

我認識很多傳道人、教士和神父，他們對本身的信仰都極爲虔誠。之前他們幾乎沒有人會認爲自己是在競爭（除了與邪惡的競爭之外），但事實上他們彼此都在吸引、留住會眾上，不停地相互競爭著。我所參與的教會最近剛完成一個建築計畫，搬進了新的教堂。剛搬過去的幾個禮拜比平常多了許多想來參觀新建築的訪客，傳道人利用這個好機會，做了一系列「我們所信爲何」的講道，詳細地闡揚我們的核心價值體系。在沒有貶抑其他教會的前提下，他使用了另一個行之有年的行銷技術——產品定義（product definition）。「各位，就是這點讓我們和別人不同；我們如此深信，也希望你會相信。如果你認同我們的信念，歡迎加入我們！」

我們的傳教士是出自眞心地說那些話嗎？當然是。那是一種銷售行爲嗎？不容置疑。這個傳教士有把教會的使命往前推進嗎？是的。看到了吧！行銷不必然像在打商品廣告。一個人深信某些東西，並不妨礙去銷售它；反而刻意去否認在銷售，才是自欺欺

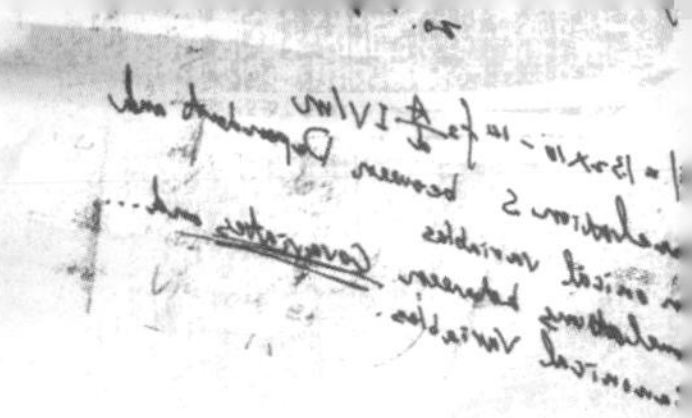

人。一旦接受行銷是一種使命的促進，就可以開始研究行銷學（像是你現在就在閱讀這本書），並且運用行銷技術來發揚更多的使命。而當你明白：努力做得最好，不必然就是在誇耀你比競爭對手更好時，那你也就在成爲一個以使命爲導向的競爭者的路上，跨越了很大的心理障礙。

然而，你不可能獨力完成所有事。你需要幫助，需要你的工作人員、董事會和志工們的鼎力相助。現在就讓我們來看看他們的影響力，以及你可以如何使他們願意攜手邁向一個市場導向的未來。

第五節　團隊努力

行銷是團隊工作。競爭代表著非輸即贏，因此整個組織是榮辱與共、休戚相關的。不論是營利或非營利性質，缺乏競爭力的組織常犯的一個大忌就是，任由其中的員工認爲自己的工作和行銷沒有關係。就有這樣的組織：你有問題打電話去，等了半個小時後，被轉接到一個搞不清楚狀況的人手上，然後告訴你他對你的問題一無所知；沒辦法配合你特殊的飲食需要的餐廳；會把你的行李亂摔的航空公司；或是雜貨店員工把你搞得團團轉地亂找一通，搞了半天他們根本沒有進那項貨品。

事實是：行銷就是你的組織中，每個人每一天所做的每一件事。它是電話應對、是草坪修剪、是大樓維修、是帳單支付、是款項收取的方式——總之，絕對不只是服務怎麼被提供而已。它也是顧客問題的解決方式、詢問的後續處理、工作人員的互動模式。所有的工作人員都應該有一個觀念：他們所做的事，以及做事的方式，都會影響整個團隊，而不只是影響了當下所接觸到的人。

❑ **舉例說明**：如果有人堅持組織的行銷工作單單只是高階主管的事，那請你想一想：當你和一個商業組織、航空公司、旅館、租車公司、餐廳，或是快速潤滑油店（quick lube shop）打交道時，你都是和誰接觸的？哪一種人應該負責確定你有被好好服務，並且是個滿意的顧客？就是組織裡薪水最低的那些人！在航空公司，是訂票服務員、櫃檯人員和空服員；在旅館，是櫃檯人員、清潔人員和餐廳侍者；在租車公司，是巴士司機、櫃檯人員和報到服務員。對所有的組織而言，都是最基層的人員在營造或破壞你對這個公司的印象。要是這些人其中任何一個搞砸了，那你的整個經驗都會很糟。

也有一些人同樣在薪資結構最底層，卻從來不會面對顧客；即便如此，他們仍然在左右顧客的滿意度。比方說，在一個租車公司，清理、維修車子的那些人就很重要。要是你進了一輛很髒的車，或是車子在半路上拋錨了，相信你的旅途不會太愉快。而在航空公司，搬運行李的人、操作人員和飛機維修員儘管都沒沒無名地工作著，卻直接影響顧客滿意度。可能在登機門前的空服員讓你免費升等到商務艙，機長也讓你準時或甚至提早到達目的地，整個飛行過程非常順利，偏偏處理行李的人員沒有把你的行李運送到這個班機上，或者把行李弄丟了，請問，你會有多開心？

由此可見，不只是提供服務的那些人或高階主管要對行銷負責；機構裡每個人都是行銷團隊的一員，即便是那些工作性質與機構使命沒有直接關聯的人，也都有一定的影響力。

但即使所有工作人員都應該在團隊中，還是會有些人並不希

望自己是其中一員，面對這種人該怎麼辦？

☞ **實際操作**：某些工作人員可能不了解，或是根本不想要進入狀況。他們可能擔心行銷會加重工作負擔，或者不確定自己到底懂不懂行銷。那麼你要向他們保證：很多現在已經在做的事，其實就是行銷。他們對服務對象有禮貌、適時提供協助嗎？有嘗試去解決顧客的問題嗎？有把從顧客那邊聽到的意見向你反映嗎？他們有在留意其他類似組織的動態，並且提出看法嗎？有持續在相關領域中閱讀並學習新知嗎？上述所有的事，都在行銷的範疇當中。我看過對成爲行銷團隊中的一員最強烈的抗拒，是因爲那些人以爲他們被要求去販售（sell）。我的建議是，明確地告訴你的工作人員：工作內容並不會因此改變，只是每一個人都必須要了解到，本身所做的每一件事都是至關重要的，不管是在使命達成或是行銷上都是如此。

問題是：你的工作人員是否知道、了解，並且相信他們的作爲是會影響到整個組織的？若是，那他們工作的方式、態度與承諾，就會促使他們完成使命；如果答案是否定的話，相信任何行銷技術或訓練都是沒有助益的。

❑ **舉例說明**：我姐姐有嚴重的心智遲緩，現在住在康乃迪克州西北方的一個小型團體家庭。去機構看她時，我會觀察很多地方，像是：建築物硬體設施、院子的狀況如何？那邊每一個住民（而不只是我姐姐）是不是穿著整齊、乾淨，而且看起來很健康？工作人員是不是很樂意幫助我或是那裡的住民？還有，工作人員彼此之間的相處情形又是怎麼樣？這些所有的問題在我探望我姐姐前、後和整個過程中都不停地閃過。所以，要是某個工作人員認爲我只要看到我姐姐穿得很乾淨整齊，看起來很快樂（當然這些對我來說都很重要）就會很滿意，那他就錯了，因爲要是不符合上述我所關心的原則，我還是不滿意。可能有些工作人員會認爲草坪沒整理好有什麼關係，但是那對我來說是重要的（因爲我相信對所有物的維護，展現了一個組織對整體品質的承諾）；我做爲一個顧客的需要是最基本的。

記住，顧客對品質的看法才是最重要的。第5章我們會討論大多數非營利組織工作人員面臨的行銷障礙，這個失能讓他們難以將重心放在顧客的需要之上。你的工作人員可能根本不在乎顧客怎麼看你的組織，或是他們認爲既然沒有人抱怨，那就表示顧客都很滿意。這又是另一個大錯特錯。

☞ **實際操作**：如果想知道顧客對貴組織的觀感，那你不妨試試這個方法。首先是A計畫，找一個好朋友假裝是潛在顧客，請他打電話去問一些重要問題：「你們提供什麼樣的服務？接受什麼樣的付款方式？收費如何？有無障礙設施嗎？我可以打電話諮詢誰？爲什麼我應該加入（或是過來、購買等等）？」然後儘可能用最批判的角度去仔細記錄這當中發生了什麼事。電話響了幾聲才被接起來？過了多久才被轉接到一個知道這些基本資訊的人？要是接電話的工作人員答應要回覆電話，或是表示會郵寄資料過去，那他們有依約做到嗎？他們的回答是不是適當地解決了你朋友的問題？有任何後續服務嗎？問你的朋友，單單根據這次的互動經驗，他會不會想要更進一步使用你們的服務？

接著進行B計畫。請你的朋友親自到你的機構一趟，問和前一次相同的問題，也可以增加一點難度或是問比較不尋常的問題。同樣地，請你朋友向你報告這次拜訪的心得。親自到訪和用電話詢問所得到的資訊是一樣的嗎？對於所看到的設施有什麼想法？如何被接待？工作人員是帶著微笑和表示歡迎的話語來迎接，還是讓他感覺到自己的到來似乎打斷了某些非常重要的事（譬如說接待員的休息時間）？

如果你願意，還有C計畫，你可以加入一些和日後想鎖定的市場相關的問題，來問你的工作人員。例如，假設目前所服務的大部分顧客的費用是由醫療補助（Medicaid）支付的，現在有意把服務對象擴展到那些使用商業保險的人，就可以請你的朋友假裝是這一類的人。讓你的朋友拋一些比較不一樣的問題，然後看看工作人員如何回應。可以想見，這樣問問題就像是去速食店點一份特製的餐一樣（「先生，我要一個漢堡，肉要半熟的，不要番茄醬，雙倍芥末，還要兩片醃黃瓜」）。

最後，D計畫上場。如果這位心地善良的朋友願意好人做到底的話，邀請他親自到你的管理團隊或行銷會議中，發表他的經驗（不論是好的或壞的）；讓他試著跟大家分享自己對這些互動的感受。顯然，這會是個教人膽戰心驚，卻肯定有價值的練習。相信你和你的工作人員會學到很多，而你對接待櫃檯對面世界的感受，也將得到很重要的啓發；同時，這個練習可以強化「每一個人每時每刻都在行銷團隊中」的事實。

董事們以及其他志工呢？他們也在團隊中嗎？當然是的。董事會可以說是社區在你的組織當中的代表，同時也是你的組織面對社區的窗口。不論是在董事會或是在別的地方，他們的一舉一動以及和別人的互動都是很重要的。志工也參與很多重要的活動，如果他們能圓滿完成這些任務，則可以提高使命的達成度以及組織的聲譽；萬一做不好，態度不佳，或是抱著「我只不過是個小志

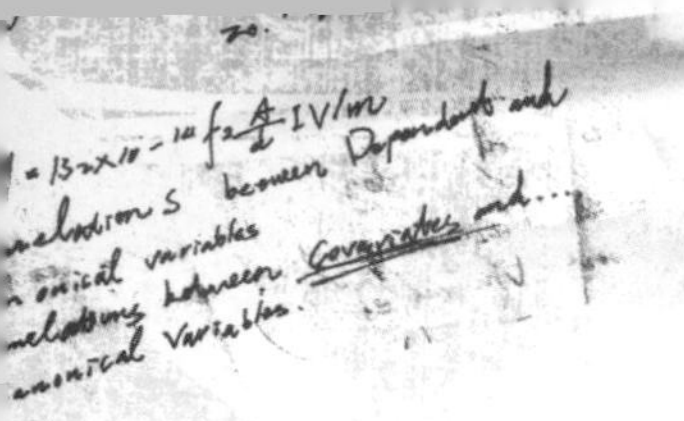

工」的心態做事的話，那……

❑ **舉例說明**：我有一對好朋友最近在尋找一個新教會，他們覺得現在參與的教會成長太快、人太多了，所以想換一個比較小、會友之間互動更親密的教會。他們關心的是有機會和別人相互認識、參與教會事工，和參加一個好的詩班，以及有小組討論而不單只有主日學的講課，至於是哪一個教派對他們而言並不是那麼重要。有一次吃飯時，我問他們有哪些屬意的教會，他們很快地背出四、五個已經去看過的，和另外兩、三個在備選名單中的教會。我向他們建議另一間在他們尋找的地理範圍內的教會，但是他們卻馬上激動地回我說：「才不要！他們的長老們是我看過最分裂、最政治化的一群！我們有三對認識的夫妻在那邊聚會，他們就常常在講那個教會的管理階層有多分裂、多分裂，還有那些人之間有多少摩擦和緊張！」那間教會，即使它是間小教會、有很活躍的志工活動，還有很棒的音樂事工，但是卻完全不被列入考慮。爲什麼？因爲它的董事會不能齊心協力。

從這個故事我還要指出一點：二十年前，人們換教會，多半還在同一個教派之內，也就是，一個衛理公會（或是聖公會、路德宗、天主教）的信徒，一輩子都是衛理公會的。因此一些大教派就仰仗這個，視會眾爲理所當然。但是在最近這二十年，他們的成員嚴重流失，很多人成群結伴地離開到一些比較小、比較新，而且通常是一些基本教義派的教會去。爲什麼？因爲這些教會滿足了他們的需要，而這些需要往往不被那些傳統、主流的宗派認爲是重要的。

團隊，團隊，團隊。每一個人都在行銷團隊中：高級主管、

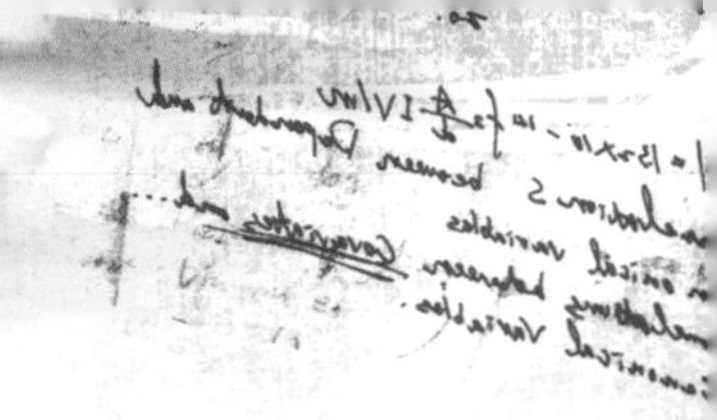

接待員、工友、志工，還有在這些階層之間的其他人。把這個當作你的座右銘，不停地複誦直到你、工作人員和董事們不假思索地就能做到。

重點回顧

第2章涵蓋了一些重要的基本準備功夫，我們首先瀏覽了六個市場導向和使命導向的組織之特質，現在很快地複習一下，這六個特質是：

(1)了解你的市場。
(2)將每個人都視爲顧客。
(3)把每個人納入行銷團隊。
(4)多詢問，並且仔細聆聽。
(5)經常創新。
(6)接受競爭。

在這些起步的基準後，我們接著討論到，爲什麼行銷及其所有要素，在你所處的競爭越演越烈的環境中，是那麼關鍵的優勢。接著，我們找到了行銷的核心眞理：人們有需求，但人們追求想要（需要）的。只是專注於滿足需求，在一個競爭的世界中是不夠的；找出人們想要的，並且滿足它們，是你的組織從今天起應該全力以赴的。本章也討論了你可以如何把需求轉變成需要的方式，對某些讀者來說可能這是一項特別重要的技巧。

接下來，我們討論了一些如何改變你面對市場的心態的方法，以發展出「將每個人都視爲顧客」的組織文化，所謂的「每個人」包括資助者在內，我承認這對很多讀者來說也許言過其實。之後，本章也檢視了內部和外部市場，並且討論為什麼他們全都是顧客。

接著轉到「比你的競爭對手更強」的議題上，以及為什麼所謂「更強」是要由你的顧客來決定，而不只是你說就算。本章列舉了幾個有關組織競爭如何可以不成為掠奪的例子；不過這些組織都必須藉著傾聽市場的聲音並加以回應，以滿足其需要。

最後，我們討論了行銷為何從頭到尾都是個團隊運動。組織中的每一個人都必須上場，而且如果你想要成功地競爭的話，要注意他們一直都在認眞參與。在一個競爭的世界中，不允許有後補球員或是傷兵，每一個人都要在戰場上堅守崗位。

使命導向的組織可以運用行銷作為競爭優勢；在後面的章節中，將可以獲得一些工具來幫助你更有效率、更有效能地參與競爭並完成更多使命。不要害怕競爭，也不要羞於面對。競爭可以讓你的組織更茁壯，不過，要先存活下來才有茁壯的機會。好的行銷不只賦予組織優勢和時間來爭取存活機會，更可以讓它繁榮發展。高效能的行銷不僅僅是隨意、無規劃的銷售而已。除此之外，你還需要把你的組織從目前獨占的狀態（或態度）中，轉變成市場導向。這並不容易，但是你需要現在就起而行。這是下一章的主題。

第2章的問題討論

1.我們的工作人員如何看待行銷？我們可以怎麼做，好讓我們的組織更加市場導向？

2.我們有任何市場導向組織的特質嗎？有哪些？我們可以在這些基準上如何改善？

3.我們有同時滿足需要和需求嗎？或者只是其中一個而已？我們的工作人員和董事們知道需要和需求的差別嗎？

4.我們眞的可以加入競爭嗎？我們有心理準備要成爲有競爭力的組織了嗎？當我們面對競爭對手的時候，是說「天哪，別過來……」還是「儘管放馬過來吧！」？

5.我們的工作人員和董事會中，有多少比例了解每一個人都必須是行銷團隊中的一員？我們可以如何改善或維持這樣的比例？

3 兼具使命導向和市場導向

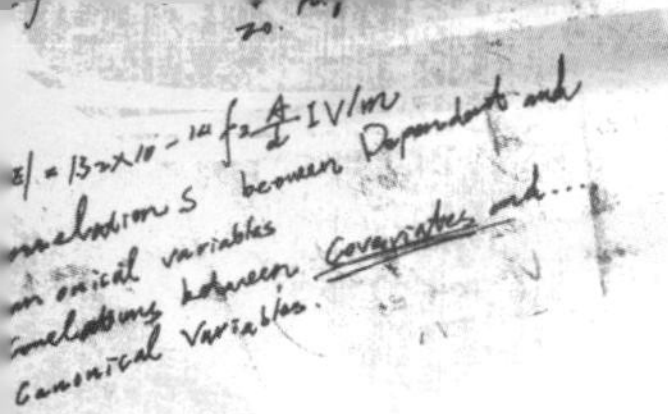

總覽

讀到本章時，你的組織應該已經是本章章名中兩種情況當中的一種。也許已經準備好要採取市場導向，確信自己正面對一個充滿競爭的市場，唯一能讓組織生存下去的方法，只有了解市場並主動回應。也可能你還在猶豫不決，不知道在這個時候採取市場導向的策略對組織好不好，而且也不太相信可以說服董事會及工作人員。

不論組織身處上述何種情況當中，都應該再自問以下幾個問題：眞的可以成爲使命導向和市場導向兼而有之的組織嗎？組織可以在對市場的波動、趨勢，甚至盲從行爲加以反應的同時，仍然忠於使命嗎？我們能夠堅守組織的基調，甚至核心價值，一路走來，始終如一嗎？

章節重點

- 市場或使命，哪一個是對的？
- 隨著市場移動但仍堅守組織的使命
- 永不終止的行銷循環
- 成爲市場導向的結果
- 激勵董事與工作人員
- 堅守組織的核心價值

這些都是很重要的問題，即使你確信市場導向的經營模式將成爲組織未來的方向，也要審愼地考慮清楚。本章將會討論這些問題，並提供一些工具，讓讀者在碰到這種左右為難的困境時可以派上用場，而這樣的困境真的會發生，說不定在今天、明天、下星期或明年，組織就會碰上一個可能被帶離使命的市場機會。該怎麼做？現在是訂定指導原則的時候了！

首先，我們要檢視下列兩股強勁的拉力何者是正確的：市場或使命。它們其中一個是對的，但另一個則應該是貴機構的焦點和準則，本章將教導讀者如何區別。接著將參考幾個既能順應市場走向，又能夠堅守使命的非營利組織之例證，可以以他們為師。我們會看到一些組織如何調整使命來適應市場；也可以看到另外一些組織如何轉變市場的需要以符合自己的使命。

本節也將檢視一些可以利用使命來強化你立基於市場的努力，同時保持正確方向的重要做法。接下來，將討論一連串的問題：為什麼行銷循環從來不會真的結束？為什麼貴機構從來沒有真正地滿足所有的市場需要？如何不斷地挑戰自己、工作人員和組織，以創造品質與顧客滿意度的新高？

我們也要探討如何確保董事及志工們對這樣的轉變熱心投入，本章將提供若干激勵妙方。其次，要檢視組織以市場為導向的各種正向結果，你可能會想要與董事及工作人員仔細地討論這些結果，以及讓組織維持目前以服務為本（service-based）（下一個討論的主題）的結果。最後，我們討論比使命更高一層的核心價值。任何組織都有其核心價值，貴機構也應該要列出自己的，並且當組織試圖要確認自己不會偏離所相信者太遠時，就可以以此為參據。同樣地，我們也要看幾個必須決定去接受或拒絕市場需要的組織案例。

預期讀者讀完這一章，應該開始具備將組織轉變成為兼具使命導向和市場導向的能力，我確信這對貴機構能否持續存活，和繼續維護重要使命的能力是很關鍵的。

第一節　市場或使命，哪一個是對的？

如果你的組織正朝市場靠攏，努力地因應市場的需要，那麼我們可以預見在某天、某個星期或某個月，市場的需要一定會和組織的使命、歷史或甚至是你個人的價值觀相衝突。怎麼辦？核心指導原則該是什麼呢？在這樣的牴觸下，何者是「對的」——是市場還是組織使命？

以下儘量簡短地用三個句子來表達：

(1)市場永遠是對的。
(2)市場對你而言不一定總是對的。
(3)應該奉組織的使命爲最高指導原則。

市場有市場的需要，這是無法否認或忽略，也無法阻止它發生的。機構所服務的對象有他們想要的，但是我們可以，而且在有些情況下應該，只能滿足其部分的需要。那些資助者也有其需要，但是組織可以，而且在有些情況下，應該只給予部分的回應，甚至必要時婉拒他們的資助都在所不惜。

而重點是：你的組織永遠是有選擇的。無論何時只要覺得已經牴觸到組織的使命或價值觀時，都可以選擇不去滿足市場的需要，而且還要更進一步地評估，這樣的市場轉向有沒有牴觸到你個人的價值觀和道德觀。

❑ **舉例說明**：我的一個好朋友是美國西南部一群農村健康中心病患教育的主管。當她在做市場調查、和病人及社區成員溝通，及檢視得自焦點團體的資料時，不斷地看到這個社區對於快速增加的未成年懷孕，以及少女為了照顧嬰兒而從高中輟學的風潮高度關切。她帶著這些資訊和其他社區共同關注的議題來到機構的行銷委員會，最後到了董事會。

董事會決定透過和社區內公私立學校合作，對男孩和女孩提供更多有效防範懷孕的課程及輔導，以擴大該組織在社區中本來就在扮演的教育角色。此一行動支持了該組織基層照護預防、治療和社區教育的使命，及以預防為先的核心價值。此一決策對我的朋友來說很好，理念很不錯，她可以一展長才，而且董事會也提供了相當充裕的資源。

但是董事會所提出的另外一項政策卻是她無法忍受的。在處理此一青少年問題上，董事會（經過長時間的激辯）決定所有防範懷孕的可能方案都應該納入討論——包括終結一個不被期盼的懷孕。每一種可能的選擇都應該被客觀地提出，而組織本身也不應主觀地特別偏好某一方案。我的朋友對於墮胎有非常強烈的個人觀點，她說她無法支持、鼓勵這種決定，甚至無法準備任何相關的資料提出簡報。後來經過再三考慮後，她辭職了。

不管你是否同意她在墮胎議題上的立場，我們都必須欣賞她對本身道德觀、倫理觀及價值觀的堅持，就算要放棄工作也在所不惜。董事會和社區這兩個主要市場已經表達出他們的需要，換句話說，市場需要已經很明確了。董事會滿足社區需要的方法並非唯一選擇，但這是他們的決定。我的朋友經過長考後說：「我無法在清醒的意識下做出這樣的事情。」

我要講的重點是，當你發現自己正被帶向一個不舒服的情境時，要果斷地立刻喊停。和朋友、工作伙伴、家庭成員或心靈輔導員，如神父、牧師或拉比（rabbi，猶太教的教士）談一談。不要任由市場力量把自己引導到不再喜歡自己的地步。身為一個非營利組織的主管，要喜歡所做所為、有熱誠，並且承諾要把工作做好。這種無私、有理想的能量，也就是非營利組織工作人員如此特別的原因。同樣的，這份熱忱與使命感讓組織得以排除萬難，也是前章提到的，一個團隊可以緊密團結的原因。如果你自己覺得是被迫去做不對的事情，就算競爭對手也這麼做，或是市場吶喊要求，你將會失去優勢——現在你為了達成組織使命，而願意付出的額外努力與犧牲。不要因為隨市場浮沉進入黑暗地帶，而失去你的優勢。你可以說「不」。這些需要自然會有其他組織的人去滿足，那是他們的事。最重要的，要覺得自己的決定是對的！

那麼，該如何做決定呢？請照順序逐一考量下列各要點，以確認沒有陷入對個人與組織來說錯誤的地步：

查核點一：這個改變是否和組織的使命及價值觀相符合？

查核點二：這個改變是否和我個人的道德觀和價值觀相符合？

查核點三：這個改變是否符合並支持我們組織的策略計畫（strategic plan）？

注意，第一個查核點是組織的使命，第二個查核點是檢視你的個人價值觀，而第三個查核點則是確定組織的能力。雖然我認為這是一個適當的順序，但讀者可以依其他順序去回答這些問題；因為只要其中有任何一項的答案是「否」，就不應該繼續下去。因此如果你認為將個人議題擺在第一位比較滿意，沒什麼關係；如果你覺得它們應該擺在最後，那也可以。總之，就是把它們全部都

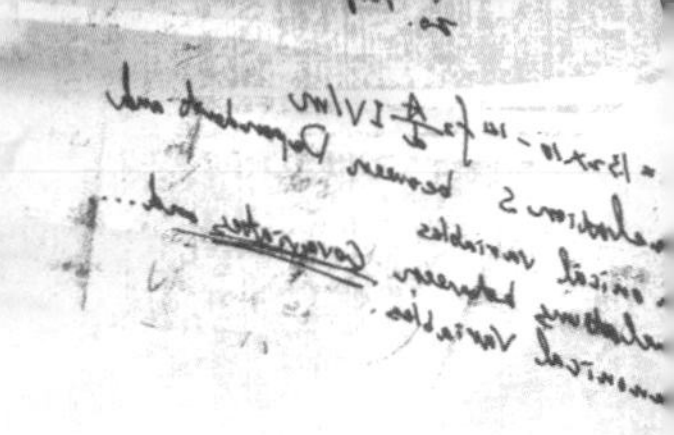

檢查過一遍。

☞ **實際操作**：如果機構有意開辦一項新的服務或大幅擴增服務，不妨考量下列項目：

- 這項行動支持組織的使命嗎？
- 它支持或衝突到組織的價值觀嗎？
- 它支持策略計畫的目的與目標嗎？
- 這項行動結束時會帶來淨利或淨損嗎？如果是淨損，組織承擔得起嗎？
- 這是我們所擅長的嗎？
- 就個人層次而言，我自己支持這項行動嗎？

可以將其他對你而言重要的議題，加到上述的檢查項目之中，審愼地逐一思考使命、價值觀和道德等議題。

以上討論最重要的一點是，爲了要有成效，組織必須儘可能地隨著市場調整，但在此同時也需要以組織的使命、價值觀，以及個人道德的界線做爲前導，並設下適當的限制。

前文已說過，不要以使命爲藉口而僵固不變，新的或不同的事物不一定就是違反使命的。如果你聽到自己說：「我們從沒那樣做過」，並不表示就不應該那樣做。要將組織的使命發揚光大，而不是躲藏在使命背後。

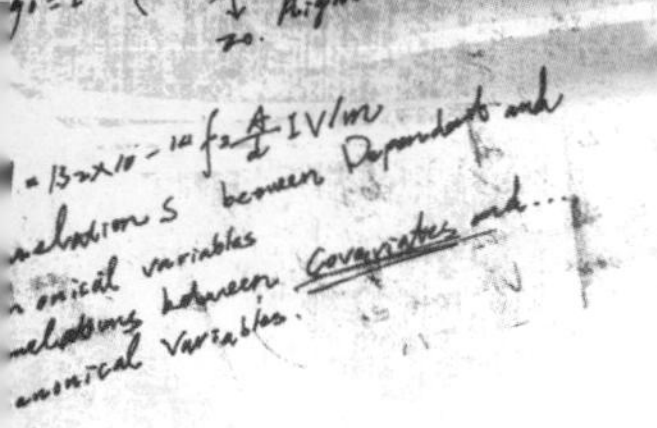

第二節　隨著市場移動但仍堅守組織的使命

所以，有什麼實用的方法可以讓組織在隨著市場調整的同時，又能堅守使命呢？最重要的技巧是學習如何婉拒某些好主意，甚至是眞正的需求。市場可能會要求提供某些服務，但是當機構做不到，或是進行這項服務會危及其他的服務時，就要斷然拒絕。越來越多的非營利組織體察到一個事實：他們無法一一回應所有人的需要，也無法解決社區中所有問題，因此必須挑選本身最擅長的、負擔得起的，而不是盲目地追求每一個進帳的機會。

- **舉例說明：**你的組織有多常面對這樣的兩難：得到一個百萬元的服務契約。這不尋常吧？繼續讀下去。假設這是一年的契約，委託條件足以支應所有的成本，對機構來說可以達到收支平衡，資助者要求從下個月一日開始提供服務。由於該服務不需要開辦費用，所以大可以即日開張。（雖然很少是不用開辦費用的，不過這樣假設有助於理解這個案例。）貴機構在月初向資助單位請款，依契約規定對方四十五天後才能支付。這樣好嗎？除非你有12萬5千元的資金可以投入，這是在經費撥下來之前的四十五天，機構運作所需要支付的成本。換句話說，事實是在雙方有合約的這一年當中，機構平白地借了這個資助單位12萬5千元，白花花的銀子就在那個時候不見了。

  該怎麼辦？市場（資助單位與服務接受者）希望這份契約能夠被執行，而這項服務也與組織的使命相契合，但它顯然不符合貴機構最低限度每一項業務都能達到損益平衡的價值觀，

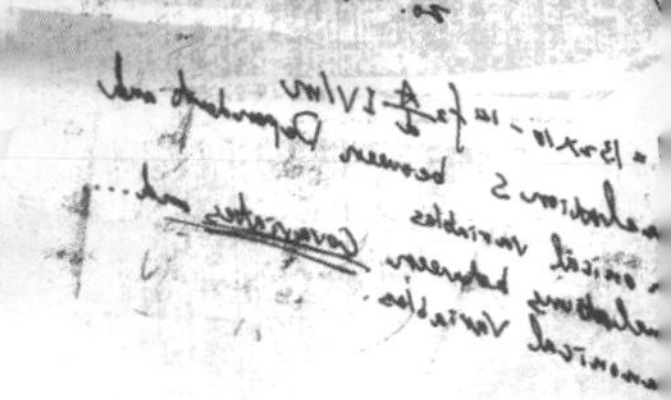

以及不讓手上的現金低於四十天營運費用的策略規劃目標。由於這份合約沒有認列「貸款」給資助單位的支出，因此實際上受委託的機構是蒙受損失了（組織一年12萬5千元的機會成本，以及可以賺到的利息），而且運用那筆錢來融資給這個契約，將會耗盡組織的預留資金。

這件事雖然看起來符合市場需求，也契合組織的宗旨，但是卻違反了組織的價值觀和目標。坦白地說，非營利組織每天都在面對這類問題。該不該接受這個契約？依市場觀點，是應該的，那組織怎麼看呢？

緊接著市場的第二個挑戰是，組織往往一直到深陷在市場改變當中，才發現事態嚴重。沒有人可以預測一個新的服務方法、不同的給付方式，或確認並滿足社區需要的新策略，到底會發生什麼樣的全面效應。

❑ **舉例說明**：在健康照護當中，管理式照護方案使得健康照護的提供者處於一個兼有利益與風險的環境中。制度促使他們必須維護人們的健康，更快速地治療，並增加門診方式的診治。這種保險給付方式完全摒除了傳統的醫學觀念，劇烈地改變了醫護提供者、保險業者、雇主及病人之間的關係。管理式照護已震撼性地改變了市場。

多數的醫院及醫生很不情願地接受了管理式照護，並且說服自己照護的品質應該不至於太差，於是全數加入了該制度的行列。管理式照護的審查人員（intermediaries）首先會找出最大可節省費用的空間，他們很快就發現住院病人是整體健康照護費用支出的大宗，也是立即可以節省下可觀支出的地方。所以開始質疑住院許可、縮短住院天數，醫院及醫生對此也毫無異議。沒有人預見保險業者會越過這條無形的「道德」線：開始限制產婦要在產後在二十四小時，甚至十八小時內就出院，這樣的政策經由媒體報導後，「金錢誘因戰勝醫護的基本使命」的批評，引起社會大眾的公憤。醫院和醫生可以做些什麼呢？明文規定他們有義務遵守管理式照護審查人員所訂下的規則。然而，做為一個專業人員，他們自覺在道德上及使命義務上需要採取某些行動。有些醫院免費讓新生兒母親多待一兩天，但是醫院畢竟也只能自行吸收有限的免費服務。所以，醫院及醫療產業展開遊說國會議員及州議員的行動，試圖改變這個規定，把限制降低到大家可以接受的水平。他們滿足了自身的使命標準、病人的市場需要，以及撥款審查的市場需求。

下一個挑戰是當組織努力去適應市場需要時，要確保自己不會因此而失去組織的特色。如果組織遠離了人們所認同於你的服務、團體及社群，在募款及董事延攬上將會面臨困難，結果是沒有人眞正知道貴組織到底是什麼，也沒有人會加入你的行列。

❑ **舉例說明**：全錄公司（Xerox）在一九八〇年代全面擴張生產線，嘗試多角化經營，並試圖降低對主要產品——影印機的依賴。它的策略是要遠離「影印機公司」的思維，自我定位爲「辦公室機具製造商」。突然之間，我們可以在市場上購買到全錄的桌上型電腦、印表機，甚至答錄機。「全錄辦公室」的口號出現在所有的商業報紙，廣告也跟著商業雜誌一起在市面上流通。

　　問題是此一企圖顯然並未受到人們的青睞，因爲大家對全錄的印象還停留在影印機製造商，而不是電腦廠商。全錄不只是一家影印機製造商，它根本就是影印機製造商的代名詞。

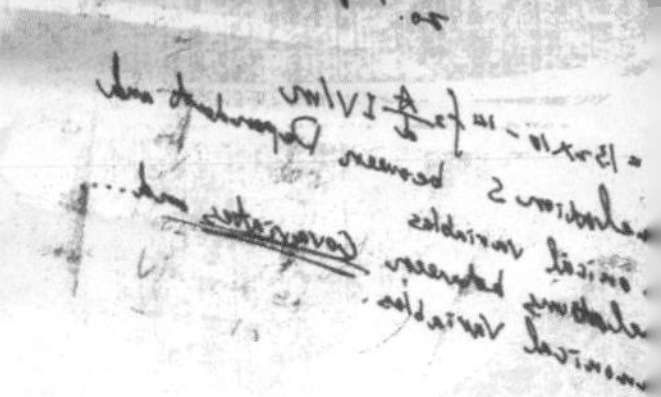

"To xerox" 在英語世界已經是大家對於「影印」這個動作的共通語言。正因爲與原有的核心特色漸行漸遠，全錄不只存貨堆積如山損失了大筆金錢，也把顧客搞糊塗了，有些人甚至認爲全錄已全面放棄影印機產品。在此同時，像Mita這個競爭對手就乘機放出風聲，表示自己會長期堅守影印機事業，不像全錄三心兩意。全錄的市場占有率因此降低不少。

不要爲了追逐市場需要，而放棄既有的名號或遠離本業，造成顧客的混淆；但是，再一次地提醒，也不要自動就放棄改變組織傳統服務或服務對象的新想法。

❑ **舉例說明**：基督教青年會（YMCA）的成功轉型是個好例子（記住，M代表男性），它在一九五〇年代跨越性別限制，擴張了潛在顧客的基礎。（在此也要指出，年齡及宗教的歸類也都被超越了，不必一定要是三十歲以下或一個積極實踐信仰的基督徒，才能使用它的設施，或成爲它的工作人員、志工、董事。）

因此，定位的改變是可以的，但是需要仔細地想清楚人們現在是如何看待貴機構的，如果組織因應市場而改變後，他們又將會如何看待，不過這也有例外，不能一概而論。

❑ **舉例說明**：Chaddock是伊利諾州昆西市的一間寄宿學校，主要服務來自破碎或施虐家庭，和無法成功安置在家庭寄養環境的兒童。它原本叫做Chaddock學院（Chaddock College），但自1853年成立以來，機構名稱和服務內容經歷過一連串的變動，其中一個名稱是Chaddock衛理公會男生學校（Chaddock

Methodist Boys School），1983年因首度收容女孩而停止使用。然而，在1995年學校收到超過一千筆的捐贈，都指名捐給衛理公會男生學校。不管這個組織是服務男孩還是女孩，或者它和衛理公會的關係已經不如早期一樣密切，這都無所謂，它的形象和定位仍然保持不變。

最後，本章要提供一個工具，好讓組織隨著市場需要而調整時，依然可以堅守使命，讀者無須捨近求遠，它現在就在你的辦公室中，叫作「使命宣言」（mission statement）。

成功的經理人會去動用所有可以取得的資源以達成任務。組織的使命宣言是眞正的核心工具和最有價值的資源，我們何不善加利用呢？以下提供一些方法，即使貴機構正在熱烈地討論如何去滿足目標市場變動的需要時，可以多加利用組織的使命，並藉以協助組織持續地堅守使命。

1・讓使命隨處可見

如果還沒做，那麼就把組織的使命宣言印製得很吸引人，分送給組織裡的每個人。把它放在接待區，也放在員工餐廳。影印一張放在記者會現場的桌上，並且將它印在組織的策略計畫、年度報告，甚至放在會務通訊中。讓它在組織裡持續不斷地提醒大家什麼是重要的！

2・在管理會議、董事會議及委員會議中經常提到組織宗旨

現在它已經隨處可見了，接下來就要落實執行，否則，使命充其量不過是另一個牆上的裝飾品罷了。所以，請影印組織的使命宣言，讓它在委員會、董事會及工作人員會議時，確確實實地出現在會議桌上，然後大力地鼓吹這些使命。在工作人員會議當

中，需要決定某一項計畫或政策時，就應該問：「哪一個選擇是比較符合使命的，或者是讓我們更能實踐使命的呢？」以具體的例證引導，並且讓工作人員了解組織使命是你決策的重要參據，你也期待他們這樣做，在董事會及委員會中也如法泡製。影印使命，人手一張就可以終結所有的爭端嗎？很難。但至少可以幫助你確認組織中的每一個人，都是將焦點集中在使命上的。

3・決定新市場與新服務時要以使命爲本

使用本章稍早所詳述的檢查要項，並且在決定什麼時候要（或什麼時候不要）轉向另一個新的市場、提供一項新的服務，或服務一個新的案主群時，要把組織的使命當作是最重要的判斷基準。

你已經把整個組織投資在這個使命當中了，這就是爲什麼你現在會在這裡做這些很好的事。所以，把使命當作幫助你把組織保持在軌道上運行的工具。這不單單只是引導行銷，也會讓你習慣在工作人員會議及董事會中做重要決策時，回頭檢視一下使命，這是一個應該善加培養的以使命爲本的好習慣。

第三節　永不終止的行銷循環

所以，上面所討論的將會把我們帶往何處？什麼時候才能成爲兼具使命導向及市場導向組織的理想境界呢？如何知道已經做到了呢？達成時可以停下來休息一下嗎？

恐怕不行。一旦踏上這個旅途，它就變成組織的理念，此一理念對組織的慈善事業之重要性，不亞於組織其他的使命宣言。舉例來說，以一個組織的角度來看，貴機構也許很重視預防、早期介入、某種特殊的教育方法或特殊環境的影響。這些信念和組織特徵具有相當的關聯性，它們幾乎道盡了貴機構的特質。現在，你必須成為一個在講究市場導向的同時，仍然保有組織的價值，不只堅守本身信念，也兼顧各個市場的信念與需要的組織。

要如何知道自己已經成為市場導向的組織了呢？以下都是可以參考的指標：當你可以很快地根據調查及焦點團體蒐集到的資料，說出最重要的五個資助者對貴機構的觀感時；當你可以很快地背出最近根據顧客的反映，對服務安排或服務輸送所做的的調整時；當我走進貴機構，你確定我會被很有禮貌地接待，當我離開，會被詢問這次拜訪的經驗時；當組織的行銷素材已經鎖定目標時；以及當你可以很快列出目標市場、主要競爭對手及貴機構的核心專長領域時。

然而，即便以上的全都做到了，恐怕還不能說是「已經到達了」。因為總是還有進步空間——市場總還在波動中、新的需要在發展中、出現新的競爭對手要去面對。行銷眞是一種挑逗，是一個可以看到輪廓，但卻永遠都搆不著的地平線；它是一塊移動的陸地，經常自我改變形狀，除非身在其中，否則無法精準預判。

所以也許永遠不會眞正地到達目的地，但組織還是無法承擔趕不上這趟旅程的代價。

第四節　成為市場導向的結果

如果組織為了成為市場導向並且繼續維持，而經歷了以上所有的工作、努力及訓練，會有什麼好事發生呢？該如何確定這是不是一項值得的投資？此一改變將可帶來一些眞實而具體的結果，最常看到的是以下六項：

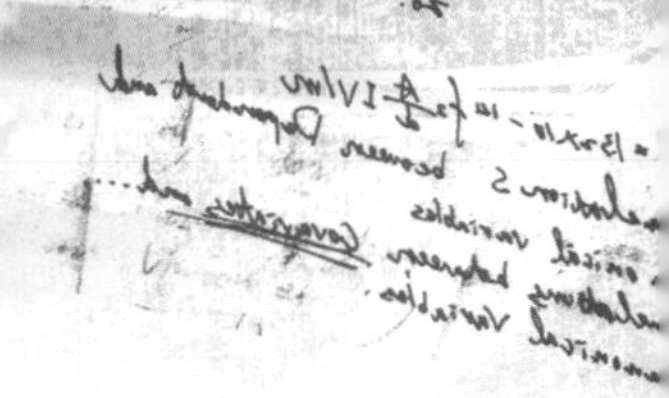

1．會有一個滿意度更高的市場——特別是消費者及政府單位的資助者

如果貴機構一再地詢問和聆聽，然後付出適當的努力以符合人們的需要，可以期待人們對貴機構會有更好的觀感。原因之一，只因為你有主動詢問，這樣的動作表現出這個機構在意、有更高的效率，而且，如果貴機構過去和資助者關係不甚友好，此舉也表示主動釋出想要改善關係的善意。原因之二，因為你有採取行動，並且嘗試去配合市場的需要。顧客滿意表現在更多的顧客回流、更多的推薦、資助者比較不會找麻煩、獲得更多的資金和實驗計畫的補助，說不定在緊要關頭還可以有所通融。

2．組織在社區中會有更好的形象

人們提到貴機構的時候會說這是個「企業式慈善家」（"businesslike charity"），是個有效率地、有效能地善用他們所認為是自己的錢（來自捐贈或稅金）的組織。由於經常地詢問，貴機構在社區中的能見度將大為提高，也會因此贏得一個有回應力的組織（responsive organization）之聲譽，而不是被視為一個自從羅斯福總統（是老羅斯福，不是小羅斯福！）以來，從未曾改變的非營利組織。這樣的形象代表更多的顧客、更多的捐贈、工作人員和董事會有更高的士氣、更容易延攬董事、從聯合勸募得到更多的指定捐贈，甚至如果夠幸運的話，還可以獲得媒體的青睞。

3．會維持現有的市場

出現某個組織，在核心業務上與貴機構相互競爭，這種事遲早會發生。就像本書先前所談論的，他們也許會把最精華的搾走

——搶走資助大戶、捐贈者、家庭或服務接受者。我保證這種事一定會發生，所以，現在就開始做好的行銷，而不是在競爭對手出現後才動手，藉此貴機構可以和很多核心市場建立緊密而長期的關係。等到競爭對手眞的出現時，藉由競爭及迅速地回應變化中的需要，貴機構將有更大的優勢留住顧客和他們的忠誠度。如果讀者不以爲然，我建議你問問募款工作人員他們需不需要忠實的固定捐贈者：那些被留住的顧客。你不會想要失去他們的！

4・組織會更有效率及更有效能地提供服務

按理說如果貴機構是一個市場導向的組織，就會依市場需要行事，而不是反其道而行。這會讓組織更有重點、更有效率及有效能。因爲組織將經費都集中用在可以產生最大影響的地方，所以可以在同樣的預算下完成更多的使命。

5・會開發出新的收入來源

成功孕育成功。你將發現滿意的顧客會口耳相傳，因而帶來更多的生意、更多的顧客，和新的資助者。善於行銷的組織會吸引新的收入進來，就像一朵完全授粉的花會吸引蜜蜂一樣。檢測一下貴組織的專精能力，以決定服務的取捨，保持專注在組織的核心能力是非常重要的。實務上我看過不少組織藉著獲得新的或是之前未開發的經費來源，在他們展開行銷努力的十八到二十四個月內就得到行銷上的財務回饋。

6・組織在財務上將可以更加穩定

由於更專注、更有效能，並且開發出更多的經費來源，貴機構在財務上也將益形穩定。注意在前面五點中，我使用「會」（will）這個字，但在此用「可以」（can）。爲什麼？因爲擁有更多的收入，並不代表組織在財務上會更穩定。更多的收入讓組織有穩定的基礎，但還需要善於管理這些資金、確定組織的成長不會超過經費額度，也就是說，新增支出低於新增收入，並且保留若干款項做為需要大量投資的改善與修繕之用。但無論如何，好的行銷是可以讓組織有機會獲致財務上的穩定。（本書作者的另一本專書*Financial Empowerment, More Money for More Mission*就是在討論這個主題。）

如果貴機構在行銷上一直都有傑出的表現，所有的工作人員和董事們都是行銷團隊的一員，那麼上述的這些效果自然會在組織中顯現出來，它們是貴機構投入所有的努力和資金到組織變革中，所產生的具體效益。其中有的部分是可測量的，另一些則不行，但是如果對它們夠敏感的話，你將會在對的地方看到回報。

第五節　激勵董事與工作人員

改變無法獨力完成。對於組織中的一些人（也許包括你）來說，這將是首次面對或必須去處理競爭的問題。有些人認為這已經是司空見慣，改變易如反掌；但是，對其他人來說，卻可能永遠都無法完全接受屬於「慈善」的日子已經一去不復回的事實。

但是你可以做到的。你的組織如果善加引導，是可以轉變成兼具使命導向及市場導向的。舉目四望，德不孤必有鄰，你的同伴眞不少呢！

❑ **舉例說明**：三十年前，美國的醫院前景是相當看好的。在多數的社區中，都有穩定數量的醫院，它們的病床數目也都在緩步穩定成長中。他們通常彼此互通醫生，共享某些特定的資源。很少有醫院公開競爭，當然也從來沒做過廣告。當然，一些和醫學院有所關聯的大醫院，不免會顯示出自己高人一等的團隊氣勢和菁英主義，但一般說來，醫院是個可預測的組織：是一個以社區爲基礎的非營利組織，提供各種不同的住院醫療照顧，並且運用捐贈、志工等社區資源。走進紐約、第蒙或鳳凰城的基層（診所）、二級（地區醫院）或三級（醫學中心）醫院，基本上，你會看到一樣的服務、一樣的設備，以及幾乎一樣的規模。

現今，一切都不一樣了。美國住院服務項目中有20%以上是由營利性質醫院提供的。醫院規模在縮小，甚至有很多都歇業。醫院漸趨專精，「挑精揀肥」（"creamed"），更專注在擅長的特定醫療項目之上。他們合併、收購，並且被要求去滿足各種市場的不同需要，而所謂的市場，除了病人之外，還包括醫生（傳統醫療體系運作模式中的轉介者）、管理式照護的保險業者（與許多資助者是相同的），甚至和一些招募不易的工作人員，像是物理治療師及職能治療師。

現在一般的醫院本質上都已經是市場導向，不這麼做的大概早就關門大吉了。

這個是輕而易舉的轉變嗎？絕對不是。但是此一改變是伴隨著醫院管理者在商業專門知識及教育上的大幅提升。當人們努力學習如何在高度競爭的環境中，管理這好幾百萬資產的非營利事業時，幾十、甚至好幾百的醫院行政及管理的碩士課程在全國各地如雨後春筍般地出現。

❑ **舉例說明**：如果我們差不多同年的話，你可能記得「電話公司」。一般人都會接受某一特定電信公司所提供的市內及長途電話服務。電話不屬於個人，而是這家公司所有。這是市場的完全獨占，這種情況一直到一家新興的公司（MCI）控告美國電話電報公司（AT&T），並且贏了這場訴訟，狀況才有所改變。在一九八〇年代中期，長途電話的服務被解禁，而美國電話電報公司這個大公司實際上被聯邦法官所拆解，市內電話服務也隨之被鬆綁了。有一些「小貝爾」（"Baby Bells"）活躍於新的競爭環境中。現在除了市內電話外，我們的電話服務更便宜、更有效率、可以承載更多資訊。每一個公司都有他自己的策略、產品及服務系統（有一些把顧客搞得非常困惑），並且對市場需要做出反應，有些時候做得不錯，有時則不然。

若要體會美國電話電報公司內部獨占權改變的強度，要先了解在該公司和貝爾系統中，每一位中高階層工作人員幾乎都是在獨占狀態中度過他們的職業生涯。它名列財富雜誌的前一百大，擁有三十萬個職員，但卻全無行銷概念。他們唯一需要做的就是連結人們的電話，並且確定他們的服務是可靠的，有合理的速度。只是，以前沒有像現在的MCI或Sprint等新興電話公司，或其他數十個小型長途電話公司這種勁敵存在。

在美國電話電報公司被拆解之前，組織裡並沒有詢問的文化、沒有監督顧客滿意度的機制，也沒有吸引顧客的方法。爲什麼？因爲不需要。現在情況可大不相同了。想想看那些光是長途通話服務的供應廠商爲了服務，而雇來在你晚餐時間煩你的業務員就有多少！想想看所有的電視及平面廣告所開發出來的廣告市場有多大！儘管他們一再快速地調整步伐因應市場，即使是營利組織都不容易。

❑ **舉例說明：**在公用事業方面，電力銷售正進行一項類似的改革。特別是在美國東北方各州，不同的公司之間激烈競爭。當電線、纜線、變壓器及轉換器的網絡仍然是當地公用事業的財產時，人們眞正在使用的能源可能來自其中諸多來源之一。一位執行長甚至幻想銷售能源就像有線電視訂戶，每月費率是固定的。

來談談一項重大的改變！獨占的本質使得公用事業從來就無須擔心顧客會選擇其他的供應者，如果顧客是住在該公用事業的服務範圍內，唯一的選擇是使用或不使用該公用事業所提供的能源——也就是顧客永遠不會有選擇。然而，當幾乎所有的工作人員大半的生涯都處在安逸舒適和相較而言安全的獨占環境中時，市場改變了。現在，他們必須在自我調整以適應市場或從市場消失當中二選一。與醫院及電話公司相同的命運，這個產業也出現了諸多合併及收購的狀況，市場上的淘汰情事層出不窮。那些學習去適應市場導向哲學的組織欣欣向榮；反之，就要面對退出市場的命運。

以上的例子都和你將面對的困境有其雷同之處：一群工作人員及董事們長期處在獨占的市場，而非更激烈、更變動的競爭環境中。你同樣只有一個選擇：調整或消失；同樣也面臨合併、收購，和被收購的命運。

這些產業多半都會採取積極尋求外援的行動。醫院行政管理階層從營利範疇中雇用行銷專業人員，不盡合用時就在大學裡開設醫院管理的碩士學位。公用事業及電話公司則都非常仰賴顧問，外聘了解市場狀況的人士提供諮詢意見。他們投資大筆的經費對員工進行再教育，全心專注於顧客服務，學習如何快速、有效率，並且有禮貌地解決問題。

重點是：你也做得到。當組織進入這競爭的環境中，許多工作人員會逮住各種機會試圖抗拒改變。他們會抱怨進入這個機構

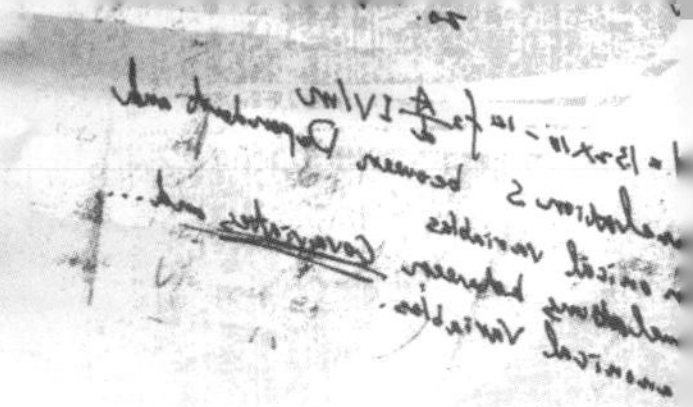

是來提供服務，而不是來銷售服務的。事實上，我們當中確實有很多人正是因爲不想進入充滿喧囂的商業世界，才來到非營利組織環境尋求庇護的。

然而，有一些抗拒其實並不是單純來自於理念。很多的工作人員自認不知道如何去競爭，就像多數的人，他們堅信「多做多錯」，寧願不做也不要搞砸，因而產生抗拒。

☞**實際操作**：提供工作人員及董事會所需要的協助。具體行動包括：

- 送他們去參加行銷、顧客服務、品質管制、調查、焦點團體發展，以及製作更好的行銷素材等這一類的課程。
- 外聘行銷顧問評估貴機構的競爭力，從專業的觀點提出需要改善之處，以及組織的優勢和弱點。
- 聘請與你的訓練背景不同的專家。特別是在行銷的領域中，一個全新的視野、全新的觀點是非常寶貴的。面對即將到來的新經濟，組織裡擁有這樣新的專業知能是相當重要的。

如果組織裡多數的員工與董事們自認已經「準備好了」，可以出去競爭，那就不會有問題；否則，組織應該爲他們提供足夠的能力配備。

要考慮還能做些什麼去鼓勵工作人員及董事會成員，好讓他們克服抗拒的慣性呢？

☞**實際操作**：嘗試一些下列的方法：

(1)和他們談談競爭的現實：及早並經常讓工作人員和董事會成員加入競爭議題的討論，告訴他們行內最新關於競爭的資訊，所提供的資訊儘可能貼近於貴機構的專長領域、收入及服務。舉例而言，如果貴機構有高達四分之一的收入是來自小額捐贈，那就可以讓工作人員及董事會成員知道，在機構所處的社區中有多少團體已經提升了他們業務發展的投入。如果貴機構的募款只占總收入的1%，那就別以該市場當作競爭的主戰場。

讓機構的資深工作人員及董事們閱讀本書，然後藉著每一章最後面的問題，引導他們走一遍書中談到的相關主題。這樣可以讓你、你的管理和策略團隊，更容易地將日益升高的競爭態勢之現實，和投入更多行銷努力的需要相結合起來。

(2)談談貴機構的使命：談談貴組織曾經幫助過的人。如果可以的話，用眞人眞事來凸顯你的組織所創造出的價值。組織如果不奮發圖強起而競爭，就極有可能再也無法對那些仰賴你的人提供協助了。想想看，如果貴機構所服務的那些人就因爲你被逐出競技場，而必須被迫接受另一個差勁的競爭對手的服務，會是什麼樣的景象？你甘心嗎？把組織使命當作是反映組織價值，以及鼓勵大家投入競爭的工具！

(3)列出與貴機構性質相近，但正陷入危機或已退出市場的組織：如果可以的話，列出在你的服務領域中財務出了狀況的組織。全國性的組織固然好，但是地方性或州層級的更佳，以凸顯出沒有注意到影響組織未來的市場力量所可能造成的後果。

(4)讓他們可以接受行銷的概念：用第6章的圖表複習哪些是貴

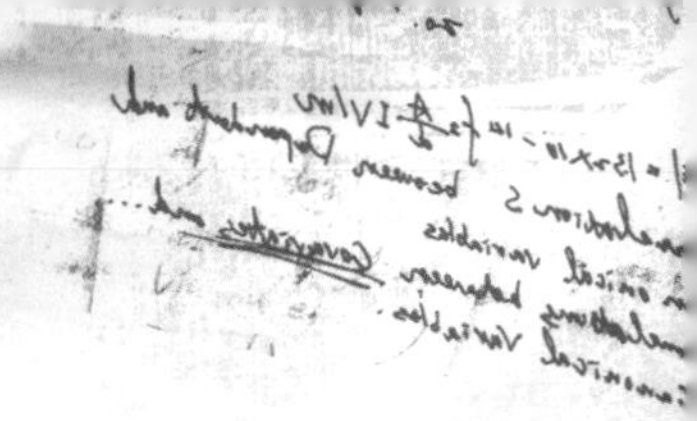

機構的市場。幫助他們了解每一個人，甚至是資助者，都是組織眞正的市場。提醒他們使命永遠是第一優先，但是沒有錢，就無法實現使命！

最重要的是，幫助他們了解事實上組織早就展開行銷行動，而且行之有年了，這樣多少可以祛除一些「改變」或「新」的標籤。舉例來說，如果貴機構提供「非傳統」服務，以滿足雙薪家庭的需要，那就是在做行銷——設計一項服務來滿足市場需要。如果貴機構已經運用各種方法詢問了顧客滿意度，那也正是在做行銷——測試顧客的需要。如果貴機構開始了一項新的服務，或啓用一個新據點以回應顧客的渴望，那就正是在行銷——回應市場需要。信手拈來都會有不少足以減輕工作人員恐懼和憂慮的實例。應用它們！

(5)讓他們可以接受競爭的概念：提出貴機構過去曾經與別人競爭過的領域，包括募款、申請補助或聯合勸募的經費補助。注意，當服務接受者越來越成爲資助流向的焦點，手上的選擇越來越多時，組織就像過去爲募款而競爭一樣，現在也要努力爭取服務接受者。

運用第7章的表格，練習把競爭對手製成一個表列。要明白強調組織的優點，否則董事會和工作人員會誤以爲組織正面對著超級無敵的競爭對手。

(6)了解並接納他們的恐懼與關注，也自我承認：要知道這對你們每個人而言都是新的領域，而且很多工作人員和董事會成員並沒有加入這個競爭的行列。把你的恐懼、擔心，以及需要更多訓練與幫助的心聲說出來。注意，當改變是無法避免，而你又沒有能力去改變市場，那麼，組織可以在市場內改變自己的命運。討論貴機構的各種可能選擇，以及所做下的抉擇，並檢視組織變成市場導向的結果，以及如果仍維持服務導向會發生的後遺症。

(7)**清楚而有力地言明組織必須前進，而且是馬上去做**：在討論之後，要以一種堅定、有力、明確的訊息作結尾：「我們的組織必須向前走，並且準備好迎向競爭！」設法尋求其他人的認同，萬一你發現呼應的人寥寥可數時，注意，這幾乎可以很遺憾地確定，貴機構往這個方向推進，將會使部分工作人員及董事感到疏離。對那些反應特別強烈的，「道不同，不相爲謀」，你甚至可以建議他們帶著時間、精力和技術，轉去投效其他的組織。

對我們來說，這樣的討論並不容易，但卻是必須面對的現實。你的機構正踏上一個荆棘滿佈、既遙遠又艱困的旅途，很多的工作人員和董事可能從來也沒想過會踏上這一步。強迫他們違背自己的意願，會連帶拖垮其他的人，也會讓你無法專注於手上的工作——帶領你的機構走過組織變革。因此，現在就做下痛苦的抉擇，壯士斷腕，可能是比較好的；對於那些不能與時俱進並支持這個新方向的伙伴們，只好建議他們現在就離開。火車正要離站，最好是讓這些人現在就自願下車，不然等啓程後若不是他們會讓火車出軌，就是你得把他們丟出火車。

若能帶著同理心及理解相互討論，並且明確地了解組織要走的方向，以上這七個方法可以帶動貴機構的工作人員和董事會。那我們可以提供其他什麼資訊，好激勵這些優秀的人呢？當然有，我在「成爲市場導向的結果」之下做了一個表，把那個表拿給工作人員和董事會看，並問問你的組織可不可能會有相同的結果。

第六節　堅守組織的核心價值

本書一再反覆地討論使命、市場、詢問和聆聽，讀者可以很明顯地觀察到我個人堅信重複有其價值。我學到寫作的一些要訣：充分運用實例。嘗試著提供讀者若干立即可付諸實施的想法（實際操作），並詳述全盤的事實，而不是只說他們想聽的。我很強調清晰和簡潔，然而，即使這是我所重視和企求的價值與事物，還是未必都能達到理想。我的思慮繁瑣、生性疏懶、蕪雜而不知剪裁，因此往往不如所期待的緊守寫作價值。

對組織來說也是如此。在組織使命之上，要有一組核心價值做爲行動指針。以學校爲例，就相當重視教導學生團隊合作、有紀律，或是重視教職員的團隊精神。若是教會，會非常重視社區服務、將屬靈信仰運用在政治活動上、聖經的詮釋，或海外宣教士的募款。至於藝術博物館，則會將重點放在前衛的或傳統大師身上，或強調對兒童的引導，或是重視對學校的外展工作。你的組織可能十分強調教導人們自助，或某種特定的治療理論。

這些價值多少可以把組織從使命的文字陳述，帶向使命的踐履，它們爲組織忠於使命的每日運作提供像明燈般的指引。

❑ **舉例說明**：這是我在多年前，和我的同事們在一個州立兒童福利機構所發展出來的使命與價值：

使命：兒童福利部門和其他機構合作，為兒童及家庭提供服務，以保護並為那些在危機中的、被虐待的、被疏忽的，或被從家裡帶離的兒童及少年倡議代言。

價值：

- 兒童有權擁有一個安全的、安心的永久居住安排，最好是和自己的家庭在一起。
- 我們應該迅速地、有能力地及專業地保護兒童、避免傷害，並為他們的福祉請命。
- 兒童及家庭在自己的社區裡像家一樣的環境中，才能得到最好的服務。
- 我們應該表彰人性以及個體的重要性，並且待之以真誠、公平、尊嚴、同情及尊重其文化。
- 我們應該營造一個穩定、支持的工作環境，好讓每一位員工都能成長、發展，並參與組織使命的實現。
- 我們對自己所做的工作負責，因此必須有效能和有效率地利用所有可獲得的資訊，以實現部門的使命。

由此可知，價值觀不只與組織使命息息相關，同時也事關工作人員，和使命被達成的方式，因此，每個人都應該負起責任。這對一個公立組織而言，是一組很好的價值觀。

下面是全國性公共廣播電台的使命和價值的陳述：

全國性公共廣播電台的使命是和各會員電台合作，培養知情的公眾（informed public）——藉由對事件、信念和文化有更深入的了解及認識，而被挑戰及被鼓舞。

指引使命的基本價值如下：

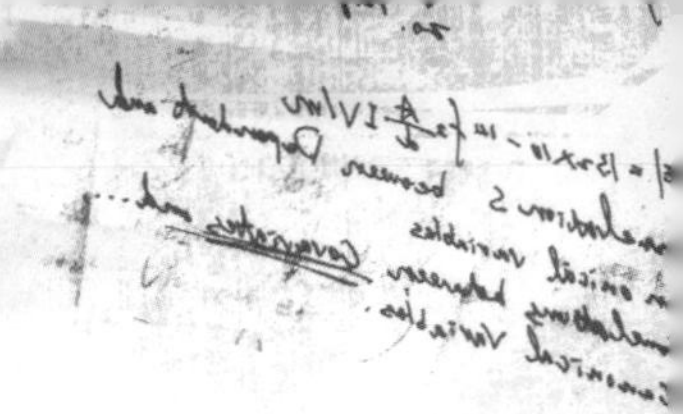

- 精準地、周延地，與公平地報導；
- 創意地使用聲音以吸引聽眾的理解力、好奇心及想像力；
- 鼓勵創新；
- 尊重文化的多樣性；
- 致力維護公共無線電台身為一個在地媒體的傳統和獨特性；
- 在影音科技上追求極致的進步；以及
- 鼓舞工作人員的才華、奉獻、創意和生產力。

這些價值在組織的行銷中用處頗多：它們有助於機構選定服務的核心市場、避開某個資助者、協助發展公共關係，和把焦點聚在組織的某些成果之上。

它們也可以協助組織解決選擇的難題：是使命還是市場。

❑ **舉例說明**：全國各地所有的在地非營利社區醫院，都處在相當的道德約束之下。越來越多沒有保險（和只有一點點積蓄）的人，帶著嚴重（甚至威脅生命的）的傷病出現在急診室的門口。如果急診室照單全收（不考慮其付費能力），這些醫院很可能因此虧損累累關門大吉，最後幫不了任何人。但是，醫院的使命本來就在於幫助生病和受傷的人，又豈能拒絕任何上門求診的人呢？

這樣的兩難在人們互相熟識的小鎮上更為嚴重，因此董事或工作人員深知，當他們在訂定所謂的「無償照護」（"uncompensated care"）政策時，很可以採取某種行動，其結果就是拒絕提供服務給朋友、鄰居、或親戚。此時價值觀能幫上什麼忙？在我協助醫院的董事和工作人員穿越這道德困境的案例中，大多數都會運用「維持財務穩定」的價值來平衡「減輕痛苦和磨難」的價值。

通常這兩個價值都能互相平衡，我長期以來謹守非營利組織的首要法則就是：「使命、使命、更多的使命」（"Mission, mission, and more mission."）。第二個平衡的法則是：「沒有錢，就無法實現使命」（"No money, no mission."）。你的組織也是如此，可能存在「相互衝突」的價值。

❑ **舉例說明**：在司法體系裡，我們有著像：擁有公正客觀的陪審團的權利、公平審判與速審速結的權利、面對原告的權利等價值（通常列在權利法案當中）。然而，在某些狀況下，爲了維護更令人信服的價值，像是生存、自由和追求快樂等，我們不得不違反前述價值。舉例來說，在受虐兒童的案例中，有些法庭允許在不與被告同時出席審判的情況下，讓孩子當控方的證人，此時兒童福祉和心理健康的價值就優先於被告的權利。

在以上實例中，組織（或體系）的價值協助人們決定對他們而言正確的路徑，而且前述例子都保有一些對某些環境做特別詮釋的迴旋空間。

☞ **實際操作**：如果貴機構迄今還沒有一套組織價值，現在是該著手的時候了。和董事會及主要工作人員（還有從組織外部請來的引導者）一起檢視組織的使命宣言，然後列一張可以讓你的組織與眾不同、獨一無二、你所相信的重要事項表。把這張表和組織的使命宣言一起列印出來，在討論組織管理與政策時可一併使用。

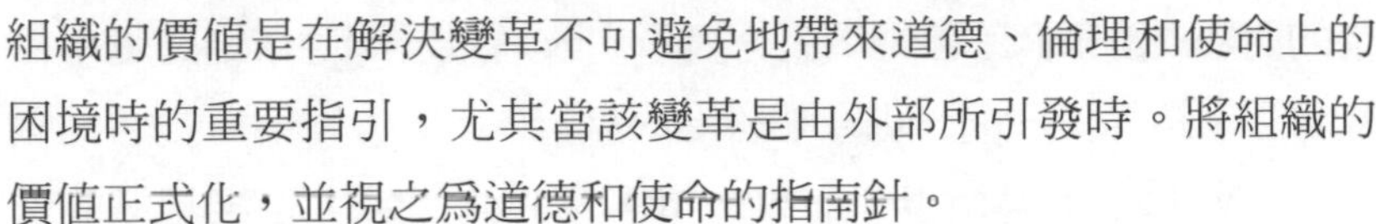

組織的價值是在解決變革不可避免地帶來道德、倫理和使命上的困境時的重要指引，尤其當該變革是由外部所引發時。將組織的價值正式化，並視之爲道德和使命的指南針。

重點回顧

在本章讀者已經學到同時成爲市場導向和使命導向的方法與風險，也看到可能吸引組織變成追逐金錢、遠離使命的種種誘惑，希望你現在已經知道拒絕誘惑的技巧。

首先，我們已經處理過究竟是市場對、還是使命對的重要問題，了解到市場總是對的，至少我是這麼認爲，但永遠以市場的需要爲導向，也未必總是對的。本章指出使命應該是關鍵的指引，當組織必須傾聽並隨時對市場做出回應時，組織的使命應該是彈性的最後底線。本章同時也提醒，別讓使命成爲拒絕回應市場的藉口，大部分市場的需要對組織而言是適切的，不應該拿使命當擋箭牌。

其次，討論組織如何在因應市場自我調整的同時，又能堅守使命。本章分享了一些組織的實例，並提供了若干善用組織使命宣言，以協助強化、耳提面命，以及重振使命的管理想法。

接下來，我們從使命轉到了核心價值的議題，建議你列出這些價值並詳加討論，把它當做日常運作的指引。本章提出了幾個排斥與其核心價值相牴觸的新市場機會的組織之例子，也提供讀者一個查核表，工作人員和董事會可用以根據組織價值，檢視本身對一個新的或修正的服務的舒適度。

第三，我們看到了永無止境的行銷和競爭循環，注意，組織從以服務爲本轉到市場導向並不只是一個轉變，而是一個行動哲學的開始——一個不停地調整、變革、改進以及適應市場的變化。簡言之，組織正展開一場永無終點的旅行。

接著本章透過檢視組織變成市場導向的好處，來探討一些重要的觀點。以下這幾點可以在與董事會以及工作人員開會時提出來，鼓勵、說服他們競爭是很真實的，而行銷正是一個使命導向的策略。快速回顧一下，此六點爲：

(1)會有一個滿意度更高的市場——特別是消費者及政府單位的資助者。
(2)組織在社區中會有更好的形象。
(3)會維持現有的市場。
(4)組織會更有效率及更有效能地提供服務。
(5)會開發出新的收入來源。
(6)組織在財務上將可以更加穩定。

回顧過後，我們討論如何激勵工作人員、董事，甚至是你自己去繼續這趟旅程。首先探討發展團隊，本章提出七個話題點子來說服有所遲疑的工作人員或董事們，讓他們相信組織正朝著正確的方向邁進。這些討論主題可以使人們對於原本理智上能理解、心理上卻無法接受的政策，多少感覺舒服些。

回顧一下，這七個點子是：

(1)和他們談談競爭的現實。
(2)談談貴機構的使命。
(3)列出與貴機構性質相近，但正陷入危機或已退出市場的組織。
(4)讓他們可以接受行銷的概念。

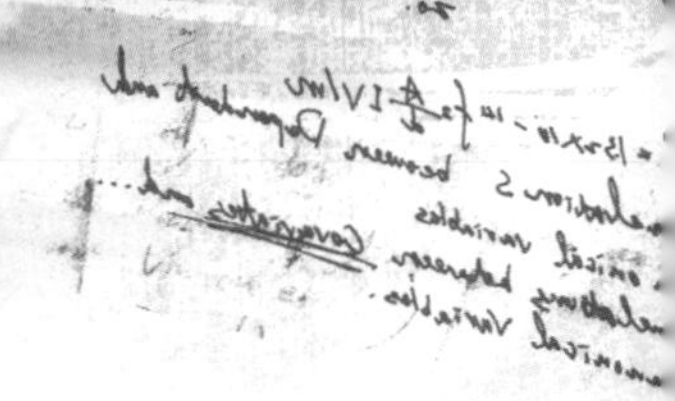

(5)讓他們可以接受競爭的概念。

(6)了解並接納他們的恐懼與關注，也自我承認。

(7)清楚而有力地言明組織必須前進，而且是馬上去做。

藉由持續運用這些議題，和對組織的巨大變革懷有一些執著，或許不是全部，但至少可以帶領大多數的董事和工作人員追隨。

現在已經了解讓非營利組織成爲市場導向的陰與陽，手上也握有說服工作人員和董事會「這是正確選擇」的技術與技巧。但即使在這些工作和激勵都做了之後，在轉移到確認市場並且尋找滿足其需要的方法之前，還有一個議題需要想通，那就是：組織有足夠的彈性去滿足不同顧客的需要嗎？這是我們下一章的主題。

第3章的問題討論

1.我們是使命導向的嗎？該如何更進一步？

2.我們是市場導向的嗎？能改善我們對市場的回應嗎？怎麼做？

3.堅守市場導向時，將遇到的最大問題是什麼？

4.我們的核心價值是什麼？是否應將它們加到使命當中？在設定核心價值時誰應該參與其中？

5.什麼是我們的核心能力？什麼是我們眞的做得不錯的？這些事情有助於使命的實現，還是使我們分心？

6.董事會是否眞的對競爭有所質疑？爲什麼或爲什麼不？

7.所有工作人員是否眞的對競爭有所質疑？我們該如何經常地重視這件事呢？

8.董事會和工作人員是否認爲行銷與使命息息相關？該如何做更多的連結？

9.我們是否依本章建議採取若干行動，好讓工作人員和董事會感覺已裝備好去競爭？怎麼做？什麼時候做？

10.看看成爲市場導向的組織的好處，如果我們做到了，對組織使命的實現有什麼意義？

4 保持彈性並隨市場改變

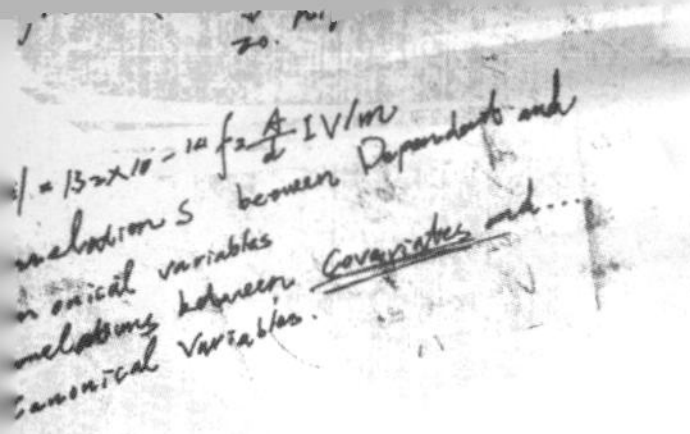

總覽

如果你有活學活用本書所提出的構想的話，應該已經開始，並且經常地詢問所有的顧客他們想要的是什麼。如果你用心地去問，那麼你、工作人員，和董事會都將要不斷地面臨你所處市場中，各種需要或大、或小的改變。

問題是：你可以適應這些改變嗎？工作人員呢？董事會呢？你和你的組織是否有足夠的彈性不斷地重新塑造自己，好去應付組織外部變動不居的環境呢？在以往經濟受保護的舊秩序中，改變總是緩慢的，而且你還有很多重來的機會。念在你是非營利組織的身分，社區、資助者、你所服務的人，多半不會加諸你太大的壓力。但，這種好景不會再有了！組織必須持續不斷地適應、調整、改變、改善與創新，才能跟得上（如果不是超前的話）競爭對手。如果你沒有根據所蒐集到的資料，立即著手進行變革，就算是讀完了這整篇行銷大論，也不會產生任何效用的。

所以，有可能改變嗎？如果你像大多數的讀者一樣，或許會有類似的疑問。有些人會擔心能不能把極力抗拒的組織帶入八○年代，更不要說帶進二十一世紀；也有人認爲，問題不只在於工作人員是否有改變的意願，而是如何讓董事會毫無異議地提供組織變革所需的資金。

此外，「人們總是抗拒改變」已經成爲眾人皆知的一種智慧。長久以來，我們被灌輸這種「智慧」，也接受了它是個深奧的眞理，而此一眞理儼然已經成爲管理者不想付出心力時所慣用的頭號藉口。要努力克服！沒錯，要擊垮惰性是很困難的，但是一旦你克服了，有了動力，推動變革也就變得越來越容易。

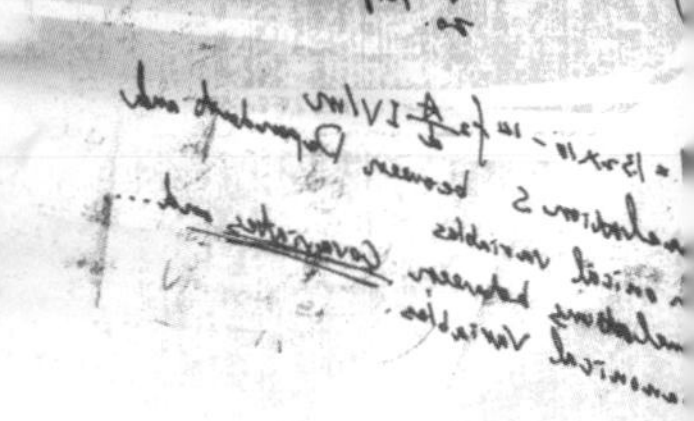

章節重點

- ➢需要保持組織彈性
- ➢保留彈性空間
- ➢成爲一個變革媒介
- ➢在一個競爭環境中的變革步調

本章的重點在學習如何克服惰性，如何發展與運用你需要的動力，以持續不斷地改變和改善組織。首先，本章將舉出強有力的事證，說明彈性的重要性，提供一些你可以使用的例子，好應付任何抗拒改變的工作人員與董事們。組織成立多年，多少也會變得比較僵化，所以接下來，我們將會提出一些爲了保持組織彈性而必須採取的重要措施，教導讀者如何伸展組織彈性的方法。第三部分，本書將提出七個讓自己成爲組織變革媒介（change agent）的妙方，告訴讀者一些變革得以持續地在整個組織中進行的有用方法。最後，作者將凸顯在一個充滿競爭的環境中，變革步調逐漸加速的事實，好讓讀者更認眞地正視這個議題。就像前文提及，在舊秩序中，人們或許還可以依著舊規則行事，抗拒改變。但是現在已經行不通了。

在看完本章前，讀者應該已經對於如何保持組織不斷變革的動力頗有心得。當貴機構之外的世界，已經成功地克服了組織惰性，而你所需要跟上的轉變此刻正在發生。所以不管有沒有你的參與，它們還是一樣會發生。就像我一個好朋友常說的，「火車就要離站了，你不是已經在車上，就是沒趕上。」

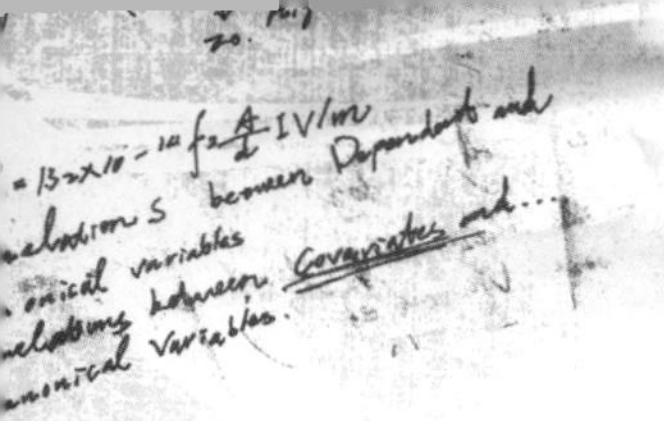

第一節　需要保持組織彈性

所以，改變到底是什麼？爲什麼我們需要時時不斷地求新求變呢？我們現在正在做的事有什麼不對嗎？改變不只很麻煩，也沒有人能保證做了改變之後，情況會比現在更好。我就是喜歡現在的樣子，只要把工作做好，老闆自然繼續雇用我，他們能有什麼選擇呢？我們不是一直都把該做的事做得很好嗎？如果沒有問題，就不用做任何調整。

是不是聽起來很熟悉？有聽過你的工作人員、董事會，甚至你自己也這麼說過嗎？或許有，那你可以選擇：是要保持彈性，存活下來並執行更多的使命；或者，也可以任它僵化，只是再過不久，可能就見不到你的組織了。在 *Mission-Based Management* 一書中，我曾歸結「組織彈性」是組織成功的九項必備條件之一。在 *Financial Empowerment* 一書中，也提及組織保有財務上彈性的能力，是充權的關鍵要素之一。現今，在一個充滿競爭的市場中，彈性——能定期地在短時間內調整組織的方向、工作方法、服務組合（service mix）和規模——是非常必要的。

當我們討論改變與彈性時，未必是指重大的改變，像是蓋新的大樓、執行方案的方法，或預付還款方式上的巨大改變。通常我們講的是在服務上的小幅、穩定、漸進式的改善，爲符合市場不斷變動的需要而做的調整。這就是我所謂的周邊的小改變，而這些小小的改變卻能大大增加你市場的價值——也爲你和你的工作人員把變革的痛苦減到最輕。

當大部分的人看「改變」這個字時，改變就是

☹改變！！！！！！☹

改變，其實沒有那麼地戲劇化，而大幅度的變革也不一定是最好的。日本有所謂百分之百改善的哲學——但一次只變動1%，這就是所謂的持續品質改善（Continuous Quality Improvement, CQI）的核心。這不是大刀闊斧的變革，全然拋棄舊式作業，擁抱新方式。事實上，它是建構在既有系統的精華之上，在每天、每個星期、每個月當中穩健地改善。

在非營利部門中依市場需要的改變，而漸進式地調整組織的例子可說不勝枚舉，以下就列舉一二：

❑ **舉例說明**：再回到上一章所提到管理式照護上的重大變革。在九○年代期間，管理式照護是人群服務提供者之間的行話，被視爲人群服務經費資助者與服務提供者作業方式上的一個重要變革，它並不是普遍地受到歡迎（保守地說），也的確有對服務的看法重新思考的必要。管理式照護重視成效更勝於過程，它適當地運用誘因與抑制因素去促成效率與效能。

但對許多本書的讀者來說，管理式照護一直是市場、經費資助者想要的。若單看成效測量的部分，服務提供者需要設定一個成果目標，最後提出成果，而非過程的記錄。換句話說，只需要交代病患痊癒，而無須說明他花了十四天做治療。

在與許多仍在努力調適此一改變的組織一起工作的過程當中，我聽到他們咬牙切齒哀訴著這改變有多恐怖。我們之間的談話通常是像這樣：我會問，你可以記錄下所有的結果嗎？「當然，只是我們現在不保留任何記錄」。這會有多困難呢？「一點也不困難。」所以，說眞的，有什麼了不起的？「了不起的是他們要我們把二十一天份的事在十四天內做完。」你可以去改變經費資助者的要求嗎？「不行。」那就想辦法達成吧！看看別的已經做到的組織，然後盡力趕上他們，不然就得關門大吉了。

這個例子點出了兩件事：首先，市場要的是提出能表現成效的文件，事實上很簡單（對部分團體是簡單，但是對其他的團體，要有深度且精準的測量是個最高級數的難題）。當機構拒絕提供任何證明成效的文件時，其實只是一種純粹的抗拒，在組織眞的不想做的事上放個路障：那就是在更短的時間內達成更多的成果。第二個教訓是，不管什麼原因，一旦市場做了決定，一味地抱怨這種哲理，或對改變不滿，都不過是在浪費你的時間。你不能只擔心在此之前發生了什麼事，你需要去處理的是現在正在發生的事。再一遲疑，火車早就開走了。

- **舉例說明**：許多在地聯合勸募在幾年前發現，如果讓捐贈者可以自由選擇捐贈目標的話，這對募款而言是一個優勢的競爭。這個改變讓聯合勸募委員會可以分配的資金額度變少，同時也造成會計作業上的麻煩，初期有一些人不以爲然，不過最後都被逐一克服了。這改變讓聯合勸募在募款市場上更具競爭力。包括教會，我看過其他地方性與州層級的募款者，都讓捐贈者有機會選擇他們想要的捐贈方案。很顯然地，有選擇性是比較受歡迎的。然而，有些團體就是學不來。在2000年初，美國的聯合勸募寫信給所有的分支機構，積極建議在地分會停止捐贈者自由捐款政策，因爲這種選擇「賦予捐贈者太多權力」。原以爲這是一個很好的構想，但傳回來的好消息是幾乎所有在地分會都拒絕改變他們的既有政策，美國的聯合勸募更接到上千的憤怒信件與電子郵件，嘲笑他們這個不合時宜的建議。

❑ **舉例說明**：社區學院與大學需要招收一些非全職學生，以提高整體學生的統計數字，因此學校得在週末晚上排課。此舉直接衝擊到學校原有的行事曆，例如，需要聘請更多的老師，校警值勤時間也得延後，原來可以利用整個週末進行的校園維護與修繕，時間也需要縮短了。但是，提供給非全職學生的市場並不是朝九晚五，一星期五天，因此成功的組織就是可以自我調整去因應這個改變，大學同時也找到可以在非上課期間，充分利用學校最大資產——校區的方法。超過兩百間大學爲高中生設計四至六週的課程，讓他們體驗離家的生活，並選修一兩個學分。當然，要執行這個計畫，讓二百位十七歲的孩子覺得充實有趣，校方是需要做許多調整的。但是越來越多大學發現這樣多元地利用學校設施，不僅爲學校帶來收入，其實也扮演著招募未來可能入學學生的角色。

❑ **舉例說明**：如果有什麼產業能擁有眾多區隔市場，那一定是旅館業。從麗緻（Ritz-Carlton）到Motel 6，人們想要住宿的豐儉程度落差很大。單是Marriot企業底下，就有七種不同等級的旅館。在這個產業裡，競爭相當激烈，經營者一直在尋求顧客的品牌忠誠度（brand loyalty）和對特定一家旅館的忠誠度。所以，我們會看到爲吸引目標顧客所做的細微的、穩健的改變，像是針對一整年都會出現的商務人士，和放假期間的家庭。旅館設計常客方案、優惠房間升等、房間內擺咖啡煮壺、快速退房、可以利用房間電視操作的錄影帶、免費報紙、機場或觀光勝地的往返接送、限商務旅行住宿的樓層，當然還有游泳池與健身房。最近它們還新增了兩項能夠取悅顧客的有趣構想。現在很多的旅館，在你住進去後十分鐘，櫃檯就會打電話詢問房間是否有任何問題。目的有二：首先，讓房客知道旅館的關心，同時給旅館一個機會，即時知道房客的問題並解決它，而不是等到退房時才被告知。再來，這也是一種品質保證（quality assurance, QA）檢查，清理與維修人員知道在每次房客進住前都例行會做的。

另外一個有趣的「額外服務」是環境保護政策。原則上，房間被單每三天洗一次，或在新房客入住才全面換新。這個政策在五年前確實引起廣泛注意，如今則是已相當普遍。房客還是可以要求每天都更換乾淨的被單，但新政策也給房客爲拯救地球盡一分心力的機會，當然在此同時也替旅館省錢，可說是雙贏。最近我住過一個沒有這被單政策的旅館，聽到正在退房的客人對經理抱怨說，因爲該旅館太不環保，保證絕對不會再回來。這是一個很好的例子，說明一旦有人有好的創新，就會演變成所有競爭對手爲保持競爭力都必須跟進。

如果所有這些細微的、通常花費不多的改變，能夠迎合市場需要並且增加留宿的價值，就更有可能讓一個客戶再度光臨。

❑ **舉例說明**：以下也是一些組織傾聽並貼近顧客需要，從而做出改變的例子：

特別是在頭等與商務艙，航空公司和十年前相比較，提供了更健康的食物選擇（當他們有這樣的服務時）。現在的人比較關心自己的營養與健康，加上更多女性（整體而言是比男性更關心營養的一群）投身商務旅行。過去三年中，由於許多航班已經不在機上提供食物，機場因此做出了回應，在登機門附近設置各種販賣餐飲的小店，好讓乘客能將食物帶上機。

幾乎現在你所看到的汽車都有置杯架，這是一直到1993年都還算稀有的奢侈品。爲什麼呢？因爲大家都愛它，而把它設

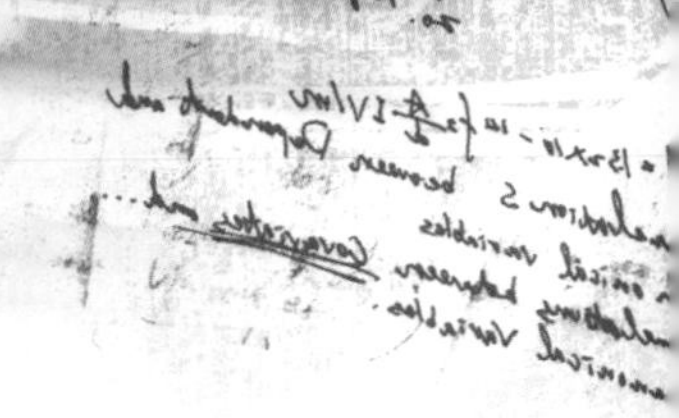

計成裝在一部車裡也不會太貴，這就是花小錢增加更多的價值。

比起五、六年前，現在電腦軟體更容易安裝與跑程式，的確，現在當你新買一台電腦，幾乎都已事前安裝好許多軟體在裡面。爲什麼？因爲大家都討厭把硬體帶回家後，還必須花好幾個小時安裝軟體、印表機後才能使用。現在「插上電就開始使用」已經成爲一個標準了。的確，電腦軟體與硬體產業可說是持續調整與改善的領先者。

打從九〇年代初哈帝漢堡（Hardee's）引進飲料「免費」續杯後，現在「無限暢飲」已經從速食店的競爭優勢，變成爲基本必備條件。市場的期待改變了。其實，這對速食業來說，未必有所損失，他們只要稍微提高飲料價格，做些微改變，就可以照顧到市場的需要。

以上每個例子都指向：不管是營利或非營利部門，成功的組織都會持續地調整、適應，而且有意願隨時保持彈性。而這也帶出變革最關鍵（也是訣竅）的一點：

> 真正發揮作用的改變，是由日復一日穩健的微小改善積累而成的，而非那些大幅的重整。這些小改變不僅是較有效率的，同時對於工作人員和董事們來說，也比較容易接受和適應。

換句話說：

> 漸進式改變（incremental change）是比較不痛苦的。痛苦少一點就等於抗拒會低一些。

爲什麼呢？因爲如果組織是市場導向的，如果持續不輟地去詢問並聆聽建議，那麼針對每一項主要的改變，你大概會聽到一千個如何讓顧客更滿意的小建議。如果一天改變1%的話，一百天或是一年過了三分之一後，整個組織將會煥然一新——但必須要在你的工作人員能適應並接受的步調下進行。穩健的改變正是祕訣所在。

但是組織的改變必須是在規劃之下去進行，確保這些改變與改善是朝著組織的總目標在邁進，要不然一天1%的改變只會讓你的組織在原地打轉。

組織是否在不知不覺當中已經出現了改變了呢？當然。不要懷疑組織沒有在改變。你和你的工作人員，以及董事會都正在改變中。事實上，你一直在因應市場改變而不斷調節，你應該對你所做過的改變感到滿意。

☞ **實際操作**：爲了凸顯出組織近期做了多少改變，可以和工作人員與／或董事們一起做個練習：回顧五年前的組織。如果還保存著圖片、政策、工作人員名單、董事會名單、行銷素材、決算表，或是年度報告，那就來做個今昔對照。具體地觀察以下幾項：

- **規模**：組織的收入和五年前比較如何？
- **方案**：現在有更多的方案嗎？現在提供的方案和以前有不同嗎？怎樣不同？
- **地點**：有搬過家嗎？這當中有買過或賣過大樓嗎？
- **工作人員**：新增了多少工作人員？五年前的工作人員有多少人至今還在崗位上？
- **董事會**：董事會裡有什麼改變？

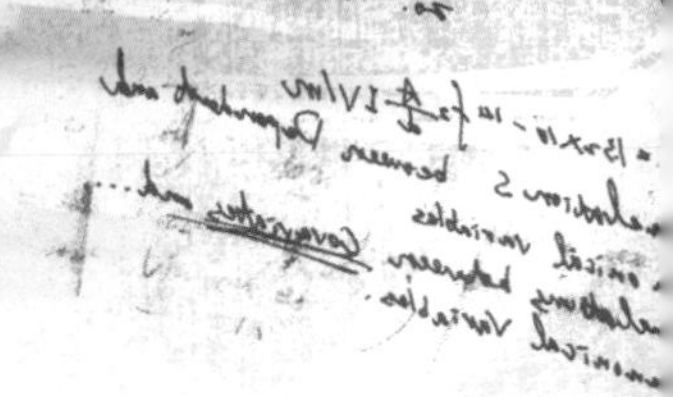

- 政策：組織的人事政策、財務政策、品質保證政策，和組織內部章程有改變嗎？
- 資助者：經費來源的組合（funding mix）是怎樣的？和五年前相較，有從不同的地方得到贊助嗎？在會計核銷與績效報告上有任何改變嗎？審核與監督機制呢？
- 科技：現在用的電腦、軟體、手機、傳眞機、網際網路都和五年前的相同嗎？你們組織的網頁改變了多少呢？兩年或五年前，有自己組織的專屬網址（URL）嗎？

當你們一群人以團體的方式回答這些問題時，你會發現其實組織在這當中改變了很多。談談這些改變吧！有些是很容易的，有些卻是痛苦的，但要強調的是你的組織在很多方面曾經經歷過成功的蛻變，在未來一定也可以做得到。

你應該對截至目前爲止所做的事感到滿意，也不要覺得當地球不停運轉時，你們還停滯在原點。你或許會覺得當外在環境改變的步調在不斷加速中，而你的組織卻一直沒有完全趕上變革的步調，但是千萬不要讓自己、工作人員或董事們認爲你們是從一個靜止的位置突然改變。組織已經開始在移動，可是當你移動時還能保持彈性嗎？

第二節　保留彈性空間

我們的身體與生俱來就是具有彈性的，只是隨著年齡增長，慢慢失去了，如果我們還想像孩童般做柔軟的動作，大概就要被送進醫院了。隨著年齡的增長，我們必須刻意努力去保持彈性，否則就會失去它，這將是很不利的。

心理上，我們也可能變得沒有彈性。不繼續學習，不繼續思考新方法或新的作業方式，我們的心智成長停頓，就像我們的肌肉、肌腱和關節沒有兩樣。當你聽到自己說（或是腦中在想），「哈——那些新的東西一點也不吸引我，我們現在做得很好啊！」時，那你應該就要有所警覺了。有時候所謂的「新東西」是令人質疑的，但往往還是可以在其中找到若干進展的。就算當一個全新的點子、處理程序或規則未必完全適用於你的組織（有些或許可以），經常性地研究與閱讀不但可以幫你動動腦筋，還能學習對日後也許有用的新事物，這些都是很重要的。要對抗心理的僵化！

組織也一樣會變得沒有彈性。人們總喜歡投資在建築物上，一種我稱之為「大廈情結」（“edifice complex”）的症狀。此一症狀是當我們將許多資源用在置產之上時，大樓彷彿就等同於組織。我們變成生產導向，而產品就是我們在那幢大樓裡所做的事。如果我們有教室、住院病床或展示空間，甚至是辦公室，那麼我們似乎就應該去把它們塡滿——不管市場想要什麼東西進到這些空間裡。

❑ **舉例說明**：我相信你的腦海裡會浮現幾個非營利組織，在某一個地點提供了好幾年的服務。周遭大多數的建築物都已日漸破舊（這是另外一個問題，但不是主題），鄰居也換了，這或許是好事也可能是壞事。但無論如何，顯然這裡已經不是與人群密切接觸互動的理想地方。在這種情況下，營利組織會做什麼事？成功的營利組織二話不說就會搬離開這裡。他們很清楚如果顧客不再光顧組織所在地，很快就沒有生意了。所以就算賣掉一塊資產可能在帳面上有所損失，但是對於一個對滿足顧客

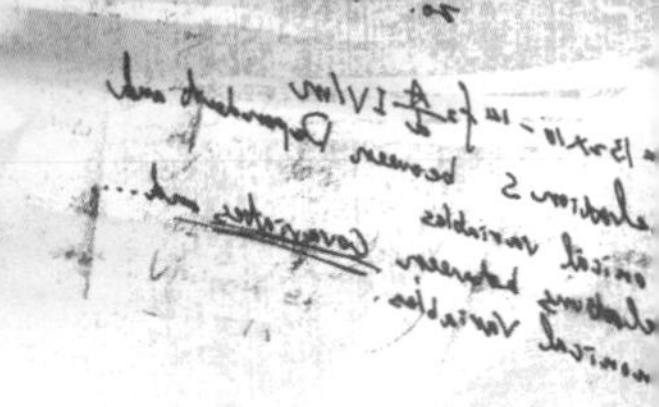

需要、有實際期待的組織而言，損失反而是個好對策。

非營利組織的做法呢？它們往往為了留在原地而找許多藉口。再強調一次，這在舊式經濟裡或許行得通，因為不用競爭顧客。然而，在新經濟體系中，這種冥頑不靈的做法無疑是一種快速卻痛苦的組織自殺（organizational suicide）方式。

要保持組織的彈性，而不只是保有建築物！你的方案設計、服務陣容、爭取顧客的方法與徵募、管理、留任工作人員的方式，都需要保持一定的彈性。

但是，你、工作人員以及董事會如何獲得並保持彈性呢？以下是更多的建議。

1．保留財務彈性

先前曾提到讓組織財務失調的大廈情結，不斷要組織因著既有的建築物塡入心力，而不是把重心放在市場之上。所謂財務彈性（financial flexibility）是指擁有資金讓組織得以適時地做策略性與戰術性的移位；是組織每年有足夠營收，再轉投入在組織使命的實踐之上；是如何展開並維持各界的捐贈；而不是將所有的資金投到置產之上。

財務彈性也會引出組織其他各種彈性，如承擔風險，稍後在本章會多做說明。簡單來說，組織在做財務決策時，不只要著重財務與使命上的投資回收，也要為組織保留若干「迴旋空間」的足夠彈性。（在*Financial Empowerment*一書中有更多相關的論述。）

☞**實際操作**：拿出你最近一期的損益表和一個計算機。將固定資產除以資產總額，看看組織的固定資產比例是否占資產總額的

75%以上？接著，再看看現金（或與現金等值者），有沒有超過六十個營業日的營運資金？如果你有太多固定資產但現金卻短少，那麼想要在市場上快速因應變動，將會遭遇到困難。

2・將風險當作彈性工具

社會企業家精神——替所服務的人冒一點險，是我在*Mission-Based Management* 一書所討論到的一個成功的非營利組織所擁有的九大特徵之一，並且在*Social Entrepreneurship, the Art of Mission-Based Venture Development* 中做出補充說明。這個重要的特徵這時可派上用場，用以保留組織的彈性。

人們不喜歡改變是因爲它是個威脅：代表未知的危險。中國話「改變」有著雙重意義：是危險，也是機會。中國人說的對，任何改變都蘊藏著這兩種可能。但人們往往只是對未知的危險、對進入只有微弱光線的暗房，做出最強烈的抗拒。

我們在經歷變革的同時，其實也在承擔風險。也就是說幾乎可以確定的是，我們在這當中一定會犯錯。錯誤本身沒什麼大不了的，每個人都會犯錯。我們從錯誤中得到的教訓遠比成功多，但是如果你所處的文化是那種會懲罰任何犯錯的人的話（一個動輒責難的環境），人們當然不會想要嘗試任何的新事物。爲什麼？因爲嘗試新事物會比做那些已經知道、也練習過的更容易犯錯。如果犯錯，犯任何錯，意味著會被責難，那爲何要冒這個險呢？

貴機構是一個規避風險的組織嗎？眞的奉品質百分百爲圭臬嗎？我對高品質服務並沒有偏見，但務必請記得：組織如果完全無法容忍錯誤，那就無法迎接創新。創新，這個基本的競爭技能，事關風險和報酬。人們在嘗試新事物（一個改變）的同時，也冒著失敗的風險；然而，也有可能一舉成功、獲得報酬。

組織必須鼓勵審愼的冒險、經常性的創新，以及嘗試新事

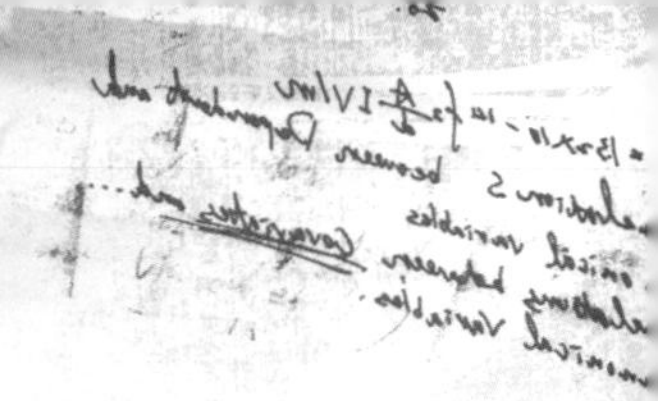

物。當你的工作人員與董事會也認同這些想法，就會更努力地伸展（stretch）自己，以下就對所謂的伸展提出若干建議。

3．伸展：做定期的小改變

我是個慢跑者，每次慢跑前都要做伸展操。如果偶爾因某些理由而忘記做的話，立刻可以感覺得到。你和你的組織也需要做伸展，並且要定期地做。怎麼做？做經常性的小改變，並把它們記錄下來。前文曾建議要將工作人員、董事會、服務、地點等所有發生過的改變記錄下來，從現在開始，不只要做各種小改變，還要記錄下來，好讓大家對這些字眼習以為常，進而發現不只事物不斷地在改變，他們也不會因為那些改變而受到傷害。組織要尋求的是一個能不斷推陳出新、願意嘗試新事物、展現新風貌的文化。以下介紹幾個不需要太多麻煩或花太多錢就可以完成的改變，將需要改變的事化整為零，不要急於一步到位，這樣組織裡就一直都有改變在進行中。改變可分成兩種：低衝擊與高衝擊。前者的改變成本比較低，對工作人員或是董事會的威脅性也較少；後者則顯然需要投入更多的心力。

☞**實際操作**：試試這些改變：

低衝擊

- 改變信紙的信頭：用不著現在就改變，但當你的庫存用完時，就用這招。不是要去改變商標或整個外觀（或許也差不多是時候了），而是換個位置或是換個顏色之類的。我知道這可能需要在名片與其他印刷品上一併做改變，但它們是可以一步步來的。
- 重新粉刷牆壁、更換壁紙、鋪上新地毯：不要覺得改變一下外觀是不重要的事，如果經費夠，不妨額外給工作人員補助，請他們美化一下辦公室的牆壁。

- **電腦軟體升級**：大部分的軟體都會定期升級，而且當中有許多軟體可以直接從網路下載更新。如果目前使用的軟體很實用卻不是最新的，可以將它們升級。通常這麼做不會太貴，有時甚至是免費的，而且在升級後，會變得更加有生產力。
- **重新考慮會議時間表安排**：有必要每個禮拜都開員工會議，或是每個月都要開一次團隊會議嗎？開會的場地、時間和內容都合宜嗎？問問那些定期參與會議的員工，然後照著他們的建議去做改變。
- **從你自己的環境開始**：移動一下你自己的辦公室的傢具、添個植栽、拿掉一幅畫、買個新馬克杯、每天換個不同的地方吃午餐、走不同的路上班。就在我撰寫這本書的第二版時，我把辦公室的擺設做了一些改變——我承認——這是五年來的唯一一次。這項舉動對我的上班態度所產生的正面影響，簡直是不可思議（我喜歡來上班！），這個經驗讓我下定決心要多做一些這種改變。讓自己習慣於不同、適應、改變，並帶領你的員工跟著你這樣做。

高衝擊

- **換辦公室**：哇！這可是茲事體大。也許換個辦公室地點，可以幫助另外一群人，或者更有助於溝通及有效的督導，或是更接近服務對象。
- **改變頭銜**：從你自己的職稱開始。也許你想要把組織轉換成「公司的型式」，在這個模式中，執行總監（executive

director）變成執行長（CEO），而其他的總監們則變成副總裁，或許現在正是付諸行動的時候。

- **重新安排組織圖**：不要只是爲改變而改變，如果組織需要重整的話，不要再遲疑，現在就著手去做吧。也許這是一個組織全面的重組，也或許只會影響到幾個人而已。
- **改變委員會的組成**：在工作人員的層級上，要這麼做很容易。我總是鼓勵組織的委員會，有來自各個階層的代表參加，不論是縱向的或是橫向的。換句話說，從管理的各個階級或組織的各個部分開始改變。如果你不曾這麼做，那麼現在就開始吧。如果已經做了，那麼就把一些工作人員從一個委員會調到另一個去（如果他們本身有任何的偏好，當然要先問問他們）。在董事會的層級上，跟董事長討論籌組一個急迫需要的新委員會，或是改變已存在的委員會的職掌，或是改變／輪調董事會成員，甚至更換負責特定委員會的工作人員。

請不要誤解，我不是在慫恿你翻天覆地。不要爲了改變而改變，你的所做所爲應該都有一些支持的理由，而且是謀定而後動。定期的改變可以讓組織持續地伸展，因此更有彈性。

4．不要總是把改變稱爲「改變」

改變就是這樣，而且它是無可避免的。但是如果改變這兩個字變成障礙，也就是說當你提到「改變」時，工作人員或董事會聽到的是「麻煩」，那就毫不猶豫地換掉這個用語吧！試著使用像改善、調整、創新、提升、移轉，或是多樣化這一類的字眼。所能做的最多就只是誘導、訓練、輔導，以及提供協助。有些人對用字會特別敏感，甚至到了一種會因此熄火罷工的地步。如果對你來說正是如此的話，我建議與其硬闖蠻幹，不如繞過那個障礙，使用不同的術語，或許會有幫助。

對保留彈性與改變機構最後要提醒的是：即使你付出所有的努力、所有的熱情，並積極地爲組織更上一層樓而大聲疾呼，但不可避免地，有些人就是無法理解。他們會不斷抵拒，或者用各種方法表達不滿，有些則是消極的反抗，或是消磨鬥志，有些甚至是公然無禮。

當你已經盡了最大的努力要把這些人帶進團隊裡，但他們爲了某些理由決定不加入，那就是他們該離開的時候了。當組織決定朝一個方向前進時，也是工作人員或志工自己決定要加入並支持這個企劃，或者是選擇離開另覓天地的時候。當籃球選手拒絕全速運球時，會有什麼結果？或是一位大提琴手不願意把感情放入彈奏的曲子，他／她不是自外於團隊，就是得離開弦樂團，你的組織也是一樣。

如果你讀過了*Mission-Based Management* 這本書，就會知道我是個參與及參與式管理（inclusive management）的忠誠信仰者，這是指：一個想法可以從服務點傳到管理者，而且讓決策儘可能貼近服務點的一種系統。我完全不贊成工作人員不服從或是拒絕遵從組織政策。最後總是要做決定，如果我們授權那些決策者（不管是董事會、主管級人員或是部門工作者）作決定，最後就看我們是不是支持，那些無法贊同的就只有另謀高就了。

在 *Leading Without Power*（一本我鄭重推薦給您的書）當中，Max DePree 以其深刻的洞察力探討非營利組織的決策：當我們應該尋求協議（agreement）時，卻花太多時間在尋求共識（consensus）之上。我愛這句話，它的意思是，沒錯，你是應該徵詢別人的意見，但委員會的任務不在於像陪審團般做出決議，一定要做到大家有一致的意見；我們不樂見一個不想前進的人左右

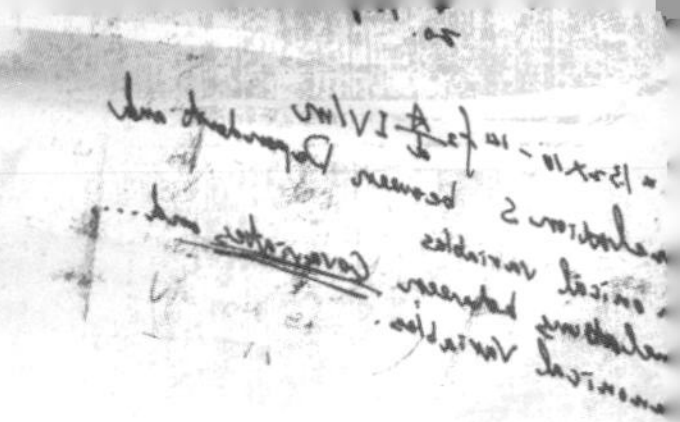

整個組織的命運；相反地，我們要求每個人都要參與意見、做出決定，然後看看我先前所提到的支持是否存在。火車就要離站了——你已經在火車上面，還是沒趕上呢？

第三節　成爲一個變革媒介

當你是組織裡重要的工作人員或是董事時，你有責任引導組織所追求的改變，要發展出一個可以畫出組織前進方向輪廓的計畫，然後描述到達目標前需要做的事，要訂定支持這些計畫的內部政策，要確認議題並充分討論，必要時要將工作人員、志工，甚至是社區都納入討論。

但是當該說、該做的都說了、都做了，一切都塵埃落定，也都做了決定，接下來你必須率領大家去落實你倡議的改變，而不只是叫他們去做就算了。你不只想成爲改變的帶頭提議者，還要成爲促成改變發生的那個人。所謂的「變革媒介」是協助大家經歷改變過程，並克服障礙的一個人。要成爲一個變革媒介，以下七個步驟是非常基本的。

1・展現出變革後的使命成果

我們再次回到使命這個議題。我們都知道，人們對新事物多少都會有所抗拒，然而如果你能證明在變革、做更多的事，以及更好的使命這三者之間存在關聯性的話，是可以消除某些工作人員與董事的某些抵拒。注意，我並沒有說這樣可以解決所有人的所有抗拒，但是凸顯這樣的變革與使命的達成有關，將會對改變有所幫助。我相信如果你在這個組織裡待得夠久，一定會有許多你個人欣賞而且常常能受到激勵的人性化趣聞或是成功的故事，提出來與大家分享吧！

2．攜手一起經歷改變

簡而言之，與其說爲你而改變，人們反而比較願意與你一起改變。

❑ **舉例說明**：想像自己被帶到一個從沒見過的大房間。這是一個擺滿傢具、可以容納十個人的房間。裡面只有你和你的督導。督導指著離你最遠的那道門，說：「那就是我們要去的地方，過去吧！」講完轉身將燈關掉就離開了。你必須在黑暗中獨自面對這個新環境。因爲在熄燈之前還來不及看好傢具擺放的位置，你不想受到傷害，所以決定按兵不動。一個小時後，你的督導回來說「咦！你怎麼還沒照我說的去做呢？我不是已經說了該怎麼做嗎？」

這個新房間就是改變。當你說完要怎麼做，就丟下他們自生自滅，如果他們從沒到過那裡，自然會害怕犯錯。但是，如果他們需要的時候，你能在那裡，告訴他們如何做改變，也許會降低抗拒，轉而依從。想像一下：那位督導陪你走過那個暗房，更好的是還帶了一支手電筒。

置身其中，一起經歷變革，讓他們隨時找得到你。以一個團隊去進行變革。

3．經常提到競爭

本書用了不少篇幅討論有關競爭、你在競爭裡的位置，以及不斷地詢問與自我調整。你的工作人員也需要聽到同樣的訊息以降低他們的抗拒，也相同地看見改變之必要。在本章的結尾會有

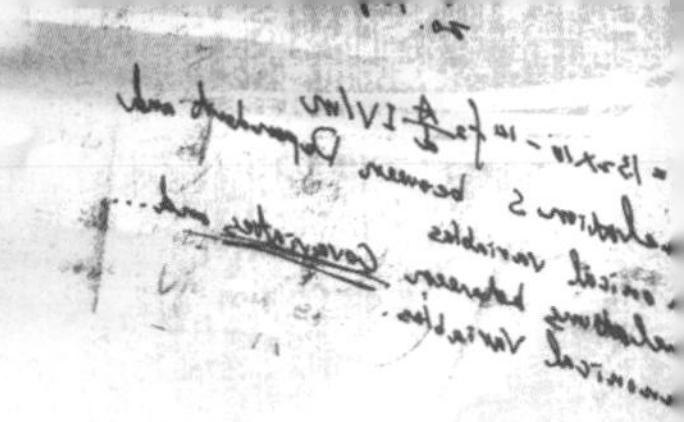

一些對競爭與改變的討論重點。但不要就只是安排一堂課，而是要經常性地把它當成工作人員會議、董事會會議、會訊，或其他與工作人員和志工溝通管道的一部分。

4‧關心組織外部的變遷

要保持消息靈通，廣泛地閱讀。不只是你自己的產業，也要對外面的世界和一般的環境多加關注。學習去把外在世界與貴組織的改變連結起來，並且與工作人員分享這些資訊，要做為他們終身學習的榜樣。

5‧不要累積到大改變才有所行動

如果組織只做一些具有紀念性的改變的話，還不算做得很好，因為你們操練還不夠。不要把所有要的改變儲存起來再一次做完，經常性地、漸進式的改變威脅性比較小。還記得那個我要你跟工作人員一起做，好讓他們發現組織這當中已經改變多少的活動嗎？如果做過，他們可能會說出「沒想到我們已經走了那麼遠了」的話。為什麼呢？因為改變是漸進的，運用低調的、漸進的方法讓你的組織改變，是比較不具威脅性的。如果組織想做大幅度的改變，我建議你先試著把它切割成更多穩健的、細微的改變，以降低組織成員的焦慮與抗拒。

6‧不要批評過去——看向未來

當你宣布一項改變時，應該要積極而不是消極地進行。我太常聽到有人說「這次一定要把它搞定」，這當然代表著你們之前大概做錯過什麼事。這種說法無異於助長組織裡的抵抗。因此，與其批評過去，不如談談如何讓它變得更好、完成更多的使命、幫助組織持續追求更高的品質。向前看，別回頭！

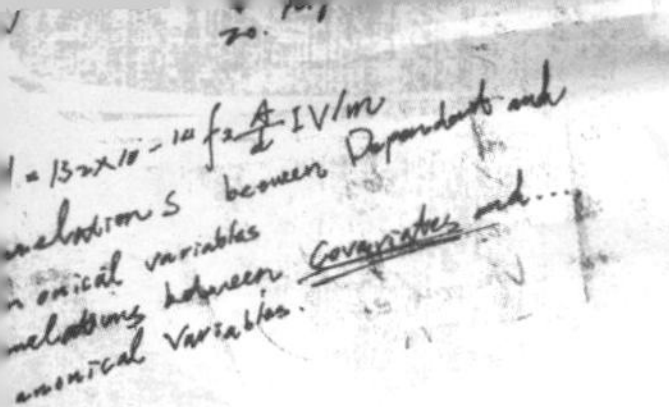

7・要有耐心

改變總是要花時間的。幾乎所有的改變：從重大改變（像方案政策的修正），到細微改變（像一張退款單的修改），都需要改變人們的行為，而行為改變得花很多時間，需要運用教導技術引導到正確的方向，需要常相左右，及時阻止小錯變成大錯，需要鼓勵與誘導並用。不要預期一舉成功，要有耐性！

綜合運用以上這七個策略，將會使組織的變革過程更加順暢。而且，有越多的領導團隊、管理者及督導們願意身體力行加以實踐越好。

第四節　在一個競爭環境中的變革步調

「仰之彌高，鑽之彌堅」是一句古老的諺語，很貼切的點出我們對所處世界的感受。沒有任何人有辦法跟得上他們專業或是工作場所的改變，也無法跟得上流行、運動、音樂、科技、娛樂、政治、國內的、國外的和國際事件中的改變。因此，我們會高舉雙手大呼「超載囉！」，然後為自己找不去注意這些事情的藉口。

在「往日時光」裡，你可以找許多理由不去面對，因為你是非營利組織，而且當時的改變比較緩慢，最重要的是，組織或許擁有相對的或實質上的獨占，因此就算組織不夠出類拔萃，人們多半不會太去計較。職是之故，能否調適「外在」世界的改變，並不是那麼重要。你大可以用自己更悠閒（或是比較「專業」）的步調來適應改變。你還記得嗎，當年的律師和醫生，曾經嚴厲斥責那些使用廣告的同行嗎？他們被批評為不得體、不專業。可是

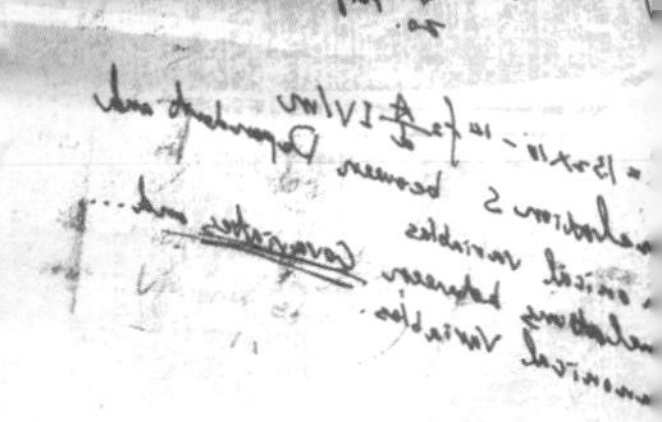

現在滿街上都看得到律師事務所、醫療團隊、診所、醫院甚至開業醫師的巨幅廣告看板。而那些堅持不打廣告的，不是已經被淘汰，就是被對手買走了。

在這裡我想要強調兩點。首先是改變的步調。隨著可取得的資訊大量增加，通訊的速度以及我們一般的生活節奏，都變得越來越緊湊。第二，是高度競爭的環境。你的組織可能已經置身其中，或是正要進入，不管如何，你和你的組織都無法迴避。想像一下你在一個大機場裡，穿過一個寬敞的中央大廳要去登機，突然間你遇到了電動步道，被人潮簇擁著上了去，你才剛趕上腳步，步道就平穩地加速，你幾乎已經在跟它賽跑了。周遭的事物很快地就從你旁邊經過，幾乎來不及去看清楚他們，而走道的盡頭非常快就到了。這就是從一個非競爭的環境到高度競爭的環境，從過去較慢的步調到現今的快速步調的轉變。

這兩項以及我們將會提到的一些文化轉換（cultural shifts）都會產生若干影響。

1．平均注意力的長度變短

我其實還沒有「堅實的」證據來支持這個論點，這只是觀察所得。看看電視廣告的平均時間長度、報紙和雜誌文章的篇幅（像是《今日美國》[*USA Today*]），以及晚間新聞裡每則報導的長度都在縮短的情況吧！這是一個注意力時間短、講求立即滿足的社會。你注意到這點了嗎？人們並不會在把眼睛離開電視以後，就改變這種需求，他們會帶著同樣的態度審視你所提供的服務。多少美國人會為了開刀等上幾個禮拜或是幾個月？儘管這種現象在英國，大家都已經習以為常了。你看過多少人因為自己沒能排在雜貨店付帳隊伍的第一個而懊惱不已？我看過很多，我自己就是其中一個。

重點是：要有競爭力，你必須跟你的對手一樣快速、有回應、滿足顧客，而且不要忘記，競爭對手總是會想盡辦法努力地加快他們的服務。

- **舉例說明**：汽車出租業者很早就動腦筋讓剛從機場出來的人很快就租到車。對任何租車人來說，最大的夢魘莫過於大排長龍，更糟的是還要在機場的車陣長龍中等待還車，大家都想要趕快上路。Hertz, Avis, Budget 和其他的廠商一直都在實驗各種縮短必要手續、加速作業的方法，例如讓顧客把租車的合約書丟進一個盒子裡，然後公司再把帳單寄上，以加快租車程序。但是有一些人不喜歡這樣，若不是擔心租車公司可能出錯，就是立刻需要這些單據報帳。所以在九〇年代初期，Hertz 經過實驗採用了一套系統（運用先進科技），同時滿足了這兩項需要：快速還車外加一張單據。當你把車開到 Hertz 在機場的停車場時，一個帶著筆記電腦的工作人員會在你忙著清空車箱的同時，取出合約書、輸入里程數，然後用掛在皮帶上的小型印表機印出收據。這些筆記電腦以無線電和電話線路與 Hertz 中央電腦系統連結，只花一點點的時間，或甚至完全沒有耽擱到，也不用排隊，就讓顧客上路。那麼 Avis 和 Budget 做了些什麼？他們以最快速度仿效這套系統。

你該如何適應這個改變？第一件事，就是珍惜顧客的時間。好好想通怎麼做才可以更有效率，更具效能。

2．更大聲、更鮮明的廣告和媒體

這和第一項有直接的關聯。如果回溯十到十五年前的電視廣告，你會覺得無聊透頂，相較於現在機關槍式的廣告，它們可真是又臭又長（整整一分鐘！）。人們被淹沒在每一個網站上都收得到的電子廣告、雜貨店的每一個貨架、任何一個能想像得到的情境下的廣告當中。現在，你幾乎必須要掐著別人的脖子，才能得到他們的注意。隨著價位不高的個人電腦產品、列印軟體、便宜的高品質彩色印表機的普及，生活周遭充滿了各種鮮明、別緻的印刷品。身處如此競爭的環境，你的課題在於所採用的行銷、廣告與促銷手法必須看起來「很時髦」，也就是要經常地更新。如果不這麼做，就抓不到人們的注意力，若是得不到注意，就沒有人會來使用你的服務。在一個充滿競爭的世界中，你的行銷素材或服務如果被批評「眞是無趣」，這將是最嚴重的貶抑，也是十分致命的。

3·產品循環由「年」變成爲「月」

從前，由驚呼「我發現了！」到產品眞正上市，中間往往要花上很多年的時間。現在，週期可眞是快多了。看看硬體和軟體升級的速度，它們往往打從上架的那一天起就落伍了。最近我家裡和辦公室的電腦更換新的 Windows 操作系統。在購買和灌入軟體之後，安裝的程式會自動在網路上搜尋升級軟體，至少有四十種以上的修補軟體或新增功能，對硬體和軟體製造商來說，創新和改進已經是每天要面對的課題了。

現在，事實上所謂過時，並不表示它無用，然而這不是重點，「感覺它已經不是新的」才是問題所在。汽車工業多年來一直如此，他們不停地推出新款車來取代性能絕佳的舊型車，而我們因爲想要有新的款式，所以趨之若鶩。記得以前全部的新款車都是在秋天才上市的嗎？現在他們一年到頭都在推出新車。以前電視的「季」通常是從勞工節（九月）開始，一直到春天才結束。但現在每一季都縮短，淘汰更加頻繁快速，在一季當中更換節目，以及插入「特別節目」中斷原有節目，這些都是爲了要吸引我們的注意，然後變出更新的東西。

那對你來說呢？人們會把注意力放在組織的新意之上，就像他們的注意力長度一樣。你是不是已經這麼做了很多年了呢？一好球！你是不是已經準備好改掉慢吞吞的變革步調，在兩個會計年度內調整你的服務，以滿足市場需求呢？兩好球，三好球！人們不會等那麼久的，因爲你的競爭對手也不會，不要忘了，除了貴機構之外，人們還有許多其他選擇。給你一個忠告「我們等一下就會做到！」已經不管用了。

4・年度循環的終結

在舊的經濟結構裡，非營利組織活在一個年度循環的世界，通常是依循州或是聯邦政府的會計年度。我們編列年度預算，很清楚知道未來一年「看起來」該是什麼樣子。這種情況不會再有了。

- **舉例說明：**本書第1章曾提及在麻州如果有一位身心障礙者被安置在社區機構，州政府會根據他的個人需要把服務委外。之前我把它視爲一個從缺乏競爭力到越來越有競爭力的服務之例子。在此一案例中，你應該已經知道，有意供應該服務的非營利組織，必須在十五天內回覆，並提出整套的個別服務計畫。競爭的關鍵之一在於，機構多快可以開始實際提供服務。這通常意味著要有競爭力、要得到這項標案，工作人員必須做一些「達到十五天期限」以外的事，這叫做滿足顧客需要。這個例子顯示出預算並非都是靜態、可預測的，它同時也強調買方（政府）和賣方（非營利組織）關係才是更關鍵的重點，賣方必須有回應性才能爭取到並保住契約。

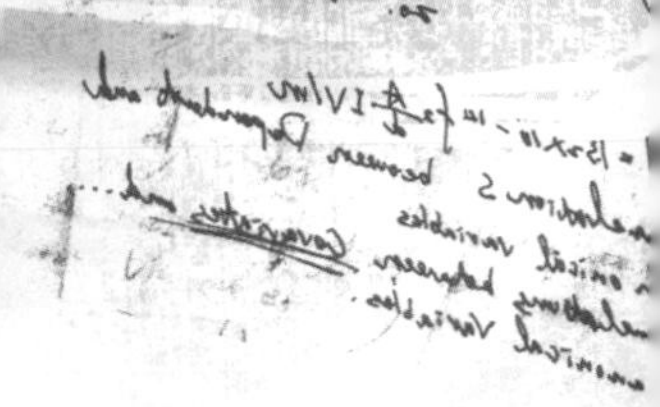

因此，你的組織必須有回應和有反應，以滿足顧客的需要，即使這些顧客是一些長期以來都很令你們討厭的重要資助者。

5・對不能趕上的非營利組織失去同情

我已經多次提及這點，在此還是要再強調一次。十年前，服務很爛（或行銷很不專業、房舍老舊），人們會說：「噢，好吧，他們畢竟只是非營利組織，你能期待什麼呢？」然而，現在人們的期待越來越高，把你在使用的經費看成是他們的，其實這也很有道理，因為這些錢可能來自稅收、捐款或兩者都有，社會大眾要看到投資的成果，因此組織就不能像過去一樣輕易過關，你得去競爭，更重要的是，你必須被社區認為是具有競爭力的、走在時代前端的，和高度專業的。

你正身處快速變遷、高度競爭的環境裡，這點你是知道的。

在往下論述之前，如果不討論兩個重要觀點，將有所疏漏。到目前為止，本書一再強調新、新、新，在某些人看來，也許會解讀成追求時髦、追求時髦、追求時髦。某些情況下，確實有若干正當理由讓我們暫時停止不斷地自我創造，和追求最新最好：

※基於穩定性

對某些組織來說，至少保持表相上的例行性與穩定性是非常重要的，舉例來說：治療慢性精神病患的機構，一個可預測的、舒適的、持續不變的環境經常是很重要的。如果每六個月換一次辦公室的裝潢（假設負擔得起），那麼不僅不能達成使命，反而是在傷害它。也有些時候，捐贈者會想要捐給如往常「同樣的」那個機構，大幅改變組織標幟、文具或其他印刷品，可能帶來負面的影響。在這兩個例子裡，表相或是計畫的穩定性對關鍵的市場區隔很重要。請務必尊重這一點。再次強調，不是要為了改變而改變，但注意，只有組織堅守在一個日趨嚴苛的標準之上，才能跟上外在世界的步伐。服務可及性的改變（例如：增加傍晚的服務吸引新顧客），不會影響到習慣白天接受服務的人。再次提醒，詢問你的市場，然後去配合它。千萬別讓「可是我們一直都是這麼做的」這句老話，讓保持穩定的慣性蓋過對市場的敏感度。

※貧窮就是美德的信念

「貧窮就是美德」是目前還被普遍保有的信念，所以人們會認爲如果非營利組織顯出一副有錢的樣子，就算不是不道德，至少是不恰當的。另一種說法就是「在做好事時，不能做得太好」。爲什麼不幸地這個信念仍然存在，背後有很長的故事，而這個信念和我先前指出組織要保持創新、專業，和有回應性之間，的確存在很大的衝突。舉例來說，如果貴機構與我大部分的客戶一樣，一方面被批評所使用的電腦以你的組織而言太過花俏與昂貴；可是在此同時，同樣的機種卻被你的會計和董事會批評太落伍了。就像父子騎驢，怎麼做都不對。如果貴機構有專業行銷素材，有些人會假設你們已經很有錢，不再需要更多捐款了。如果貴機構的大廳換新地毯，顯得浮誇；如果沒有，又顯得寒酸。

看來怎麼做都不對，其實你可以做對的，只是需要一點時間。首先，在你「升級」（指地毯、車輛、電腦、辦公傢具等）之前，要先取得工作人員和董事會的支持。必須要工作人員和董事會同意這是好的、是與實現組織使命相關的投資，你必須爭取辦公室的人與你同一陣線。然後，你就可以開始對外如法泡製了，至少內部的工作人員和董事會不會扯後腿。

說服你的朋友和鄰居讓我們成爲他們世界的一部分，這是一個很緩慢的過程，只要他們繼續把我們當作是可憐的弟兄姊妹，我們會，至少某個程度就會表現出那個樣子，而這個方法並非好的使命。

傳教傳夠了，讓我們去看看什麼是眞正的行銷循環，這就是第5章的主題。

重點回顧

本章探討了具競爭力行銷的重要面向：彈性。保持彈性和悅納正向的改變是困難的組織技巧，本章也與你分享許多得到和保有彈性的方法。

首先，我們看到了彈性之必要，本書舉了許多面對變動不居的市場環境，有彈性或缺乏彈性的組織的例子。其次，也教你一些保持組織彈性的方法，包括保持財務上的彈性、將風險承擔當成維持組織彈性的工具、從經常性的小改變中自我伸展、不要總是把改變稱作「改變」。我們也看到漸進式的改變會帶來較小的痛苦，受到的抗拒也會比較少。

第三，我們檢視了七個讓你成爲變革推動者的方法包括：

(1)展現出變革後的使命成果。

(2)以教練身分攜手一起經歷改變。

(3)經常提到競爭。

(4)關心組織外部的變遷。

(5)不要累積到大改變才有所行動。

(6)不要批評過去——看向未來。

(7)要有耐心。

最後，也檢視了在一個競爭環境中改變的步調，腳步正在調快，從前人們會因爲你是非營利組織而放你一馬，但這種好時光不再。當環境變得越來越競爭，人們有更多的選擇，你得跟上腳步，否則就失去市場。

彈性是沒有替代品的，記得在暴風中岸上小草的故事嗎？它們是有彈性的，隨風款擺讓它們安然度過了風暴；反而是壯碩、缺乏彈性的橡樹雖然禁得起風吹，但最終還是敵不過會推倒它的暴風。

你正要進入的競爭風暴遠比你龐大，市場需要的改變就像旋風一樣快，組織需要彈性以保持屹立不倒。最後，彈性未必隨著時間自然變得更好，通常只會變得更糟。不論是個人或組織，我們多半會將自己固定在一個模式裡，有自己的傳統（行事風格），在特定的路徑上投資。組織歷史越悠久，規模變得越大，越難改變其路徑。但是如果你想在明天的市場上成功，就非得迅速而且積極地改變組織的方向不可。

現在你已經知道如何保持組織的彈性，我們也已經討論過大部分競爭性行銷的準備步驟，以下我們將轉向技術性事物，從你正在服務的市場開始。

第4章的問題討論

1.這裡的人有多不願意改變？爲什麼？我們有像管理者一樣帶領改變嗎？
2.我們心理上願意隨著市場改變的程度如何？我們有做一些五年前想不到的事嗎？爲什麼這些現在沒問題？
3.第二節所提供的教你如何保持彈性的查核表，做得到嗎？何時？
4.我們是鼓勵還是壓抑審愼的冒險？怎麼做？

5.市場的步調是在加速，還是很穩定？我們能做什麼來調適？我們能鼓勵經常性、持久性的改善嗎？

5 非營利組織的行銷循環

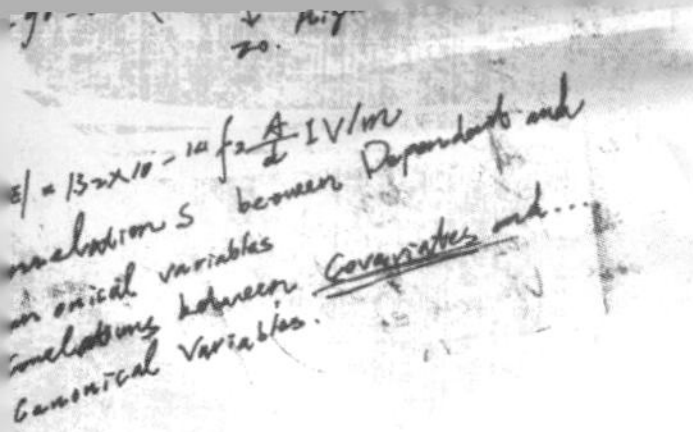

總覽

行銷不是一個事件，不像一條直線，有開始、中間與結尾。它是一個沒有開始與結束的過程，比較像個循環，當組織定期對市場、顧客需要、競爭與策略等議題的改變做出回應時，這些熟悉的步驟就會不停地重複。

知道行銷循環是一個周而復始的循環固然重要，但是了解此一循環的核心——顧客則更爲重要。不管是最先、最後、中間，貴機構的行銷循環應該是以所服務的人爲中心，不是繞著已有的服務、現在的大樓、工作人員或是董事會，而是以你的顧客爲中心。

章節重點

➢ 有用的行銷循環
➢ 大多數非營利組織的行銷障礙
➢ 行銷循環與競爭對手

本章將會與你分享如何操作這個循環，以及爲何有規則、且有規律地去處理該循環的每一部分是重要的。在介紹一個我很喜歡的行銷程序後，接著將討論轉移到阻礙非營利組織行銷的行銷障礙。這是一個在非營利組織的工作人員與董事會成員頭腦裡存在已久、根深柢固，因而難以擺脫的障礙。但是如果無法克服此一障礙，你所服務的組織可能會永遠地落於競爭曲線（competitive curve）之後。

在本章的最後一部分，我們會看到行銷循環如何影響一些營利以及非營利的競爭對手。你會學到他們是如何看待你的組織，以及如何跟你競爭，還有最重要的是，你應該如何看待他們。第7章將會更深入地討論競爭，本章將討論框限在你的競爭對手、他們的反應，以及他們和你的行銷循環之間的互動。

看完本章，你將會對行銷循環有完全的理解，可將它運用在組織現有的產品與服務，以及靈光一現的點子、嶄新的構想，甚至是業務發展循環（business development cycle）之上。你將會知道需要克服的障礙，而知識正是成功地回應它的第一步。最後，你將可以透過競爭對手的雙眼去看市場，這是一個在這日趨競爭的世界裡非常關鍵的一種競爭優勢。

第一節　有用的行銷循環

大部分的人好像都認爲，行銷循環是從產品或服務開始的。如果我知道自己在銷售什麼，那這套理論似乎可以成立，我的確是從那一點開始，接著我可以決定要怎麼去銷售、賣給誰、如何說服，以及怎麼定價。但是如同這一章一開頭提到的，這樣的想法大錯特錯。行銷不是從產品或服務開始的，行銷是從市場開始，也就是你試圖想要推銷或服務的那群人。如果你從決定你要服務誰開始，接著詢問這些人的需要，然後對他們的需要做出回應，這才是行銷。如果是從一個產品或服務開始，問「我要如何才能將這個超棒的產品或服務賣給那些人呢？」，那你就注定只能有短暫的成功，而且還只是在你是個超級推銷員的狀況下。

行銷（動詞）必須從市場（名詞）開始，才會有長期的效果。同時，藉著以正確的順序舉辦適當的行銷活動，可以改變你的組織對市場的看法，最終市場也將改變對組織的看法（希望是更正面的看法）。以下要討論的行銷循環，可以用於新產品與新服務，也可以用在改進已經存在的產品與服務。這在人群服務、藝術、教育、宗教、環保運動、法律協助等議題上都適用。它會有用，是因爲行銷循環的精髓在於對人們的需要敏銳，而不是需求，它永遠把需要放在第一位。

我們現在就來檢視這個行銷循環。**圖5-1**是以最純粹和簡單的方式來呈現這個循環，這也是可以跨科際運用的一般型式。以下將會把它應用在幾個例證說明之上。

就如同你所看到的，這個循環是從確認目標市場開始，詢問市場的需要，從而依此設計或修改你要提供的產品或服務。整個循環中都看不到「需求」這個字眼，從第2章讀者可以了解：需求不同於需要，人們要買的是需要，不是需求。

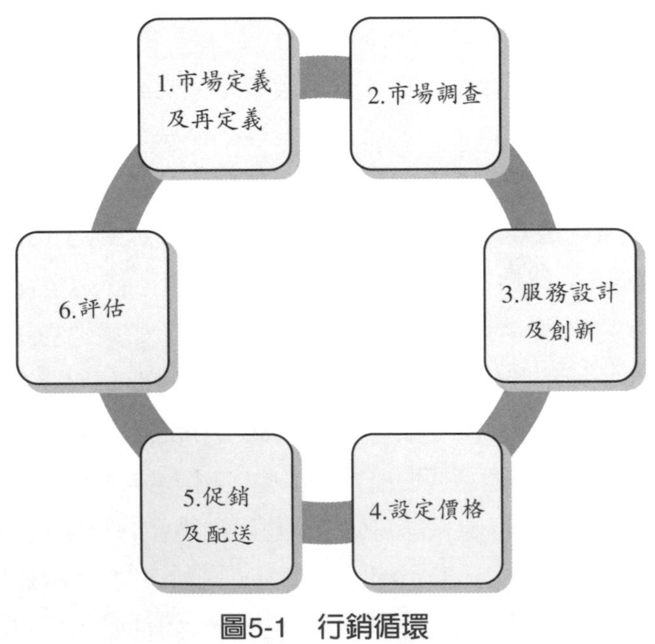

圖5-1　行銷循環

現在我們把這個循環拆開來一項一項檢視，詳細地討論每一點，然後再把它重新組合起來，然後看看它在非營利組織上有哪些實際的應用。

1．市場定義及再定義

這一個步驟聽起來很基本，以至於經常被忽略。但在行銷當中第一個要問的問題就是，我要服務誰？要銷售的對象是誰？有多少人？他們在哪？以一個團體或市場來說，他們的數目是在成長還是在減少？當你開始思考這些問題時，千萬不要被捲入我所謂的「人口普查的陷阱」（“the census trap”）。當你把整個地理位置裡所有的人口當做是你的市場時，就已經困在人口普查的陷阱當中了。錯！這種假設源自於歷史上非營利組織的獨占。許多組織曾經有（有些現在還有）這樣的桃花源（cachement area），是他們的「勢力範圍」，是他們的獨占。很多時候對這些組織的經費資助，是按人數（人頭）計算的，也因此增強了組織是在為那個地理區塊裡的每一個人服務的錯覺。

當然，什麼事都應該建立在事實之上。並不是每一個人都是你的市場，你的市場應該是一個經過精確定義的一群人。以私立學校為例，市場就是你們所教的那個年紀兒童的學生家長當中，對非公立的教育有興趣，並且有付費能力的那群人。若是衛生機關，做健康篩檢就鎖定那些沒有家庭醫生的；或是做鉛中毒篩檢，只針對住在含鉛漆較重的老房子裡、家中有小小孩的人。再以教堂為例，儘管教義說你的市場就是全世界，然而現實上，你只可能對教堂方圓五到八哩之內、還沒有歸屬教會、正在尋找一間教堂的人有吸引力。這是一個遠比社區裡「每一個人」少很多的數量，甚至只是在離你五到八哩的半徑範圍內。

圖5-2框框裡的行動宣言說「市場定義及再定義」。定義一個

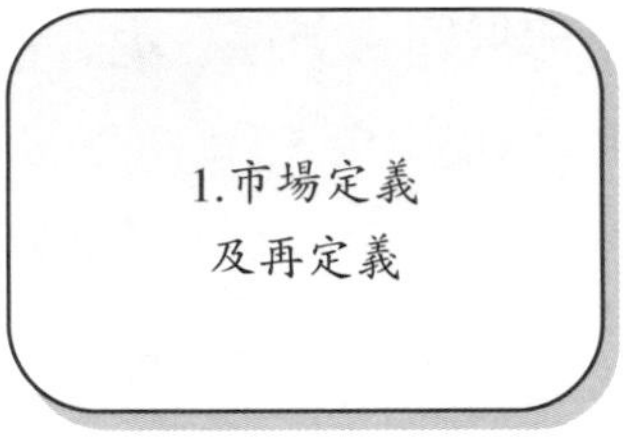

1.市場定義
及再定義

圖5-2 市場定義

市場，是很直截了當的事：指認出你要服務的對象。但是所謂「再定義」是什麼意思呢？這是一個很重要的詞彙，因爲對大多數讀者來說，這是個比定義更常做的工作。市場再定義的意思是要定期回頭檢視市場，確認顧客還在，他們還是你想要服務的人，而他們還有你可以滿足的需要。以YMCA爲例，其中的一個市場（如：運動夏令營）是八到十八歲的孩子，你可能會重新檢視這個市場，並重新定義爲：來自年收入超過3萬美元家庭的八至十八歲的孩子；或者是從私立學校改變成公立學校的學生；或是參與YMCA經常性青少年運動社團的孩子。因爲狀況不斷地在改變中，所以經常性的市場再定義是很重要的：市場日趨成熟，需要也隨之改變。只有定期審視與再定義誰是你要服務的人，才可以精準地詢問到那些你希望能服務的人，他需要的是什麼。

希望你已掌握「需要審慎地確認目標市場」的概念，發展出一個儘可能精準的定義，並且準確地描述它們。你對市場的定義越精確、界定越清楚，你的市場規劃就可以越精確（估算、假設，以及計畫也是如此）。這個技巧應該被用在所有的服務、每一個市場，這樣你才能認識你所服務的不同的市場。由於這個活動十分重要，因此本書將用整個第6章闡述這個主題。

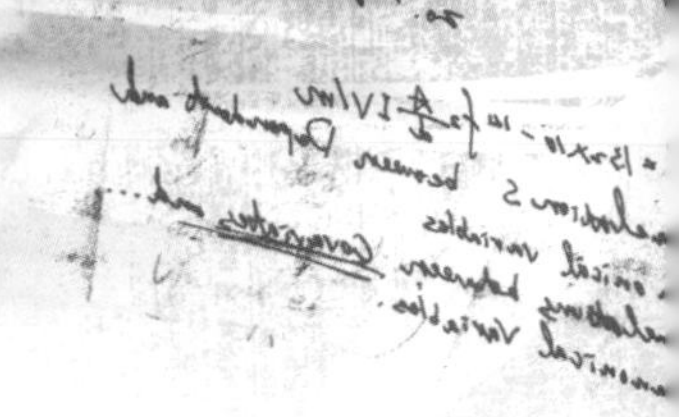

2．市場調查（或：你的市場眞正想要什麼？）

在儘可能的接近並框限地定義你的市場（群）之後，下一步是什麼？是要想辦法銷售你的產品及服務給這群剛被確認的標的呢？還是用廣告文宣把他們淹沒，好讓他們會想要你所要銷售的？還是要用折價券誘惑他們第一次走進你的門？不，還沒到這個步驟。

行銷循環的下一步是要找出市場想要什麼（見**圖5-3**）。那要怎麼做呢？就是開口問。藉著定期的詢問，當然，還要聆聽與回應，你將會發現大部分的人想要什麼。記得我們在第2章的討論——人們追尋他們的需要，所以去滿足這些需要，人們就會找上你的組織。

你可以正式或非正式地詢問。你可以藉著正式的調查、焦點團體、訪談或一對一的交談來詢問；你可以當面詢問或是在線上詢問。不管你是用什麼方式怎麼達成，你都需要一問再問。只問一次是不夠的，因爲人們的需要會不停地改變。這個議題十分重

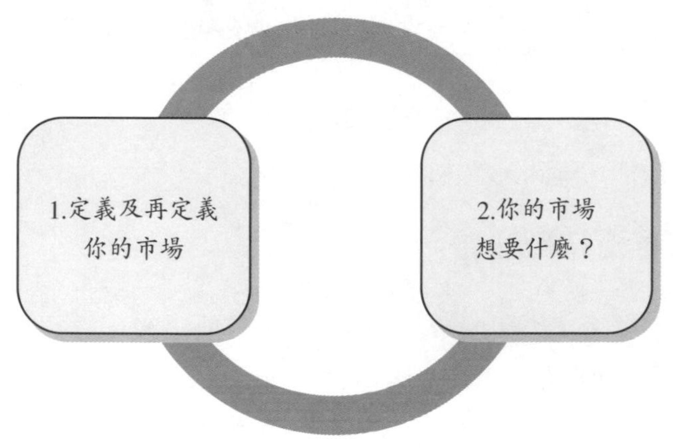

1.定義及再定義你的市場
2.你的市場想要什麼？

圖5-3　市場想要什麼？

要，因此我們會用第8章一整章來討論如何用各種不同方式來詢問。

換句話說，如果不知道需要是什麼的話，你顯然無法滿足市場的需要；而且，除非你問，不然就無法知道到底需要是什麼。在行銷裡，你會犯的最大的錯誤就是說出這樣的話：「我已經在這一行待了二十年了，當然知道顧客想要什麼。」錯！沒有人知道顧客想要什麼，除非開口問。問、問、問，然後聆聽。

- **舉例說明**：1995年，當時的副總統高爾負責監督一個聯邦政府運作的全面評估，叫做政府再造（Reinventing Government）（源自於 David Osborne 寫的一本知名的書的書名），其中包括在許多聯邦機關進行顧客服務調查，這是以前從未考慮過要詢問的。其結果在預料之中：人們的需要與「專家們」的預估相去十萬八千里。最被我津津樂道的故事是：一位負責退除役官兵業務的資深行政人員（有二十五年的服務經驗）信心滿滿地指出，退役軍人並不介意在榮民醫院等待看診，因爲「他們圍坐在一塊兒，交換戰爭故事」。但調查報告卻顯示，當然，那些退役軍人跟我們一樣討厭等待，而且漫長的等待是他們最大的抱怨！

詢問，詢問，詢問，然後聆聽！

3．服務設計及創新

只有鎖定目標市場，並了解市場需要之後，才可能設計出（或重新設計）你的產品或服務，以滿足目標市場的需要（見**圖5-4**）。這可能代表了從零開始研發一個新的產品或服務，或者，更常見的是對已有的產品或服務持續的修正、創新或改善。記住，

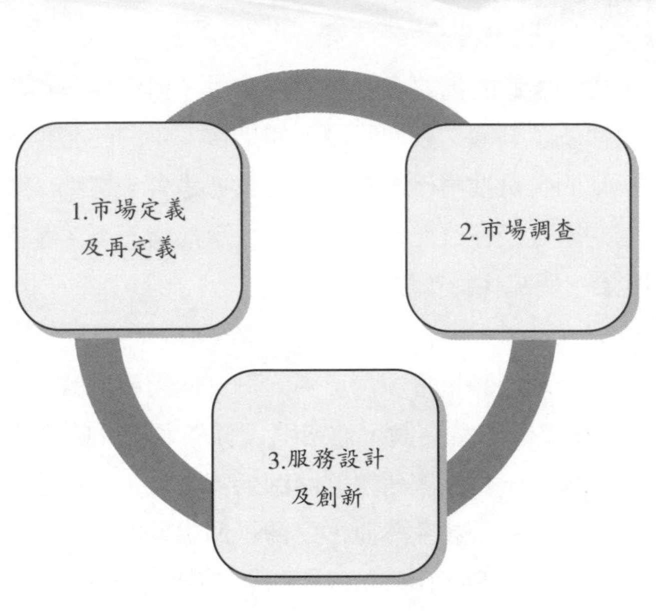

圖5-4　滿足市場的需要

你不只要經常再定義你的市場，需要也是會隨時間改變的。即使是在一個靜態的市場中，需要也是會改變的。因此，需要評估、再評估你所提供的服務，以確保它們滿足市場現在的需要。

- **舉例說明**：貴機構的工作人員是你的一個市場，而且是一個必須密切關注的市場。假設你要去調查工作人員喜歡什麼樣的員工福利，以做爲調整機構目前福利組合的參考。多麼棒的一個想法！你正在詢問市場需要什麼！調查要求每位回答者對二十項可能提供的員工福利，在1到10之間打分數。回收這些資料後，根據結果想辦法儘可能去改變，以符合工作人員想要的福利組合。從現在向未來五年推進，我們來做一個不可能發生的假設：每一位享有先前福利組合的工作人員都還在，也沒有新進的工作人員。你再重做一次這個調查。答案會是一樣的嗎？

當然不會。人們的需要會隨著年齡改變，何況這個市場中的每一位也都多了五歲。換個假設：如果這五年間的工作人員流動率是正常的，重做同樣的調查，答案還是會一樣嗎？不會，因爲市場的組成已經改變過了。在以上兩種情形下，都需要改變福利組合，時刻保持市場敏感度。

我們不可能合理地滿足每一個市場的每一個需要。譬如說，如果一位諮商服務的潛在顧客說，他或她只有在半夜12點到早上8點之間有空，只爲了一位顧客而讓諮商師通宵當班，並不是一個合理或符合成本效益的做法。然而，這卻是個重要的訊息，因爲它可能點出了一個過去隱而不現的市場——那些值小夜班，比較方便在夜間而不是傳統上班時間去接受諮商服務的人們。這個市場夠大到能支持你重新設計服務，以照顧到這項需要嗎？

你需要藉著調整你提供服務的方式，來展現對市場需要經常性改變的敏感度。然而，你也要用審慎的商業評估和財務計畫，來克制你想要完全滿足每一個顧客需要的欲望，以確保所滿足的需要是在可負擔的範圍內，並且對那些既無效率也無效能，更不能提高品質的事，暫時延擱下來。

4・設定價格

一個明智的價格要符合三個要件：第一，能夠回收花在提供服務或製造產品上所有的成本；第二，加上若干利潤；第三，可被市場接受（見圖5-5）。其中第一和第二個部分會提高價格，而第三通常會把它降低。

首先聚焦於第一部分：太多的組織相信他們必須不計成本把價格壓得比競爭對手更低，因爲低成本是顧客購買的主要考量。於是，他們經常扭曲成本，讓銷售價格看起來是確保可以完全回

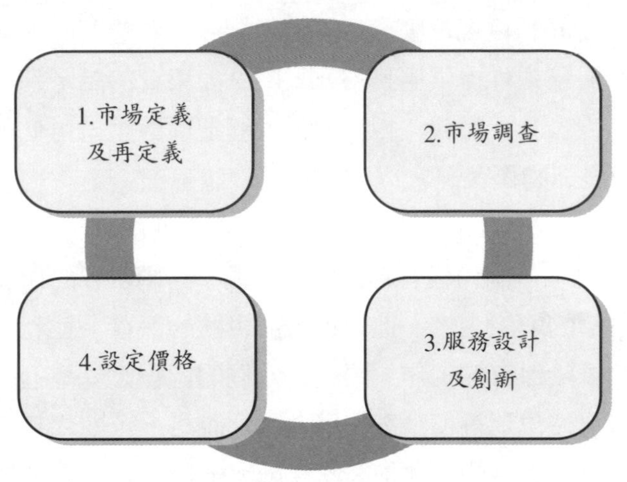

圖5-5　價格設定

收成本的，但實際上卻不然。他們深信藉此可以抓住顧客，事實上，他們眞正在做的是保證每一次提供服務都是虧本的。就是這樣的。

在設定價格時，很重要的是要記得人們不是只根據價格來決定要不要買——他們買不買取決於價值（value）。價格只不過是價值的因素之一。對某些人來說，價格占了價值中的99%；而對其他人來說，則只是一小部分。如果價格是唯一的考量點，那就不會有任何豪華的產品或服務了，航空公司不會有頭等艙，不會有Ritz-Carlton大飯店，我們的大都市中不會有豪華大轎車塞滿在馬路上等等這種現象。如果價格就是全部，那我們會用最便宜的平信寄信給所有客戶，而聯邦快遞（Federal Express）就會在一天之內倒閉。紐約第五大道上的Gucci、Saks等多數精品名店，或比佛利山莊的Rodeo大道的商店也會有同樣的命運。

所以，不要只想到價格，想一想價值。同時絕對不要告訴人們他們「應該」重視（value）什麼——因爲那就等於給他們「需求」的。問他們重視什麼，然後給他們，他們想要的。人們非常重視你的服務或你提供服務的方式嗎？如果會的話，那他們就會考慮爲了它多花一點錢；相反地，就算把價格壓得再低，也不會讓他們成爲你的顧客。

❑ **舉例說明：**一個和我一起工作的組織，它們主要的服務是提供城市古蹟的解說之旅。他們致力於古蹟的保存，並利用淨收益去贊助古蹟保存的工作。問題是他們的行程太受歡迎了，偏偏又只有那幾位講得很精彩的導遊／解說員，短期內無法很快就訓練出更多這樣的人才加入解說陣容。因此，只有把票價調漲兩倍，以降低需求。它們的理由是如果無法訓練出色的解說員（在短短兩年內做不到），與其因爲一個團的人數太多，解說效果不佳，掃了遊客的興致，或成爲拒絕往來戶，不如提高價格，自然地產生以價制量的效果。

這是個很有勇氣，而且不是那種會讓非營利組織覺得很自在的決定。別的組織會辯解說既然成本沒提高，價格就不應該調漲。他們會假設身爲一個非營利組織不應該獲利，所以也不會去回應市場需要。然而，這個團體不但做了，最後還出現了了一個出人意表的結果。

需求量在前六個月內以兩倍的數量直線上升。爲什麼？因爲大家都認定一個要花那麼多錢的行程，想必很精彩——因此吸引力大增。事實上，這些行程確實很好，也備受評論誇讚，因此漲價並沒有降低需求。所以，組織做了什麼？他們限制每一團的人數，設計一個包括先付款（所以他們可以提前運用那些錢）的預約系統，控制每天出團的頻率在他們能夠勝任的範圍內。沒錯，這樣多少會讓向隅的民眾失望，但是五年後，這套行程的名額早在出團前五個月，就已經被預約一空。此一決策

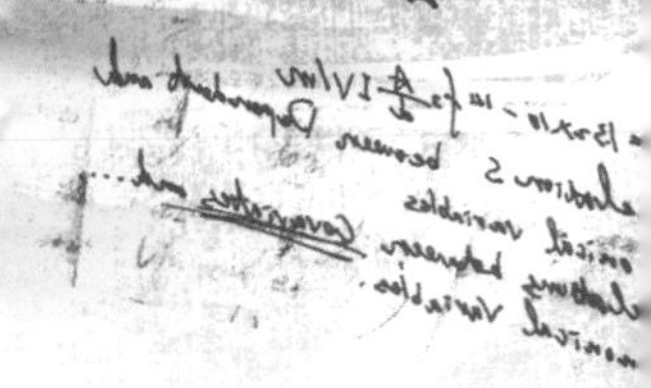

的另一項好處是，各界捐款也隨著遊客體驗到服務的價值，以及組織所呈現出來的質感而直線上升。

絕對不要假設價格就是全部，要回收你的成本，加上利潤，還有聆聽市場。這是另一個十分重要的議題，在我的書*Financial Empowerment*當中，有用完整的一章來介紹這個主題。

5．促銷及配送

至此，讀者已經了解所面對的市場、知道他們的需要、也清楚自己在提供什麼、價格為何（圖5-6）。很好。但是你的市場認識你嗎？他們知道你在這個行業裡，有專門為滿足他們需要而量身打造的完美產品或服務嗎？這就要靠所謂的廣告。廣告的方式很多，包括：不期然地打個電話給潛在顧客（cold calls）、打給熟客（warm calls）、直接信函（direct mail, DM）、口碑、到府推銷、介紹、公共資訊。不要散彈打鳥，漫無目的地發送你的資訊，要

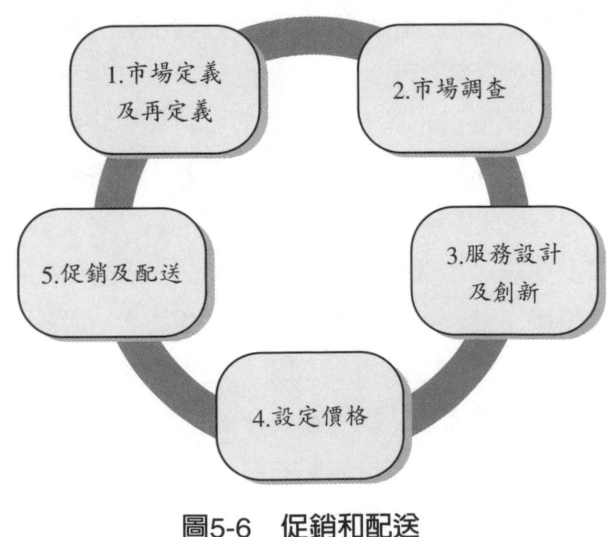

圖5-6　促銷和配送

小心評估將什麼訊息、用什麼方法傳遞給你的市場。追溯一下顧客是怎麼找到你的，並且只用行得通的方法，試驗新方法，萬一無法達成任務就要立刻改弦更張。從1995年開始在網際網路上的網站大爆炸，就是嘗試錯誤的貼切例子。它們有帶來更多的商機嗎？有些有，有些沒有。網路提供通往龐大市場的路徑，但這些人就是你要找的人嗎？我很多客戶的結論是，他們一定要有自己的網站，而這就是做生意不可避免的成本。他們在網站上最能做到的使命就是提供好的公共資訊及教育。他們還在試驗，看看什麼會成功。

機構需要對顧客——你所服務的人，以及將顧客送上門的人——也就是轉介來源作促銷。對一個復健醫院來說，轉介者可能是神經科醫師；針對暴力加害者的處遇方案來說，可能是法官；或對野生動物保育園區而言，推薦者可能是旅行社、當地旅館或是餐廳。非營利組織需要有轉介來源，而且需要提供相關資訊，好讓對方了解你的組織，以及爲什麼應該把人轉介給你。

這也是個很重要的議題——需要有出色的行銷素材，並且你需要在對的時候把它們放在對的人手中。因此本書第9章將把重點放在更理想的行銷資料之上。

配送（distribution），是一個很常見的行銷詞彙，但是對你來說，如果以誰（who）、何時（when）、哪裡（where）、如何（how）作背景，把它想成服務輸送（service delivery），會比較容易了解。記住，以上這幾項事關市場滿意度至鉅。一個簡單的例子就是日間托兒。如果「誰」不是和小孩（及家長）互動融洽的人；如果「何時」不能配合家長的工作時間表；如果「哪裡」不是一個方便到達、開放、空氣流通、愉悅和安全的地點；如果「如何」不是對小孩有助益的話，那麼這個服務就不會有太多人光顧，也不會對社區有太大的幫助。

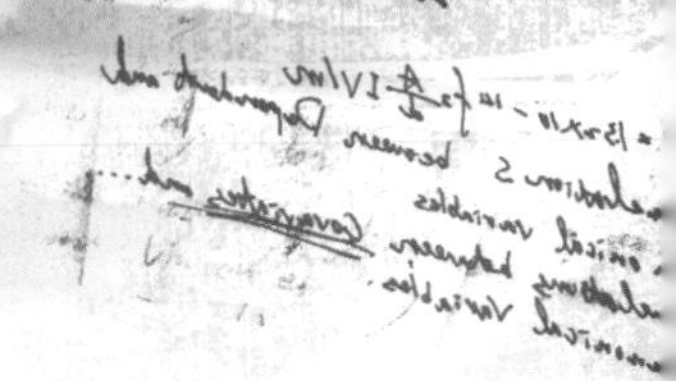

藉著詢問顧客想要什麼，你可以學到很多他們希望這個服務被提供的方式。這個詢問與供給的循環，將有助於經常性的改善。當你察覺到人們對服務輸送的需要有所改變時，那就嘗試去迎合它。再以日間托兒爲例，如果貴機構所在社區最大的雇主（如：某個工廠）突然變成兩班制，甚至三班制，你可能需要重新考慮提供服務的時段。但是如果一百個家庭中，只有一兩個家庭需要這些延長時間，那麼與其整夜開放機構設施，不如提供他們到府保姆服務（in-home sitting）。

貴機構所提供的服務（即「什麼」）很好，並不表示你就不用去注意「誰」、「哪裡」、「何時」，以及「如何」。它們也都是行銷組合，以及持續地詢問和調整的循環中的一部分。

6・評估、評估、評估

誠如本書一再提到，市場及其需要不斷地在改變當中（**圖5-7**）。機構也需要時時評估所投入的努力之效能──顧客滿意度調查是一種方式，其他的還有定期和資助者、服務接受者、工作人員及董事會成員面談。在此同時，你也需要緊盯著競爭對手，並且追蹤顧客是從哪裡來的。以上各種評估工具全都很重要。在後面的章節中，我們會談到如何選擇及區隔市場，密切注意競爭對手，以及詢問顧客他們想要什麼，但在這裡最基本的是要記得，評估和改善是競爭的行銷循環中很關鍵的一個環節。

你可以發現一旦進行評估，就要重新來過；如同前文提及，行銷循環沒有終止的時候，它會一直繼續，幫助機構匯集更多資源在市場需要之上。

現在讓我們看看兩個運用此一循環於非營利組織的實例，應該可以更充分地說明行銷循環的應用，以及它對你以及貴組織在行銷努力上的用處。

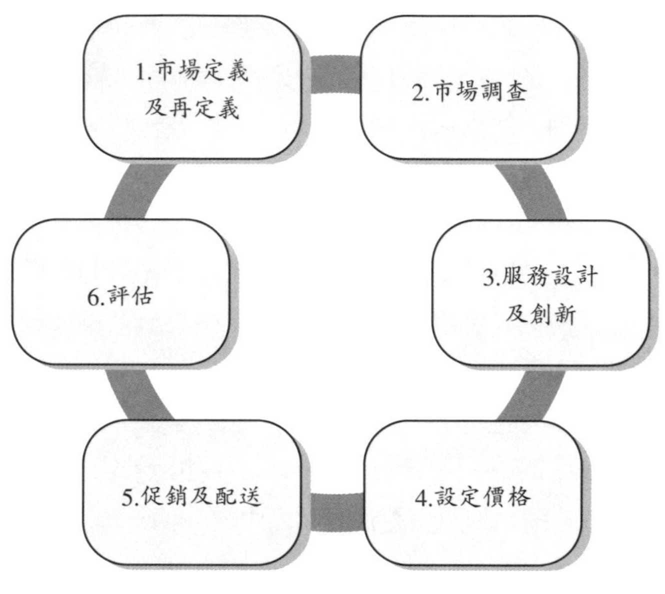

圖5-7　完成循環

❑ **舉例說明**：某個交響樂團想要擴展對在地社區的服務，但從針對購票者（尤其是季票的持有人）所做的調查中發現：現在的表演場次已經是社區民眾買得起的上限。然而，該調查報告也反映出一些有趣的顧客意見（解讀：這就是「需要」）：他們希望演奏會的地點更靠近市區，還有他們想要更能讓人親近的音樂，更接近音樂家。過去該團是在離市中心十哩遠的當地大學的大禮堂舉辦演奏會，觀眾在傳統的開演時間——晚上8點15分之前到達。該交響樂團已經有一個室內樂團，不過他們以前是在這個大家都認爲太大的禮堂裡，對著一小群觀眾表演。董事會與工作人員確認了他們的市場：有小孩的新購票者，以及回答問卷調查的人。他們詢問了市場的需要，而答案很明顯：更小、更親近、離市區近的場地，以及開場較早的演奏會。該樂團將本來就有的室內樂團演奏會，稍做改變以滿足顧客的需

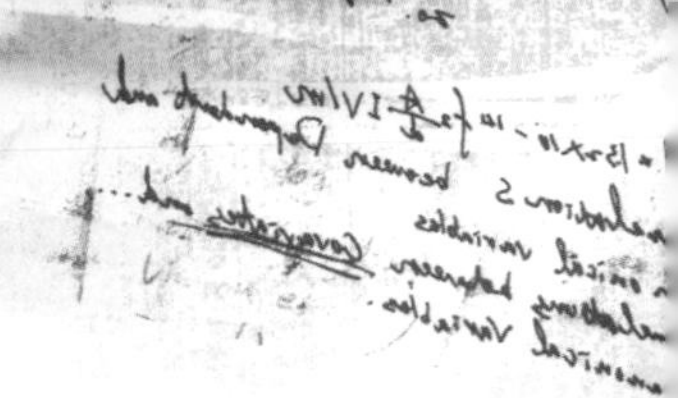

要。他們也改變了服務的配送——也就是「何處」和「何時」。下一季該團就在市區的古老教堂裡（有很棒的音響）舉行了四次室內樂演奏會，開場時問從星期六晚上8點15分改成星期五晚上7點，最前排的觀眾近到可以看到演奏者樂譜上的音符！

除此而外，價格也比之前在大禮堂時還要低（因爲演奏者減少，以及場地租金降低，所以交響樂團成本也下降）。交響樂團經由公立學校的音樂老師大力宣導「請父母帶你去聽音樂會」的觀念，結果每場演奏會門票都銷售一空，可說是空前成功。樂團下一季也安排了八場一樣的演奏會，不僅一票難求，也讓交響樂團償還了一些沉重的債務。

這個實例的啓示是：當你詢問並且聆聽市場的需要，就算只是調整本來就有的服務，也可以是個贏家。

❑ **舉例說明：** 這幾年對慈善二手商店的捐贈有些走下坡。慈善二手商店需要持續有一定品質的捐贈貨源，以滿足顧客的需求。（說句離題的話，慈善二手商店是同時爲兩個截然不同的市場：物品捐贈者以及物品購買者服務的絕佳例子。）慈善二手商店都設有回收箱，而且只要一通電話，也可以到府取貨。但，這還是不夠。該組織決定在當地社區進行問卷調查，發現大家最需要的就是把多餘的東西處理掉，但也只有兩種情況：一是當他們在清理車庫、閣樓、地下室時，二是當在自家賣舊物的時候（garage sale）。在自家賣舊物？有道理！因此該組織調整了原有的到宅取貨服務，以滿足顧客的需要。工作人員每天早上看報紙分類廣告，然後依地址登門拜訪那些要在自家賣舊物的主人，交談後留下傳單告訴他們，賣剩的東西，不必自己打包處理，或繼續堆在家裡，只要一通電話，慈善二手商店就會來幫忙整理，拿走一些、大部分或是全部剩下的東西。

這個組織做了什麼？確認市場、詢問需要、調整並改變促銷與配送的方式，以滿足顧客需要。還眞的有用呢！

- **舉例說明**：一個美國中西部的政府部門，提供經費資助一項叫做HHS的人群服務，他們再一次決定要去改變本身在整個州服務供應上的安排、規劃及資助。過去兩年間，HHS照政策文件行事、調查過其他州的做法、跟國會議員及非營利的直接服務提供者見面，最後宣布要全面改變。它們決定不再以經費補助方式資助服務的供應者，而是視成效及服務的人數而定（修改後的照護式管理模式）。那些能以最創新、最有成本效益的方式提供服務，達成預期成效的服務供應者，不僅被允許提供服務，而且還會被鼓勵開拓業務到其他社區，就算這意味著要把現在正提供服務的組織給排擠掉。

  服務提供者的回應如何呢？有八成咆哮抗議說這新制度不會成功、會傷害到被服務的人、對提供者而言也是不公平的。另外兩成的服務提供者則平心靜氣地嘗試著找出滿足經費資助者以及顧客需要的方法。首先，檢視HHS是否還是他們想要的顧客，結論是肯定的。接著，思考HHS的需要：創新、控制成本及要求成效。第三，他們自問可不可能重新調整既有的服務，同時滿足HHS的需要，以及本身的使命與價値。這並不簡單，但是他們決定全力以赴。第四，重新計算成本，嘗試在調整服務的同時也降低成本，好滿足顧客需要。組織逐一檢視輸送服務的方式：誰、什麼、哪裡以及何時。最後，他們爲資助者、爲HHS設計出一個促銷活動。

  在這個案例當中，哪些機構是成功的呢？那20%裡的每個

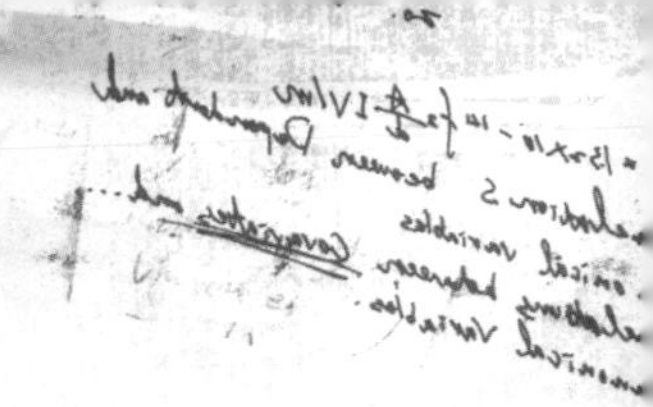

機構都成功地改變了嗎？並沒有。有幾個評估後自認無法達成HHS想要的。而那八成當中也有一些不再發牢騷，並且追隨創新領導者，但有很多並非如此。新制度實施三年後，有一半以上的組織已經沒有資格提供服務給HHS了。爲什麼？因爲他們沒有聆聽，並回應市場。

運用行銷循環去啓動一個新的服務或調整現有的服務，都將會幫助你和工作人員成爲並保持更加市場導向，也因此更具競爭力。

第二節　大多數非營利組織的行銷障礙

現在讀者已經知道詢問、聆聽、回應市場的需要，是卓越行銷的核心。聽起來並不太難，對吧？我同意，儘管行銷肯定有用，其實只需要受過訓練，做起來並不特別困難。但是根據我多年幫非營利組織訓練與諮詢的經驗，觀察到對工作人員來說，它的難度遠比想像的更高。工作人員不是不問、不聽，不然就是不回應。逐漸地，我終於了解爲什麼了。

大多數的非營利工作人員都有行銷障礙，一個很實際而且嚴重的障礙，這是一種需要被點出來、全力克服，才能成功地存活在競爭環境的障礙。

大多數非營利組織的工作人員都來自所謂的服務背景。他們是管理者、老師、社工師、護士、神職人員、科學家。他們的訓練就是要和人們接觸、交談，診斷其「需求」。或者是要去評估一種情境、一個社區，然後找出或據以判斷它的「需求」。他們被訓練對自己的「專業人員」身分頗有信心，並花了無數的時間與金錢在學校學習這些診斷技巧。那些技巧非常有價值，對組織要執行的工作也是不可或缺的，但是當工作人員說「我比顧客更知道他們的需求，所以我沒必要去聆聽他們需要什麼」的時候，這種技巧就變成了一種障礙。

看出問題了嗎？由於太執著於本身所受的訓練，非營利組織工作人員否定了卓越行銷的核心關鍵：詢問顧客的需要，重視他們的回答並加以回應。只顧著以自己的專業爲中心，這些工作人員低估，甚至完全忽視顧客意見的價值。因此，他們不聆聽，甚至不常詢問，以至於無法回應顧客的需要，這樣注定會在一個競爭市場中失敗！

☞ **實際操作：**和你的工作人員，特別是受過最高階訓練的工作人員，討論傾聽服務對象需要的重要性。提醒他們，傾聽不是與生俱來的技巧，是需要經過練習的，同時傾聽（眞正的聆聽）不是只等著什麼時候輪到自己說話。最後，幫助工作人員從顧客、委託人以及學生的觀點去看待事物。他們越能這樣身體力行，就會對顧客的意見、抱怨、擔憂，以及需要，更加地重視。

要克服這個障礙，你必須不斷提醒自己和工作人員：服務對象有權利擁有需要，而且那些需要是非常重要的。診斷的技巧不應該因聚焦於需要而有所減損，事實上，你應該訓練自己用新的方式聆聽，以提高對顧客所說的話的敏感度，這樣才可以用更新、更好的方法提供服務。

記住行銷障礙，它會如影隨形，想要成功、有競爭力、對市場敏感的話，就必須去克服它。

第三節　行銷循環與競爭對手

前文已提及行銷循環——也就是從尋找目標市場、詢問需要開始，然後塑造（以及再塑造）服務與產品去滿足那些需要，包括具市場敏感性的定價、配送與促銷。

所以，在這個組合當中，你的競爭對手出現在哪裡呢？那些想要把你的顧客搶走變成他們自己顧客的是哪些人呢？他們扮演哪種角色呢？該如何調適與回應這些競爭呢？

誠如第1章所說，競爭對手十分重要，因此本書將用整個第7章的篇幅討論。此處要重溫部分的行銷循環，並檢視競爭對手正在做什麼。藉此，我希望向你強調一個市場導向組織的特徵：

欣然接受競爭：它會讓你更上一層樓。

應該注意你的競爭對手嗎？當然！應該尊敬他們嗎？如果他們值得尊敬的話。無疑地，應該要尊敬市場以及它的力量。該害怕競爭嗎？不！如果你全力以赴；隨時詢問顧客要什麼，然後解決了他們的問題；如果你專注於顧客服務，讓市場來引導，那麼在絕大多數的情況下，競爭還不至於危及生存。競爭會磨你，讓你更有效率、更具效能、更能聚焦於你眞正做得很好的事，這對你、對組織以及服務對象都有好處。

所以，知己知彼，以優秀的競爭對手爲師，要知道隨時都會出現新的競爭對手，但沒有必要因此惶惶不可終日，要把精力灌注在具有建設性的事務之上。現在就讓我們從了解你的競爭對手如何回應行銷循環著手：

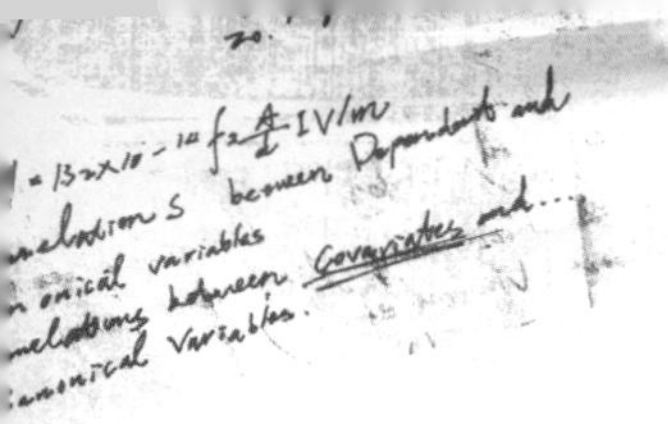

1・定義／再定義市場

如我們所知，這對你而言，代表著要找出你的服務對象（或是將已經在服務的人分類得更精細）。然而，對競爭對手來說，可能一樣，也可能不一樣。他們可能會注意你的服務對象，然後想辦法只搶走那些最有利可圖的，或最靠近他們的。舉例來說，在八○年代中許多營利型勒戒所遍布全國，並從傳統非營利組織手中搶走了上流社會的顧客，這些人不是付現金，就是有保險。這就是所謂的「選擇案主」（“creaming”），在很多領域都會發生。私立學校只收最好（或最有錢）的學生，博物館把重點放在小孩（因為父母會跟著去）身上，環境保護團體鎖定想要買環保產品的人。

☞ **實際操作**：和你的資深工作人員坐下來，問問他們這些問題：「有什麼是我們做得比主要競爭對手還要好的呢？」「我們還可以做更多嗎？」「我們怎麼知道自己比別人好？」「我們可以比最好的再更好嗎？」這些問題的目的在降低對競爭對手的恐懼。

如同我再三強調的，你有競爭者。你正在做一些你的競爭對手也能做，或做得更好的事嗎？若是這樣，那可要小心了，因為他們也在盯著你！你可能需要再定義市場好去適應競爭的到來。

2・市場調查

問、問、問，還要聆聽！這先前已經讀過了，但是你也可以從競爭對手的詢問中學習，並模仿他們所學到的。

❑ **舉例說明**：大概十五年前，麥當勞、Showbiz Pizza，以及許多營利企業都開始提供兒童的生日聚會，讓家長只要在一個地方，就可以得到全套的服務：有小禮物、團康活動、食物，還有表演。這個主意是來自於嚴謹的市場調查（詢問）和焦點團體（更多的詢問），結果獲得熱烈迴響。現在好像除了當地的加油站外，大家都在提供這項服務，非營利組織也包括在內。在我們的社區，像州立博物館、動物園、非營利大自然庇護所、兒童博物館，還有許多教會都已進入這個市場，有某些做得相當成功。他們觀察這個構想，詢問顧客這是否就是他們所需要的，然後配合組織擁有的資源再加以調整。

儘管這種找答案的方法看起來既便宜又好，但千萬不要淪爲只是一個抄襲者，總不能老是跟著別人的行銷成品走，萬一他們犯錯了怎麼辦？如果他們的核心客戶根本就與你南轅北轍又該怎麼辦？所以，一方面做個審慎的觀察者；一方面也要有自己的看法。

最後，在這方面，你可以確定競爭對手正緊盯著你、詢問你的顧客，或是離職員工，你是怎麼做的、如何定價、什麼做得好、什麼做得不好。相信我，這一定會發生，在商界，什麼祕密都藏不久！

3・服務設計及創新

你的競爭對手正在觀察你，他們可能會「偷」你的主意（除非有註冊版權或商標，否則一般來說都是公平合法的），然後可能加以改進或調整，以滿足本身獨特的顧客與資源組合。因此，你可能有一天放眼四望發現你原本自以爲最棒的主意，早就被超越，而且最好的顧客也被搶走了。

當然，你也可以用剛才說過的方法以其人之道反制其人：觀察、聆聽顧客，然後提供可能滿足他們需要的最佳組合。

❑ **舉例說明**：幾年前，打折的航空公司都有志一同的只提供運輸服務，不在機上供應食物。這個主意不但節省食物的開銷，也省掉人力成本。問題是顧客已經習慣在飛機上有東西可以吃，調查報告也顯示他們要便宜的機票也要有餐點。因此，美西航空引進了在乘客登機時送上低成本的袋裝餐點的做法。好主意！這個主意廣受採用，不僅對使用折扣票的乘客提供此類服務，許多主要航空公司的短程航線也這麼做。

你的競爭者正在觀察、試驗、嘗試新事物。你也需要這樣做！市場裡總是有一大堆的想法、需要，以及產品和服務，它從來不是靜止不動的，也不是一灘爛泥。要保持彈性、多加注意！

4．設定價格

前文已經提過：價格不是最重要的議題，價值才是。但這不代表你的競爭者不會打價格戰：像降低價格、提供見面折扣價或禮券，甚至「賠本求售」——提供比成本還低的價格，引誘顧客去光臨他們（理論上要讓他們印象深刻，再度光顧）。

許多非營利組織會面臨的危險是：營利的競爭者擁有更雄厚的資金，比非營利組織更有把價格壓得更低、持續更久的能耐，這多少會讓非營利組織產生與對手看齊的誘惑，然而，在很多情況下，這種誘惑是會致命的。萬一對手提出低價策略，可要審慎評估。對方價格所包括的服務項目與你的一樣嗎？舉例說，一個相競爭的心理衛生中心提出49美元的初級診斷，有包含與貴機構相同的整套服務、測驗以及結果解釋嗎？低成本的托育中心，工作人員與兒童的比例是否跟你的機構一樣？學校「較便宜」的學

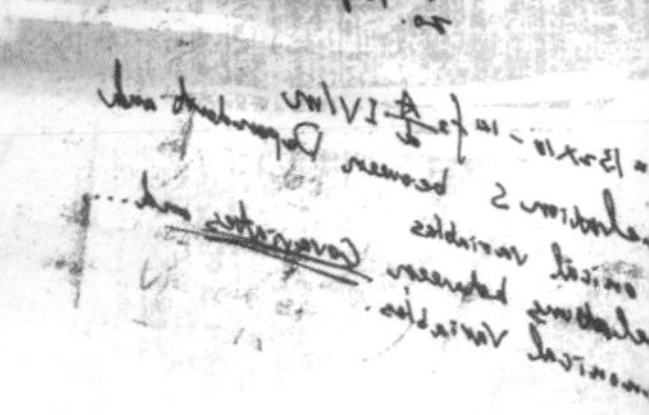

費是否完全涵括了所有學生的所需費用呢？

大多數的組織並不只在價格上競爭——他們在價格、品質、可得性、服務、速度與舒適感上相互競爭。這個組合也就是先前已經討論過，所謂的「價值」。對顧客來說，如果服務確實更有價值（詢問他們就能知道），他們會願意花更多的錢，不一定多付很多，但是會願意多付一點。不要被捲入一個不會贏的價格戰爭，尤其是當你可以提供顧客更多的價值時。

5・促銷及配送

這個是你可以從觀察中學習到的行銷組合之一：廣告。觀察競爭對手的做法，尤其是當你被一個營利組織鎖定時，注意他們如何讓大家知道他們的存在。有上廣告（戶外看板、報紙雜誌）、發送傳單、在雜貨店張貼海報、在廣播與電視媒體打廣告嗎？想想他們用這樣的廣告，目的是在吸引什麼樣的顧客。這或許可以提供你一些對手行銷與商務計畫的線索。舉例來說，如果一個心理衛生中心的廣告提到「現場臨時托兒服務」，很明顯的是對家長，尤其是單親媽媽有興趣，因為當她們使用心理衛生輔導或團體治療服務時，或許最需要這樣的一項服務。

就像我在前面經常提醒的，不要假設競爭對手所運用的每一種廣告與促銷手法，理所當然也會適合你。有可能不是。由於對方擁有更雄厚的資金，很可以在付費的競爭廣告活動中將你吞噬掉，所以要謹慎地選擇貴機構的促銷立場，不要任由對手將你捲入一個鐵定贏不了的戰役中。

☞ **實際操作**：把貴機構所有的行銷和促銷素材都拿一份到手中，逐一檢視，然後註明這一份是多功能廣泛使用的素材，還是專門鎖定某個特定市場的。如果前者遠多於後者，而你的競爭對手卻是聚焦在一個小（通常是有利可圖）的市場上，那你可能就眞的身陷困境了。

接下來是配送。這也是涉及如何、哪裡、由誰來做的問題。毋庸置疑地，你的競爭對手一定會嘗試創新，也需要從你那裡爭取顧客，所以不要對嘗試新事物過於自我設限，競爭對手做過、證明有效的，考慮是否對你也管用。這比什麼都更能讓你變得有回應力，而且能保持下去。緊盯著你的競爭對手（他們也在密切注意著你），並且從你所觀察到的事物中加以學習。

- **舉例說明**：這類的例子不勝枚舉。以「慈善聯名信用卡」爲例，這是一張可以讓你在特定航空公司累積飛行里程數的卡。很多非營利組織注意到這個主意並起而效法。現在我們可以看到許多幫助非營利組織（大多是環境保護團體）的慈善聯名信用卡，或是首次光顧折扣（心理衛生中心）、退錢保證（基督教青年會）、會員的「免費」贈品（公共電台與電視）等等。其實這些概念都是直接來自非營利組織的競爭對手——營利事業，以特殊的方式訴求顧客，也改變了服務或吸引的方法。

本書整個第7章都在探討競爭對手，許多相關主題也將會再次被提到。簡而言之，你的競爭對手也同樣地在做這些基本的事。對於他們的創新，要以敏銳的觀察、開放的心胸、有彈性且小心謹愼的態度加以回應，這樣就可以改善你所提供的服務、從競爭對手的行銷支出中受惠，或許還可以維持本身的競爭力。

重點回顧

在這個章節中，讀者首次接觸到典型的行銷循環，要牢記這個順序，因為在你進行那永無止盡的詢問、聆聽、調整、詢問、聆聽、調整的循環中，將會不斷地需要它。

讓我們重新回顧一次。行銷循環是：

(1)市場定義及再定義。
(2)市場調查。
(3)服務設計及創新。
(4)設定價格。
(5)促銷及配送。
(6)評估、評估、評估。

接著，本章提到多數非營利組織的行銷障礙。專業工作者被訓練成要診斷需求，而不是詢問需要。想要成功就必須克服這個障礙，同時也需要時時警惕工作人員不要重蹈覆轍。記住，每個人都是行銷團隊的一員，因此每個人都需要詢問、詢問、詢問，然後聆聽。

最後，我們透過競爭對手的濾光鏡來看行銷循環，探討競爭對手在循環的每個階段都在做些什麼，我方該如何做出回應。記住，我們很容易就會被捲入競相加碼的促銷戰和價格戰。

追隨著行銷循環亦步亦趨會很有用。但這不是一個事件，而是一個持續的、無止盡的過程，它會不斷地、永續地幫助機構改善服務以及提高顧客滿意度。簡言之，你的組織將會有更多更好

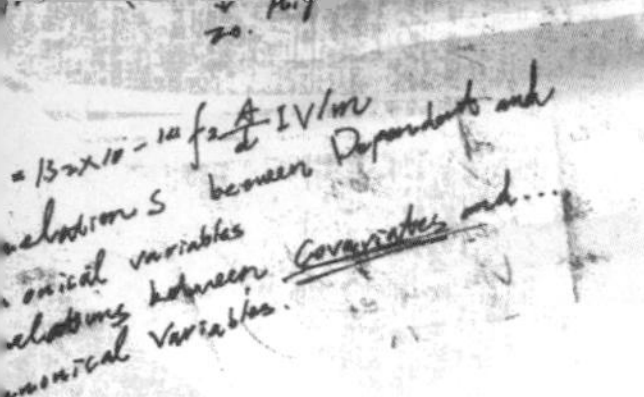

的使命，因此善用這個程序！

第5章的問題討論

1.我們真的知道我們的市場是誰嗎？是所有的服務對象與所有的資助者嗎？

2.我們如何知道市場的需要？譬如說，你最後一次詢問你的資助者是什麼時候？

3.我們的價格有涵蓋所有的成本嗎？有加上利潤嗎？有什麼基於使命的理由，讓我們不計利潤嗎？在何時？

4.我們的促銷是亂槍打鳥或者是鎖定目標，並且瞄準一個目標市場嗎？

5.我們受制於行銷障礙嗎？我們要如何讓工作人員與董事會克服它呢？

6 誰是你的市場？

總覽

第5章提供了有用的行銷循環——在各種不同的情況下都可以運作得很好，可藉以改進服務、讓服務對象更滿意、讓組織達成前所未有的效率和效能。循環的第一個步驟是什麼？沒錯！市場定義和再定義。很好，你有在注意。本章將對第一個步驟的細節有更多的討論。

章節重點

- 市場確認和量化
- 市場區隔
- 聚焦目標市場
- 把所有的市場當作顧客

我會先教你如何定義市場，以及誰是你眞正的市場，所列出的某些市場可能會讓你大感驚訝！

其次，將教你如何將最重要的市場區隔成較小的部分。當貴機構試圖把努力集中在眞正最關鍵的市場，以及要把眞正想服務的市場和那些不想介入的市場區隔開來時，你會發現這招非常管用。

接下來，我還會提供一些客觀與主觀的方法，讓你把重點放在你最重要、最渴望追求的市場上。商業中最重要的守則之一就是「80/20法則」（80/20 Rule），後文將解釋它的意涵，以及如何從其中得到好處。本章也會教導如何運用策略規劃把焦點集中在最

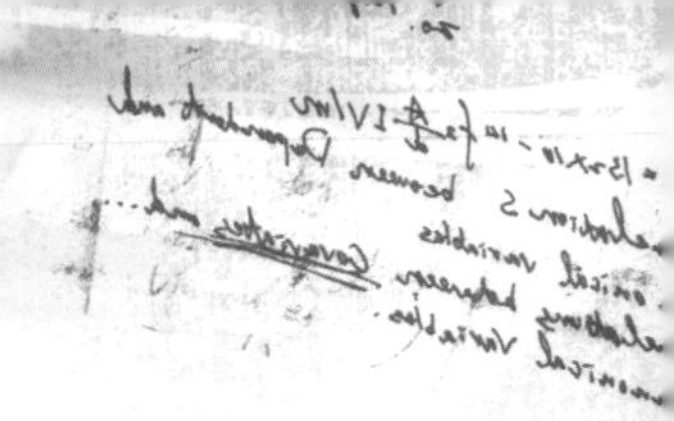

重要的市場上。應用以上兩種技術，可以幫助組織充分利用必然有限的行銷資金和時間，並且把力氣用在最有效的地方。

最後，我們會詳細地討論行銷努力當中最關鍵的部分：把市場中的每一個人當作是一位有價值的顧客（即使是那些你不怎麼喜歡的）。假如你、工作人員，和所有的志工都能學會這個有時候確實很困難的技巧，那麼貴機構在行銷和競爭力上將會有長足的進展。本章會針對如何適應這個新的典範提出一些特別的想法。

閱讀完本章後，你將會對你的市場、爲什麼關照市場這麼重要、如何加以分類、然後把重點放在最重要的上面等幾件事，有一番徹底的了解。

第一節　市場確認和量化

那麼，誰是我們一再提到的市場？**表6-1**可以幫助讀者聚焦在組織實際上提供服務的眾多不同市場，注意其中總共有多少市場，同時也要了解這個圖表可能還沒有完全涵括組織面對的所有市場！

一提到檢視市場，讀者大概立即會想到機構透過提供服務，所幫助的各種不同群體的人們。這是可以理解的，但這充其量只是整個市場中的一部分而已。如你所知，組織事實上有四個不同、且相互區隔的主要市場類別：內部市場、付費者市場、轉介市場，和服務市場，在這四個分類之下，可能還包括十、二十，甚至四十個市場。每一個類別都十分重要，機構無法在沒有經費、工作人員或董事會的情況下提供服務，而且幾乎所有的組織都有很大比例的服務是依賴轉介者——也就是把服務對象送上門來的那些人。以下將逐一對每個類別做更進一步的分析。

表6-1　非營利組織的各種市場

內部市場	・董事會 ・工作人員 ・志工
付費者市場	・政府 ・會員 ・基金會 ・聯合勸募 ・捐贈 ・保險業者 ・使用者費用
服務市場 （不只這裡舉的兩個例子）	・服務一 第一類型的服務對象 第二類型的服務對象 第三類型的服務對象 第四類型的服務對象 ・服務二 第一類型的服務對象 第二類型的服務對象 第三類型的服務對象 第四類型的服務對象
轉介來源	・許多不同的來源，各有不同的需要

【注意】應該爲你的組織製作一個同樣的表，畫在活動掛圖上，或用文書處理軟體設計。你畫出來的圖表中，內部市場可能和表6-1一樣，但是在組織擁有的資助者、服務和轉介來源上，應該儘可能地更明確些。建議你現在就動手畫，然後邊閱讀本章，邊搭配著看，這樣當你在看其他非營利組織的例子時，就可以增刪自己原來畫的表。

1·內部市場

組織至少有三個內部市場：董事會、工作人員，以及非管理職位的志工。這三者都相當關鍵，都應該待之如市場，並且將第5章所討論的行銷循環應用其上，盡你可能地去滿足它們的需要。然而很不幸的是，大部分的非營利組織要不是完全忽視這個問題，就是徹底地低估這些市場的重要性。他們把自己的董事會看作是必要存在的邪惡（necessary evil），把工作人員當做是日用品，更不要說志工所受到的待遇。管理階層自以為「知道」工作人員要什麼（更多的錢），所以他們從來不開口問；也不太在乎董事想要什麼，只要他們定時來開會，然後不要過問太多就好了；志工則看哪裡最急迫需要就往哪裡塞，完全不理會這是不是符合他們的技巧、性向和訓練。

這種想法注定會失敗！因為在一個高度競爭的世界裡，組織需要卓越的董事會成員，不僅要爭取到，還要設法留住他們，待之如珍貴的資源。同樣地，組織也要能吸引和留住優秀的工作人員，要這麼想：你需要好的工作人員勝過他們需要你。而對許多非營利組織來說，運用志工不但省下了一大筆員工薪資，同時也提供了機構進入社區的網絡，這是無可取代的。在高度競爭的環境中，你的董事會、志工、工作人員都有其他許多可以寄託時間的選擇，不一定要待在你的機構！因此，要牢牢記住：在組織轉變成市場導向和專注於外部市場的過程中，別忘了你的內部市場。

2·付費者市場

這些是為你所提供的服務付錢的人。把他們當作市場，可能使你覺得被冒犯了，畢竟，你是來把事情做好的，金錢充其量不過是個不足掛齒的工具，真正該去關注的人是所服務的對象。正確嗎？其實只說對了一部分。在過去獨占市場的時候，你可能還禁得起這麼做，現在可不了。在競爭的市場中，如果還輕忽付費者與內部市場，單只關心你的服務對象，那麼你將很快地被遺忘。記住，非營利組織有兩個基本法則：

法則一：使命、使命、使命（Mission, Mission, Mission.）。

法則二：沒有錢，就無法實現使命（No Money, No Mission.）。

要是忽略這兩個法則的話，我看你就只有自求多福了！

如你所知，付費者千百種，我們應該去檢視其不同的需要。在這裡必須提醒讀者：不要把以下所列出的需要奉為眞理，要自己去向他們詢問。下面的清單概括了許多付費者市場不同的需要，但肯定會遺漏若干與貴機構市場需要相關的重要細節。直接去問他們需要什麼！

※政府

對許多機構來說，政府（聯邦、州、郡或市）是主要的顧客，甚至是收入結構中的重要支柱。然而不幸的是，非營利組織的管理者常常不把這個重要的顧客當作顧客，反而是把他們當成敵人。在過去，這種態度或許還行得通，但現在，你恐怕承擔不起妖魔化政府這個付費者所必須付出的代價了。

政府的採購者到底想要什麼？一般來說，他們要的是：在一定的時間內，提供一套服務（已經過審慎的定義）給一群特定的人（已經過審慎定義的）。通常要遵循一套規定，完全符合稽核的要求，並且要在限期內繳交所有文件。

如果不希望讓政府成為主要顧客，那就發展一個長程的行銷

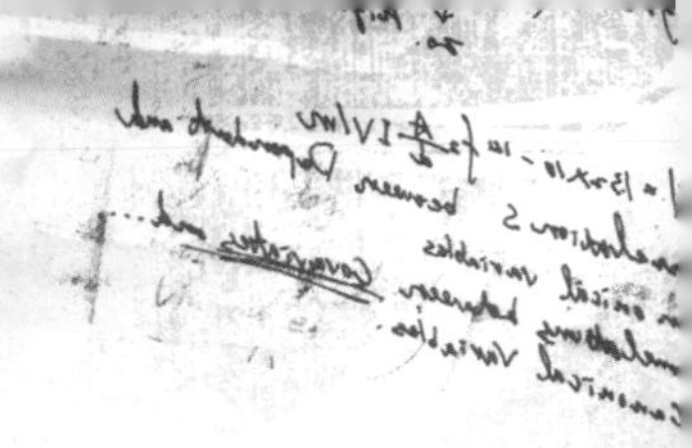

計畫，把政府的補助比率從機構的收入來源中降低或完全去除。但在那之前，要像對所有顧客一樣待之如上賓，詢問他們想要什麼並提供給他們。

☞ **實際操作**：如果你的組織接受政府的補助，那要仔細考慮這個問題：你上一次詢問政府方案承辦人／資助者「我可以怎麼做，好讓你的工作進行得更順利？」是在什麼時候？或是根本從來沒問過？不只有你這樣。但是類似這樣的詢問，卻對鞏固與增進所有顧客的關係十分重要。當你讀到第11章「一級棒的顧客服務」時，記得它所指的也包含這個市場。

最後，千萬別掉入陷阱——把「整個政府」當成需要完全一致、而且不會改變的一個市場。機構可能從一個以上的政府部門，或甚至從同一個機構或部門當中的不同計畫獲得資源。每一筆經費來源和計畫都受到不同的法規所規制，所以他們每一個對貴機構的需要與要求也不盡相同。如果你想要持續得到他們的經費支持，那麼每一個部門或計畫都應該獲得你的關注。

※會員

很多非營利組織都有會員制度，這是與社區建立連結的絕佳方法，以及獲得定期捐贈的基本來源——前提是會員可得到的好處，讓他認爲值得交會費。沒錯！環保團體、博物館、動物園、交響樂團、公共電台都是已經建立起大規模、長期會員基礎的例子。

會員要的是什麼？這要看組織以及他們用以吸收會員時所用的推銷手法而定。公共電台的會員想要擁有高品質的節目播送，以及在會員資格展期時，常常可以拿到附贈禮品，和每個月的節目表。基督教青年會（YMCA）和基督教女青年會（YWCA）（以下均簡稱Y）的會員要的不只是知道Y是開放的，他們希望在交了會費之後，可以使用更衣室、體育館、游泳池，同時，參加Y所辦的活動時，可以少交一點費用。博物館的會員想要得到入場券的折扣，或是在有一票難求的展覽時，可以獲得優先購票權。

我們需要很仔細、且定期地評估提供給會員的回饋。先列一張社區裡有會員制度的組織一覽表，它們是這類資金的競爭對手。你的會員滿意嗎？在詢問之前無從得知，而在這樣競爭的世界裡，你不能不知道。

※基金會

贊助型基金會的型態和規模千殊百異，有像Gates, Ford或Robert Wood Johnson這種超大型的，也有好幾百個小的地區性社群、法人組織或家族型基金，散布在全美國每一個城鎮當中。它們的興趣、經費資助程序，以及每年捐助出去的金額都有很大的變異。這類基金會要的是什麼？雖然基金會感興趣的議題包羅萬象，但是在它們興趣範圍內，大多數基金會想要的大同小異：符合它們標準的創新計畫，或顯示出社區大力支持的組織，以及一般在三年內可以做到自給自足的計畫。基金會的資助競爭激烈，如果沒有審慎地研究過該基金會的需要，無異浪費彼此的時間。大部分的贊助型基金會會在申請資助的規定中，明列需要一覽表，通常可以在他們的網站上找到。如果可以，應該更進一步和計畫承辦人談一談——如果這個基金會有工作人員的話，要是能當面討論（如果這是允許和受到鼓勵的），多打探一些內幕消息會更好。問問他們在申請書上最想和最不想看到的是什麼，仔細聽，然後照著他們的要求做！

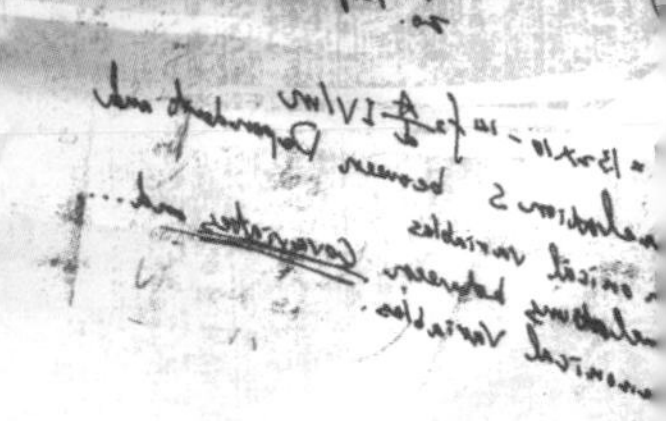

※聯合勸募

有些聯合勸募出現在募款的黑暗時代，其資源配置取決於觀察非營利組織是否以使命爲導向，並且根據機構優勢和社區需求，資助有價值的方案。而且，還有許多聯合勸募都儘量減少申請的要求，好讓補助更有效率、降低雙方成本。然而，很不幸的是，也有一些地方的聯合勸募並非如此，它們還是依據申請單位的財務狀況決定是否補助。「如果財務沒問題，請不要來申請，瀕臨破產的才有資格拿我們的錢。」這使得我許多客戶與聯合勸募漸行漸遠。希望前述的創新者可以帶動潮流。

如果你對聯合勸募的經費感興趣，或現在就想得到，要多留意其補助優先性和方法上的改變。跟你社區裡有參與該組織的人士（工作人員和志工）談一談，以隨時掌握重要改變的先機，畢竟這些經費也是越來越競爭了。

※捐贈

對許多小型的、以社區爲基礎的組織，當然還有宗教性的組織來說，捐贈（包括遺產捐贈與法人的資助）仍是重要的經費來源，同時也是高度競爭的。儘管如此，全心尋求捐贈的組織卻往往忽略了其中一個關鍵的資源：可以「免稅」的這項禮物。捐贈者想要什麼？同樣的，這要視情況而定，將所有的捐贈者一視同仁是不妥的，一年一次的捐贈者的需求，和捐贈遺產者之間有相當大的差別。有的人想要支持一個特定方案，有些人卻想直接捐給基金。有一些人想要表揚和曝光，而大部分的人卻不要。因此，不要做任何假設，要去詢問。同時，如果你眞的想獲得最大極限的捐贈，可以考慮找一個信譽佳的專業募款者來爲你服務。爲什麼？難道你不能自己做嗎？不盡然。有太多的組織想做一點募款工作，或嘗試很多途徑（包括特殊事件、廣告郵件、遺產）募一點錢，結果都是事倍功半。眞相就是：募款花下的心力不會達成任何的使命，所以它最好能有一些進帳。處在一個競爭的環境中，最好在開始前，就在募款的一個或多個領域中，發展和保持本身的核心能力。這可能意味著要訓練你的工作人員和志工，或雇用一個專業人員，或是雙管齊下。

※保險業者

有一些讀者服務的組織是從保險業者那裡獲得經費，當然，保險業者只是財務上的中間人，他們有義務給付各種規定或包含在他們政策裡的情況或處遇所需的費用。然而，即使保險業者因爲規定而有義務支付給你的組織，但在付錢的速度和容易度上（有時甚至攸關是否能眞的收到款項），很大的部分要看你的組織能不能滿足保險業者的需要。所以不論貴機構是提供醫療保健服務、居家照顧服務、心理衛生、藥物濫用治療、整形儀器、長期照顧或是預防服務，滿足財務中介——也就是保險業者的需要是很重要的。保險業者要的是什麼？通常是以申報流程和文書作業爲主。過去幾年，這樣的需要擴及科技能力：你能透過網路寄帳單給保險業者嗎？他們能從網路上得到貴機構的資訊嗎？不過與標準相關的問題還是比較核心的：被保險者是否在醫療上有必要尋求此一服務？有事先得到核准嗎？貴機構是否具有相關的執照、證照和品質保證？工作人員有嗎？表格都塡好了嗎？貴機構是管理式照護合約的成員嗎？以上這些問題都是保險業者眞正的需要所在。如果貴機構是人群服務領域裡的一員，就有必要去了解這些遊戲規則，其實這只是一種「滿足市場需要」的挖苦說法。在申報流程、文書作業以及精美印刷上多花一點心思，你會更快拿到更足額的錢。

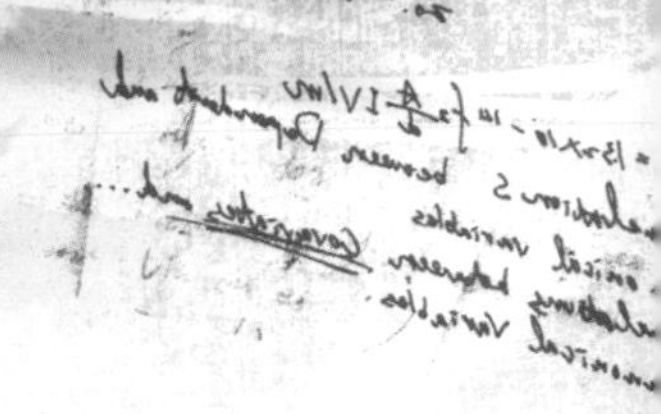

※使用者費用

是入會費、購票費、學費、諮商費用，或其他直接從終端使用者——也就是服務對象手中收取的費用。就像捐贈和會員制度，它們代表了你的組織和個別付費者間的直接連結，這些付費者從組織獲得一些好處——得到服務或是提高自尊。

使用者想要什麼？他們希望付錢買到的是品質高、價值高，且能滿足需要。記住，價格不是重點，價值才是。如果價格是唯一的考量，那就不會有人唸哈佛、史丹佛、或芝加哥大學，他們會去讀州立學院或大學了。但是這三個學校，或者像其他數不清的高價位機構，仍有數以千計的申請者排隊等待。爲什麼呢？因爲教育的價值，以及它們的頭銜。

如何得知使用者要的是什麼呢？還是一樣，要問。而且要努力別成爲行銷障礙的受害者。面對使用者市場，特別容易會有這種情況，因爲貴機構經常提供收費的服務，而收費又與工作人員所受的專業訓練，以及實務經驗有直接關係，所以就很容易掉入陷阱：自以爲知道顧客的「需求」（你可能眞的知道），而忽略他們的「需要」（要開口詢問才會知道）。

以上這些市場都很重要，本章稍後會提供一些想法，關於如何把重點放在最重要的市場——也就是掌握組織未來命運的市場。

3・服務市場

就像付費者市場，服務市場也有千百種。這些就是你服務的對象，他們可以用年齡、性別、教育程度、收入、居住地區域號碼、族群、方案，或使用的服務來加以區分。或許大部分的人認爲這些人就是你服務的對象，而這就是你所要經營的市場。確實是如此，但是內部市場和付費者市場也一樣重要。

如同我們在付費者市場提到的，避免把你所有服務對象混在一塊兒是很重要的，越能清楚區分不同的團體，越能讓你的詢問和回應聚焦。

❑ **舉例說明**：某個心理衛生中心提供各式各樣的服務。當它在討論行銷企劃和市場確認時，發現在每一單項服務裡都有好幾個市場。先以其中一項——諮商門診爲例，工作人員和董事會確認這項服務裡包含的市場有：

- 個別諮商
  —慢性精神病患
  —憂鬱症患者
  —創傷後症候群病患
  —退伍軍人
  —高中青少年
  —暴力犯罪者
- 小型支持團體
  —經歷災難與喪親之痛的人
  —慢性精神病患
  —有創傷後壓力症候群的退伍軍人
  —暴力犯罪者
  —匿名戒酒團體（AA）

當然，這每一群組各有不同的需要，假設這些門診病患的需要都是相同的會是非常荒謬的，但實務上確實常常看到非常多的組織認爲把他們混爲一談是沒有關係的。不要步上他們的後

麼！

雖然我不能爲個別讀者的組織作市場分析，但強烈建議你可依照服務類型和服務對象的類型，將服務分成幾個區塊。以下要把焦點轉到一個尚未討論過的重要市場。

4・轉介

就像其他的組織一樣，貴機構能用在行銷上的金錢和時間都是相當有限的，如果有人（免費的）幫你把會員、顧客、學生、或教區居民送上門來，那豈不是太好了？事實上，這是可能的，而且說不定早就是這樣了，我們稱之爲轉介來源。可能只是來自一些滿意的顧客（像是花錢到劇院觀賞表演，留下深刻印象的人）的非正式推薦，或是一些父母，很高興孩子在你幼稚園裡的發育成長。或者，也可能是來自另一位專業人士的正式轉介，像是外科把頭部創傷的病患轉介給職業復健機構，或是猶太教教士把一位遭遇困難的教友轉介給心理醫師或精神科大夫。

這些轉介者的需要是什麼？雖然滿意的顧客主動推薦，是想要分享自己的喜悅，但是在你得知了他們的推薦後，道個謝也是美事一樁。至於正式的轉介來源，就稍微複雜些了。大多數的轉介者第一個需要是接受轉介的容量，貴機構可以立即接受轉介，幫他們清理掉桌上堆積如山的案件。第二個需要是品質，藉由成效、評鑑，或只是和轉介者有相同處遇理念等表現出來。第三個需要是了解轉介後的後續進展，大多數的人會想要知道成效如何，而更重要的是，他們對於與貴組織互動所造就的個人成功故事感興趣。

以上這些需要是我在美國實務上所觀察到的，謹供參考。就像對待其他的市場一樣，在你詢問之前，不會知道他們要的是什麼。貴機構需要轉介和推薦嗎？當然需要！找到轉介者的需要，然後給他們想要的。要記住，滿意的顧客會推薦是因爲你給了他們想要的。問得越多，就知道越多，知道越多，顧客就越滿意，顧客越滿意，你就會得到越多這樣的轉介！

你面對的所有的市場——內部、付費者、轉介、服務——都值得關注。然而不可否認地，要同時密切注意這麼多不同的團體並不容易，尤其是像多數其他組織一樣，即使是在這麼重要的工作上，也只能投注這麼多的經費和工時，該怎麼辦呢？你可以採取以下兩個步驟，以完全掌握整個行銷確認的過程：第一步，是學習市場區隔，這麼做可以讓你換個角度，思考一下誰是你想要服務的對象，並且比較這群人和你正在服務的對象之間的差異；其次就是要鎖定目標，以下要告訴你如何進行這兩項工作，首先我們來看區隔。

第二節　市場區隔

在第一節所舉的心理衛生中心仔細確認所有不同的服務市場的例子中，其實就已經開始討論市場區隔了。儘管這樣的區分很重要，但是在競爭環境裡談市場區隔卻更加複雜，同時也比單單把你目前的市場儘可能打散成最小的區塊，還能獲得更多的潛在回饋。

市場區隔是一種技術，藉此組織從有限的範圍來觀照較大的市場，然後決定哪些是可以、應該，而且想要去服務的部分。這是一個眞正可以凸顯組織專長的一種技術，相對上也比較容易學。

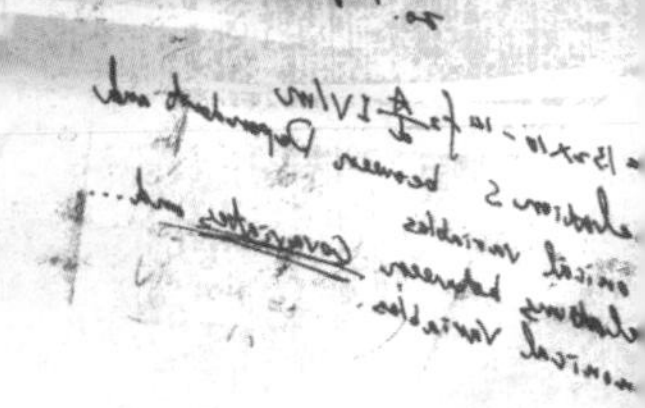

可以從許多角度來思考如何區隔貴機構的市場，比方說以特定的服務來區分不同的服務對象，那麼這樣的列表動作就可以讓組織聚焦在不同的需要之上，而且也有助於相關的重要決策：是不是要繼續把重點放在這群人上？服務這一批顧客是否符合策略規劃或未來的願景？這一塊市場是在成長還是在萎縮？可能會多買或少買些組織所販售的服務或財貨？這是有競爭力的管理者——就是對市場和市場持續的變動有所回應的管理者，經常會問的問題。不幸的是，許多非營利組織管理者往往拖延這些艱鉅的決策，因爲他們擔心若是削減行之有年的計畫，會觸怒傳統以來的服務對象；也有可能是工作人員（更常是董事會）拒絕放棄這些他們長期以來鍾愛的計畫。

☞ **實際操作**：列出貴機構的市場以及它們的區隔時，問問你自己：「爲什麼我們要提供這些服務？」和「爲什麼我們在服務這群人？」如果反射性的回答單純只是「因爲我們一直都這樣做。」那你應該暫時停下來，然後評估是否該繼續。思考以下的問題：你眞的具有專業知能來提供這項服務，或服務這群人嗎？別處是否也有提供這項服務，甚至更有效率呢？這是你的核心顧客群嗎？你的組織是否眞正認同這項方案或服務的人口群？如果縮減或是結束這個計畫，是否會嚴重地影響組織的募款？當然，還有一個關鍵但不是唯一的指標：「服務這個領域或群體，貴機構有盈餘還是虧損？」對於以上這些問題的回答，合在一起可以幫助你做出決定，但是，絕對不要只是因爲對傳統的尊敬，而繼續提供某種服務。確認上述事項，對於組織達成使命會很有助益的。

另外一個運用市場區隔的方法是觀察新產品或新服務的可能市

場，然後看看你想追求的是哪一個範圍或區塊。利用這樣區隔的方法，可以幫組織更有效率和效能地挑選目標市場。

- **舉例說明**：在Pacific Northwest有一個專門爲身心障礙者尋找和創造工作機會的組織，得到一個買下洗車中心的機會，這可以提供服務對象又好又穩定的工作。當組織觀察這個市場時，沒有一下子就掉進去先前討論過的統計數字陷阱，並且了解到它的市場不是那些住在方圓十五哩內的人，而是不論住得遠或近，經常會開車經過的人。經過初步的分類，該組織觀察需要被清理的車輛可大分爲下列幾項：

  - 散客：人們開自用車來洗，這具有提高身心障礙者在社區的能見度的優點，缺點在於有季節性，而且非常仰賴天氣和日子來決定生意好壞，因此穩定雇用的可能性較低。
  - 汽車業者的售前清潔工作：汽車業者在展示車輛之前必須先清理，該機構認爲這具有提供較穩定工作的眞實可能性，但是發現有兩大障礙：一是洗完車要開到他們的展售定點；二是汽車和卡車銷售本身所具有的循環波動性。
  - 機關團體的汽車清潔工作：這個市場（可以由公用事業、郵政、不動產、學院或大學、政府和其他車隊組成）要經過合法的公開競標。這種合約數量可觀、穩定、是整批的，而且司機可以很簡單地就按照時間表把車子開進來清洗。

結果組織就在嘗試過服務散客後，轉向機關團體的汽車清潔工作發展。最初嘗試散客方式是基於使命的考量——在社區中有更多正向的能見度——但是因爲無法克服時多時少的生意性質，造

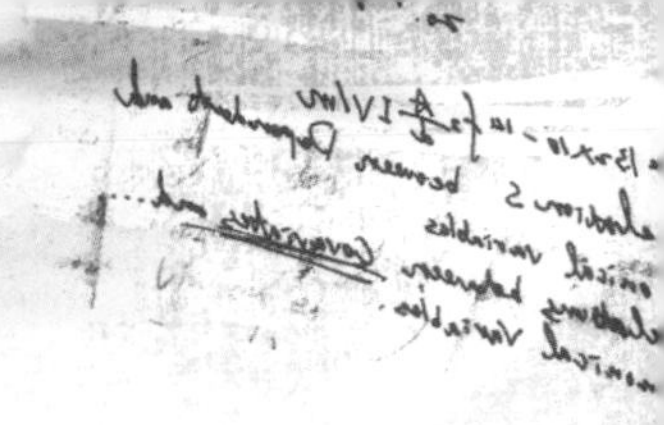

成工作人員長時間閒置，從此他們就朝向車隊清潔發展。

你可以利用區隔的技術，果斷地決定你要追求哪一個市場，而不是來者不拒照單全收。儘管如此，你還是會有許多、許多市場要監控。基於組織時間和金錢的有限性，要聚焦！

第三節　聚焦目標市場

現在你已經知道市場是誰、做了區隔，並從中找到市場機會之所在。但是要把精力集中在哪裡呢？從你的行銷中得到最大的收穫很重要，以下是兩個決定目標市場時可以利用的方法：第一個是實證的，而第二個是比較主觀的，我建議兩者併用，藉此將可以在目標市場的選擇上做出最佳決定。

1．80/20法則

第一個必須應用的評估方法是來自商業準則裡的80/20法則，這個經過時間考驗且眞實的格言說：「80％的收入，來自20％的顧客」。二十年前在一個商務會議中，當我第一次聽到別人大談這個法則時，心想「眞是蠢話！怎麼可能用這麼輕鬆、簡單的方法，就想把千殊百異的產業和商業眞理一語道盡呢？」你或許會跟我一樣這麼譏笑著。試試看吧，等我身體力行後，發現這個法則眞的有用！我通常會把它推薦給正陷在行銷計畫深淵中的客戶，協助他們集中火力在財務上最重要的客戶。

☞ **實際操作**：試試這個練習。拿出貴機構上個月的財務收支報表，計算今年到目前爲止的歲入總額，把它乘以0.8（80％）。然

> 後從最大筆金額的顧客開始，找出來自他們的收入加上第二大的、第三大的，以此類推，直到計算的收入總額達到80%的門檻。現在，回頭數數看，你總共加總了幾個顧客？如果現在檢視貴機構的整個顧客基礎，你會發現讓組織達到總收入的80%的顧客數，非常接近五分之一，或20%。

有時候比較難把這個方法應用在服務市場上，因爲對服務的單位來說，很難有共通性，但是對多數業務不多的組織仍可以適用。

這個方法的重點是什麼？順著潮流走吧！把重點放在前五分之一的大顧客，這不表示要忽視其他的五分之四。處在競爭的環境裡，被忽視的顧客會選擇「用腳投票」來表達他們的不滿，相信你不會希望20%的收入就這樣消失吧！但是這個方法的確能幫助你合理地花大部分時間去和最大的顧客——不論是付費者或服務——溝通、拜訪，和詢問他們問題。

2．策略規劃方法

在應用以上實證取向的方法後，現在從另外一種角度來看同樣的市場，也就是策略規劃和市場調查的眼光。自問：「我希望哪一個市場成長？」「以我的使命來說，社區中的哪一部分最重要？」

比方說，貴機構在每年75萬美元的收入中，只有5千元來自於捐款所得，但策略規劃的目標卻設定在五年內達到每年來自捐款的收入有20萬美元，那我建議你得想辦法好好了解這個市場，詢問它的需要，關照它們，現在就開始！如果你只根據收入比例來做實證分析，就不會在這上面花這麼多的時間，畢竟它只占總收入的1%當中的十分之六而已。

另一個例子是和從某一特定市場增加收入、而降低對目前重

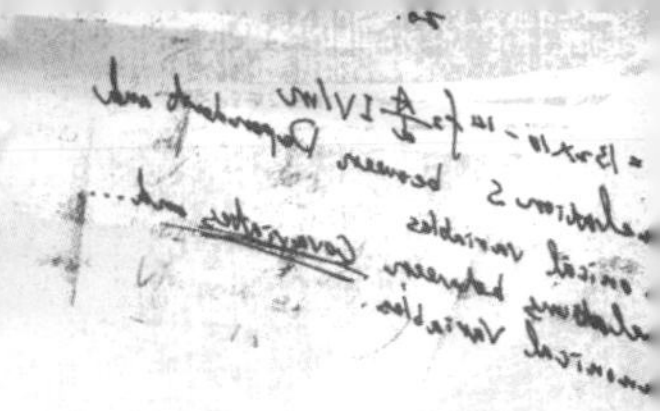

要顧客的依賴有關。許多非營利組織都試圖要減少對傳統以來主要付費者（像政府、聯合勸募、或私人捐贈）的依賴，在這個情況下，放鬆原本每一天都聚焦在這些市場上的關注，以壓低其重要性似乎很合理，但千萬不可忽視！畢竟他們還是大宗的付費者，仍然要善待之。

完成以上兩種評估後，即可擇定組織的目標市場，然後聚焦於此。在這個階段，如果評估的結果是要改變組織的優先順序，那麼將會遇上相當的麻煩：人們多半會遵循物理定律，傾向朝抗拒最小的路徑移動。在行銷裡，這表示只跟已經認識、熟悉，而且感覺自在的人去溝通、給予協助、推銷以及問問題，而這麼做的代價是忽略了去開發一個嶄新的、卻是高優先順位的市場。留意自己，以確定有在關注，而且有依據前述實證與主觀的分析來適當地分配時間。

第四節　把所有的市場當作顧客

第2章首度觸及這個議題，閱讀到此讀者看到所要服務的多元市場之後，或許這個議題又有不同的風貌了，以下將更深入地討論。

1．到處都是你的顧客

希望你和工作人員都已經把服務接受者當作是有價值的顧客，溫暖地和他們打招呼、提供協助、解決他們的問題、聆聽他們所關心的事。或許你個人會這麼做，但重要的是，你和資深管理團隊應該攜手起帶頭作用，並且透過經常（且不預期）地來回走動，觀察和聆聽你的工作人員和顧客間的互動，來緊密督導他們。不幸的是，就像營利組織一般，非營利領域也分成懂和不懂兩類組織。

很確定的是，如果請你列舉一些在社區中致力於顧客服務的企業，以及完全不做的例子，你一定立刻就可以給我一份名單。爲什麼呢？因爲人們會留意，而且記住何時被好好對待，何時沒有。儘管你的非營利組織像其他的一樣，在過去可以因爲組織的情況（以及總認爲畢竟不是企業）而不被顧客所計較，但現今標準已漸趨嚴格，非營利組織也被以私人企業的標準來要求。

事實上，正因爲顧客服務對追求競爭力而言十分重要，所以本書第11章將會詳述如何提供「一級棒的顧客服務」，這種關注在全國正快速地成爲顧客互動的標竿。在此我要繼續針對必須要被克服的頭號障礙發動攻勢：每一個人——包括資助者、工作人員、董事會和服務消費者——都是顧客。

2·顧客服務心態的障礙

阻礙非營利組織工作人員的問題很多，大多數問題本書都已略有觸及。在此我要用一個不同的角度重申，希望能提供更深入的觀點來說服你，並提供你回頭勸服工作人員和董事會的武器。首先，如果人們沒有被好好對待，大多數的人就會用離開來表達不滿。即便傳統以來貴機構在社區中這類工作與經費資助上，具有全面或實質的獨占性，來勢洶洶的競爭浪潮一樣會影響到你的資助者，注意別讓過去的養尊處優成爲應付眼前新情勢的障礙。

先前提到的行銷障礙，跟發展顧客服務心態的另一個阻礙有關。如果我比服務對象更了解他們的需要，那麼他們不是應該感謝我的智慧、幫助和善行嗎？嗯……聽起來眞像是我認識的那些醫生。他們常常搞不清楚我是付錢的人，卻讓我等個老半天也不

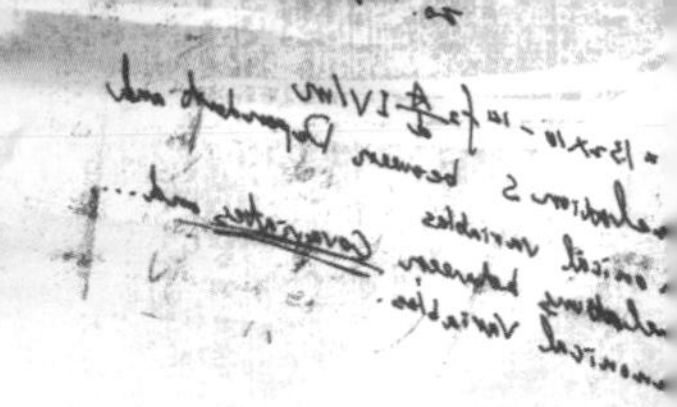

道歉、把我當做幼稚園小朋友，而且總是匆匆忙忙，不把病人當人看。這些是我從此沒有再去、也永遠不會想再去看的醫生。記住，到處都有顧客，但是到處也都有競爭對手虎視眈眈，別把客人送走！

3・內部顧客

競爭的結果會造成現在或未來在你的社區中，有許多跟貴機構工作內容近似的組織出現，這會讓你的工作人員有其他新的受雇機會，換句話說，他們在社區中擁有很多的選擇，不再只有爲貴機構賣命才能保住工作。再次強調：你需要你的工作人員，勝過他們需要你。沒有優秀的工作人員，機構很難有出色的表現。

沒有人能反駁每個社區裡有資格、且投入工作的董事會成員只有一定的數量（有限的），而每個組織都會想要延攬他們。因此，如果我是一個想要有所貢獻的董事，卻不能在貴機構裡達成願望，我大可以頭也不回地辭職，然後去幫助其他更加顧客導向的組織。離題一下，有很多的董事想要和「勝利」（也可以叫作企業化、顧客導向）的組織相連結，而那些會在競爭市場中脫穎而出的贏家，經常對市場有旺盛的企圖心，而且對顧客——每一個顧客，都提供貼心周到的服務。

4・資助者顧客

接下來是挑剔的資助者了。對許多讀者而言，這可能是最長期的酷刑，因爲有一卡車的人把大部分——如果不是全部——的職業生涯，都耗在和資助者纏鬥，而不是把他們當作顧客。我們多年來的訓練以及所造成的偏見，和困窘的人際互動難以克服，再加上自尊和自傲從中作梗，都是原因所在。即使你是第一個停止對抗，並且對他們彬彬有禮的人，資助者有時候也難免（很自然的）不信任你，甚至不會和善以待。改變關係是需要時間的，而你沒有太多時間，所以，現在就開始吧！

許多讀者會覺得「我那些資助者眞不公平！他們的要求越來越多，卻沒有相對增加經費補助；要求更多的書面報告，錙銖必較；要我們在不合理的時間內完成，但自己卻從來也沒準時過。眞是地獄來的顧客！他們的行徑一點也不像是顧客，反而比較像是老闆。」我已經聽過無數次類似的牢騷。這裡有兩個重點：第一，每一行都有從地獄來的顧客。氣候惡劣的時候到機場去，看看在登機門的工作人員如何處理那些明明是下雪的緣故，卻衝著工作人員發脾氣的那群憤怒、失去理智的人。這種時候工作人員多半不會回嘴，他們已經學會了妥貼處理的方法。你也必須學會，第11章會談到顧客服務法則的關鍵：

顧客不一定總是對的，但是顧客永遠是顧客。

所有的人，包括顧客，總有犯錯的時候，但這不代表你們的關係會因爲這些小錯誤而改變。你還是要賣東西，而他們還是要買，就這麼互動吧。

對於「視資助者爲顧客」的新典範，我有幾個提醒。如果你有一個或多個資助者是來自州或地方政府，同時你也在州的商會中很活躍，那你可能會以兩個不同的身分和同一個人互動：既是賣方，也是遊說者／行動者／倡議者。因此，可能這天你戴著執行長的帽子去政府部門洽公，然後問「我能怎麼做，好讓你的工作順利一點？」隔天，你又以州的商會會員身分走進同樣的門，對同樣的政府官員反對新的規定、稅率、監督條款或某項法規。這樣的精神分裂的確很困擾，因應方法之一是清楚而重複地表明自己是某協會的代表，或甚至在從事與協會相關的活動時，佩帶

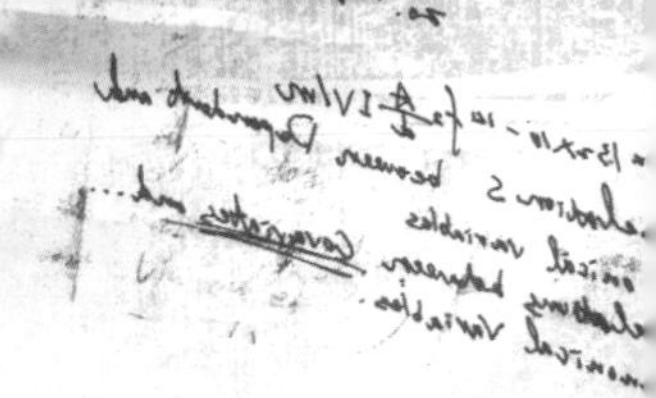

有協會標誌的名牌。即使那樣還不足以保證能讓州或地方機關清楚地區分你那兩頂不同的帽子，我也不認爲該放棄遊說，只是你要意識到，而且儘量降低可能付出的代價。

第二，有些組織開始把資助者當作顧客之後，資助者也開始把組織當作賣方，而不是奴隸了。有三個案例，資助者開始讓非營利組織對結果而非過程負責，減輕書面報告的負擔。另外有兩個案例，資助者改變他們的補助方式，同意組織保留他們所賺得的——這是賣方和顧客關係的最終指標。這就是又一個由以身作則開始，然後讓人們跟隨你的帶領的案例。

5・服務的顧客

最後是服務接受者。爲什麼沒有以顧客之禮待之？因爲非營利組織的行銷障礙。我們了解服務對象的需求，輕易地認爲比他們更了解，也因此貶低了他們、他們的想法、建議、抱怨，和需要。千萬別這麼做！每一個服務對象都是顧客，而且越來越多的顧客可以選擇不再回頭。就像對待資助者一樣，顧客不一定總是對的、理性的、有禮貌的，但他們永遠是顧客。

這確實是不容易的，特別是起頭難，但是必須從現在就開始把所有的顧客都視爲顧客。本書第11章將會分享許多經過考驗而且證明有用的技巧，讓讀者可以授能給工作人員去解決問題、處理抱怨，和滿足顧客的需要。現在，就從將每一個人都視爲顧客開始，並且開始重複練習：「我（我們）能爲你多做些什麼？」

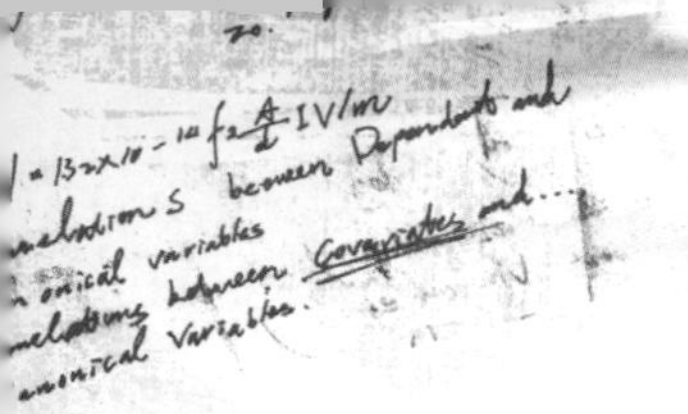

重點回顧

本章或許是讀者第一次正視你眾多而且多元的市場——有收入市場、服務市場、乃至董事和工作人員的內部市場。這一章綜合歸納市場的需要，並提醒讀者，除非開口詢問，否則無從得知市場想要什麼。之後探討市場區隔，並且教導如何完成這個任務，以及如何藉此較果斷地選擇組織要為誰工作。

確認了這麼多的市場後，組織需要集中精力瞄準最重要的市場。本書提供可完成此一重要任務的兩個方法：從實證上的80/20法則；以及主觀上，將策略規劃整合到行銷組合裡。

最後，我們轉向一個困難且有爭議的主題：把所有人（付費者、董事會、工作人員和服務接受者）當作顧客。本書涵蓋了每一個群體，希望已經說服讀者體認到如果不投身競爭的浪潮，肯定會遇到麻煩。

在競爭的環境裡，組織必須知道市場是誰，然後把重點放在最重要的市場之上；要把每一個人都當作顧客，要詢問他們的需要。詢問和顧客服務是本書往後的主題，但是現在必須先轉向另一個成功行銷不可或缺的群體確認過程：確認誰是你的競爭對手。

第6章的問題討論

1.請列出組織在以下每個類別中所有的市場：資助者、內部、服務和轉介。

2.組織現在是否還想保有這些市場中的每一個？或者現在會這樣，

只是傳統使然？

3.有哪個市場是我們想要優先占有、要鎖定的嗎？依據80/20法則，或是根據策略規劃，找到是誰了嗎？

4.我們是不是把每一個人當作顧客呢？如何可以做得更好？

7 誰是你的競爭對手？

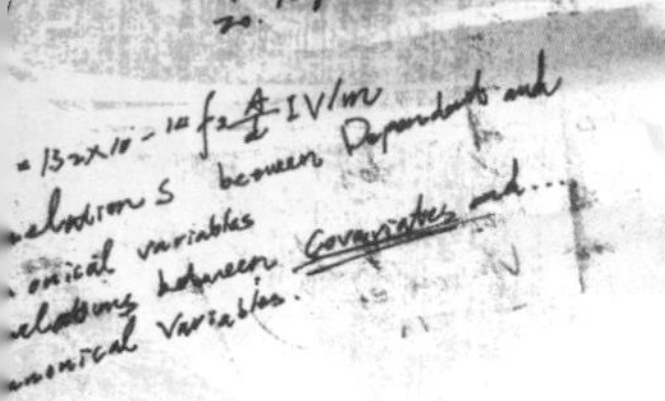

總覽

本書一再提醒，你的組織正處於一個越來越競爭的世界，而且圍繞此一陳述的事實是無法辯駁的。有些在五年或甚至五個月前沒有競爭對手的領域，現在已成了群雄爭霸的競技場了。原本以爲可以免於外在壓力的事物，可能在明年或下個月就變了個樣子。競爭已經變得越來越常態，而不是什麼值得大書特書的例外事件。

所以，對許多的讀者而言，把一些人和組織看成競爭對手是很重要的，這恐怕還是頭一遭。對很多人來說，任何在組織之外的人都是所謂的「社區」，社區通常是一個友善、歡迎的用語，而絕大多數的情況也是這樣。但是身爲一個使命導向的管理者，必須要弄清楚社區成員和競爭對手之間、同行和競爭對手之間、同儕和不同派別的人之間往往存在著模糊不清的差異。這不是一件簡單的工作，對多數的讀者來講，尤其不是一個愉快的任務。但是如果貴機構要加入競爭行列的話，這是一項不能或缺的能力。

章節重點

- 確認競爭對手
- 研究競爭對手
- 專注於組織的核心能力

這章首先會提出，如何確認競爭對手是誰，以及貴機構有什麼是他們想要的。我們將檢視那些與貴機構追求同樣的顧客、工作人員、資金及捐贈的組織。本章將從資助者、提供的服務、服務對象，以及轉介來源等觀點來探討競爭。

確認競爭對手後，將進一步檢視他們的作爲。本章將提供一些已嘗試過並證明正確的方法，來找出競爭對手的行銷方法、價格及服務的項目。讀者將學習到如何更了解你的競爭對手，以及在顧客的眼中，是哪些因素讓對手有別於貴機構，比你的組織更好，或經常是更差。

處理了這兩個領域之後，本章再度回到貴機構，檢視藉由了解競爭對手，而更加自我了解的：你的核心能力。要變得更有競爭力，列出並強化那些核心要素是非常重要的。

閱讀完本章，讀者將會知道競爭對手是誰、如何了解他們在做什麼、貴機構的優勢和弱點各是什麼。

第一章　確認競爭對手

誰會是那些讓人討厭的競爭對手呢？爲了找出他們是誰，我們回顧第6章討論過的市場，然後與貴機構可能的競爭對手相比較。你將發現在每一個市場都會有競爭對手，即便是那些你覺得神聖不可侵犯的。本章將先從組織的內部市場著手，然後依次討論付費者、服務及轉介市場（見**表7-1**）。記住，本章所涵括的類別是既一般且廣泛的；也就是說，有一些列出的類別可能不適用於你的組織，而那些適用的，毫無疑問地又會被市場型態和個別的競爭者再切割成許多更小的部分。

內部市場和外部市場一樣容易受到競爭對手的影響。你或許很有自信其他組織想跟貴組織競爭工作人員，是不可能成功的，尤其是當貴機構是位在鄉村地區，或是放眼望去沒有其他類似組

表7-1　內部評估

內部市場	可能的競爭對手	如何競爭？
董事會成員	其他董事會及志工尚有缺額的非營利組織。在任何社區都一樣，聯合勸募一直是非營利組織爭取有限的董事「資本」時的大户，它每年耗用掉成千上萬的志工時數。好的組織需要優秀的董事會成員，別失去你的！	詢問董事們想要什麼，視他們爲有價值的資源，並且賦予重要的任務。
工作人員	其他雇用與貴機構工作人員具有相同技術的人員的組織（不管是營利或非營利組織）。	尊重並尊敬地對待工作人員，讓他們參與管理、編列預算、行銷及規劃。就像其他市場一樣，詢問他們想要什麼，並且儘可能地滿足他們。不要因爲你也曾經是個工作人員，就假設自己知道現在的員工要的是什麼。不要這麼做，大膽地問吧！

織的地方。以方圓百里內唯一的一家兒童博物館爲例，恐怕不能假設沒有人會打你的管理階層或工作人員的主意，這是非常有可能的事。注意在表7-1中，會跟貴機構爭取工作人員的可能競爭對手，是「雇用與貴機構工作人員具有相同技術的人員的組織」而不是「提供與貴機構一樣服務的組織」。這當中有很大的差別。

有很多非營利組織裡的工作人員想要待下來，不考慮跳槽到營利組織，而社區裡一定也還有不少組織是非營利性質的，而且做得很好。當整個部門變得更競爭時，別相信聯合勸募董事會的朋友不會挖走你的工作人員（同樣地也會向你的董事會挖角）！

有關工作人員的競爭，有一點要特別注意：這個領域裡，有一種非常具建設性的趨勢，那就是營利部門的人，大部分到了五十歲左右，會轉換跑道到非營利組織。在多數的案例中，這些嬰兒潮世代的人持續了二十至二十五年的受雇生涯，總算熬到退休資格。而他們正處於重新檢視生命的年齡，回憶起年輕時曾經擁有的利他情懷，多半會心動不如行動，換個工作或著手進行那些「有意義的事」。別忘記進到營利部門去找尋優秀的工作人員，同時也不要忘記強調他們所想要的——貴機構所做的正是有意義的事情。

最後，我還是要再強調，關於工作人員，對絕大多數組織的大部分人而言，錢不是最重要的問題，但對每一個組織裡的每一個工作人員來說，錢確是一個問題。如果貴組織像多數的非營利組織一樣，未能付給工作人員他們在社區裡其他組織可以得到的待遇，而且在最近的未來也不太可能這麼做，貴機構還是必須嘗試給予具競爭力的薪資，並採取其他可以讓貴機構更具競爭力的行動。在表7-1當中舉了一些例子，更詳細的可參閱*Mission-Based Management* 一書中有關工作人員管理的章節。它並不只是錢的問題。

❑ **舉例說明：**試想，你是否遇過不愉快的聯邦快遞送貨員？我從未遇過。第二個問題：你曾經遇過不愉快的美國郵局服務人員嗎？我就有。誰的起薪較高、福利較好？是美國郵局。和聯邦快遞類似的公司還有 Cisco, Disney, Marriott, Lands' End 和其他很多一流的公司，這些公司就像非營利組織一樣，因爲他們擁有優秀的基層工作人員而能夠領導市場，這些公司的薪水還不錯，不過卻不是該產業中最高的，就像 J. W. Marriott, Jr.所言，公司和工作人員魚幫水，水幫魚。

爲了讓貴機構在爭取工作人員上更具競爭力，需要多關照他們，而且，再重複一次，別老是想用金錢來引誘他們。

接下來從付費者市場（參照**表7-2**）開始檢視外部市場。那些提供貴機構經費資助的一定會是競爭對手感興趣的目標。檢視付費者評估表時，記住貴組織會有自己獨特的一群付費者，最需要關注的排序依次是：金額最有分量的、在貴機構的長程計畫中具有優先性的、處於最大競爭壓力之下的付費者。不要坐等到競爭對手已成氣候，才肯善待目標付費者市場，現在就開始吧！

貴機構有很多潛在的競爭對手，我已針對每一種狀況提出一個或多個行銷循環的基本要素：選擇目標市場、找出他們想要的，並且改變（或創造）以滿足需要。

下一個可能是讀者在外部市場中最關心的：服務市場。最重要的是，他們與競爭息息相關，往往由於服務人數和所獲資金之

表7-2　付費者評估

付費者市場	可能的競爭對手	如何競爭？
政府	任何在政府法令下，符合被資助資格的組織或個人都是潛在競爭對手。越來越多的政府機構要將所有的服務以競標方式委外，並將營利組織也納入賣方的行列。	徹底了解資助者的規則。確定貴機構滿足其所有「無聊的」管理與官僚需要。先詢問對方的需要，並始終如一地遵守承諾。
會員	所有提供會員身分的非營利組織都是潛在競爭對手，但是大部分都在特定的領域，如：心理衛生、環境、藝術、動物保護等。	確定會員的福利是清楚而且具體的。定期詢問會員，他們付會費想要的是什麼。增加價值──從會員的觀點。

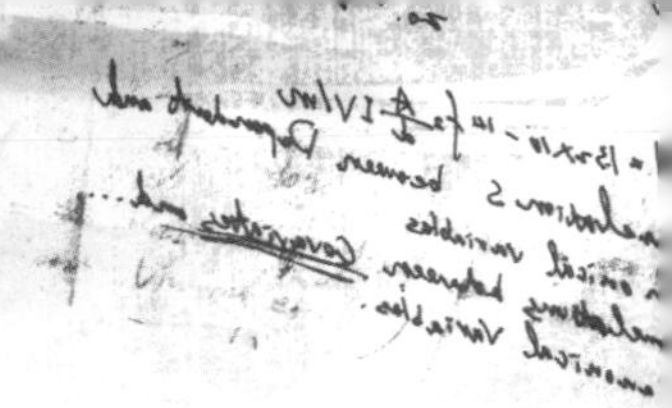

（續）表7-2　付費者評估

付費者市場	可能的競爭對手	如何競爭？
基金會	基金會資助可說競爭非常激烈，而且越來越多相互競爭的組織雇用專業人士協助，以獲得基金會之青睞。幾乎所有的競爭者都是非營利組織，它們也許來自貴機構所在的鎮上、州或是所服務的領域，但也可能不是。	如果你正打算要在基金會的世界裡下工夫，閱讀基金會的報導，向有經驗的、成功的計畫申請者尋求協助，並緊抓住對貴機構作爲感興趣的基金會。運用網路快速地了解該基金會的期望。
聯合勸募	其他每一個在社區中參與聯合勸募的非營利組織，及眾多新成立、正在起步，向聯合勸募申請經費補助的非營利組織。	精確地符合聯合勸募的贊助原則。如果聯合勸募進行社區需求評估，要參與以確保貴機構服務領域的需求有被公平而準確地涵括在內。
捐款	任何接受及尋求慈善捐款的非營利組織。可大分爲公司或個人、大或小、一般或遺產捐贈。	把焦點放在最可能對貴機構服務有興趣的資助者身上。清晰地自我介紹（使命與價值）。如果想要變得更有競爭力，建議請專家協助訓練。
保險業者	保險業者受制於管理式照護制度，所以大多尋找低成本、高服務品質的服務提供者。由於不再框限於醫療保健，因此可以包含任何及所有在醫療補助計畫之下所涵蓋的服務。	遵從所有保險業者的遊戲規則，包括表格、任何許可前保證書（preadmission certification），和可能需要的任何執照和評鑑。與服務對象同心協力以滿足保險業者的要求。
使用者費用	任何提供和貴機構相同服務，而且要求使用者透過學費、購票、入場費、訪視費等形式直接支付費用的非營利組織。	詢問服務的使用者想要什麼、對貴機構的服務滿意度爲何，還有哪些地方可以繼續改進。

間存有密切關係，所以機構必須要長期吸引並留住顧客。當心你的競爭對手也在做同樣的事。現在我們做一份小小的作業，開始來檢視如何著手，和爲什麼要這麼做。

☞ **實際操作**：走到影印機前，將**表7-3**影印下來，如果可以放大到A4的紙上更好。然後竭盡所能地填好這張表，不論是自己填，或是和管理階層及第一線工作人員一起。在這空白的表格之後，我提供了一個例子（參照**表7-4**）。著手進行時，記得儘可能地明確。

將這張表格填好，有需要的話，可將這張空白表格再多影印幾份，如果影印機有放大功能更好。使用這張表格的重點在於：開始確認競爭對手，以及了解在該特定市場中你的優勢在哪裡。除此而外，該圖表分成兩部分：「我們提供的服務」，及「我們服務的對象」。分開的目的在幫我們聚焦在以下的事實：競爭對手是先爭取服務對象（美國退休人協會[AARP]先爭取五十五歲以上的客群，然後把重點放在這些人所需要的服務上），或是先提供服務（一個藝術組織廣告暑期推出的課程）。要周密地思考，請參考表7-4的例子。

我們可以看出表7-4的機構才剛開始對內部市場進行分析，而且還不確定對手擅長什麼，肯定需要更多深入的探究。該機構自認最優勢的是「友善、有經驗的工作人員、同理心和訓練」。這固然很好，但這是人們想要的嗎？他們有必要深思熟慮，並確定這些優點是顧客想要的。

最後，也是很重要的，檢視貴機構所有重要的轉介市場，了解競爭對手是誰。記住：轉介來源就是那些把客戶、學生、教區的居民和會員送到你手上的人。對一些讀者而言，也許全靠滿意

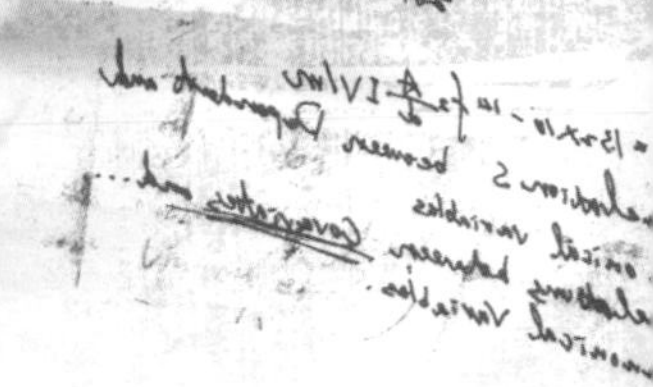

表7-3　自我評估

我們提供的服務	競爭對手	他們的優勢	我們的優勢
我們服務的對象	競爭對手	他們的優勢	我們的優勢

表7-4　自我評估的例子

我們提供的服務	競爭對手	他們的優勢	我們的優勢
短期住宿庇護所	1.救世軍	容量	友善的、親切的工作人員
就業準備訓練	1.援助之手（Helping Hands） 2.退伍軍人協會 3.在地工作團（Local Job Crops） 4.工作福利計畫（Welfare to Work）的提供者	? ? ? ?	有經驗的工作人員
諮商輔導	1.當地心理衛生協會 2.私人開業的心理醫師	? ?	有經驗的諮商員
我們服務的對象	**競爭對手**	**他們的優勢**	**我們的優勢**
街友	1.救世軍 2.援助之手、街友收容所	1.容量 2.容量、諮商輔導	有同情心、沒有偏見
自閉症患者	1.聖瑪麗醫院 2.郡立身心障礙協會 3.學區	1.行銷 2.一系列服務 3.一系列服務、設施	接受高階訓練的工作人員

顧客的口耳相傳來獲得轉介個案；至於其他多數的讀者，尤其是人群服務的供應者，轉介是組織中更爲正式化的部分：醫生轉介病人去貴機構做職能治療、社工師轉介青少年去你那裡做諮商輔導。在這樣的情況下，了解轉介來源對你的組織及你的競爭對手的看法是很重要的。

如果貴機構沒有較正式的轉介來源，記住：一個滿意的顧客會在往後的一年內對十到二十個人稱讚你的組織；而一個不滿意

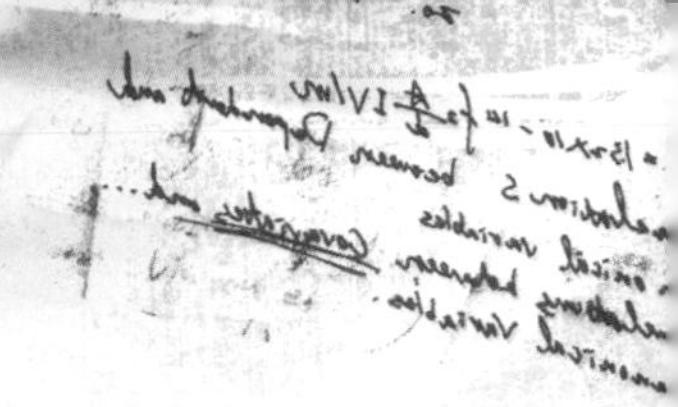

的顧客則會在接下來的兩個星期內對一百個人抱怨。因此，貴機構的確會有轉介者，本書討論到顧客服務（第11章）時，你將會學到如何讓轉介者滿意。

表7-5是一個爲脊髓和頭部外傷者提供復健服務的組織之轉介一覽表。標題分別是：「轉介者」、「轉介者想要什麼？」還有「將誰轉介過來？」。這樣的分類有助於組織確認個人與團體，並將重點同時放在轉介者，以及轉介者提供的市場上。舉例來說，如果 Jones醫師一年只轉介兩位病人進來，那麼將不會是機構的優先考量。但是，如果這兩位病人都是長期、高所得的病人，或許就應該多花點時間在 Jones醫師身上。

接下來看保險業者，你將會發現每一個轉介者所要的都很不同，組織應該知道要積極追求的是哪一類的轉介者。這也同樣適用於雇主。

注意，最後有關雇主的分析裡，該組織還不是很了解競爭對手是誰，這很明顯是有待解決的問題。藉由利用此一表格，組織可以成爲一個積極的市場區隔者，選擇他們想要競爭的市場，降低在其他市場的投入，並且集中有限的時間及金錢在最適合他們策略計畫的區隔市場之上。

我們需要知道誰是競爭對手，不僅僅是列張表，更需要透過不同的觀點來檢視：資助者、服務對象、所提供的服務，以及轉介來源。只有透過進行這些不同的分析，貴機構才有可能眞正了解該把最大的競爭精力放在哪裡。

第二節　研究競爭對手

讀者可以運用前一節提到的工具逐一列出競爭對手，把精力

表7-5　我們的轉介者想要什麼？

轉介者	轉介者想要什麼？	將誰轉介過來？／評論	誰是我們的競爭對手？
醫師			
Jones醫師	快速接受病人、保險給付、合格的設施	頭部受傷（去年有2位住院70天的病人）。	聖猶大的Hanneman復健中心
Majeski醫師	保險給付、脊髓神經專科的合格設施	去年有25位職能復健病人——大多是脊椎。	未知
Wheeler醫師	保險給付、醫療補助計畫認證機構、合格的設施	各式各樣的病人——多是住院病人（去年有40位）。	未知
Foresta醫師	快速接受病人、保險給付所有項目、合格的設施	兩年前只有2位，但是去年提高到20位，多數是短期評估病人。	聖猶大的工作人員？
保險業者			
A公司	快速接受病人、醫療補助計畫／醫療照顧計畫認證機構、合格的設施	過去5年，每一年都有20個病人。	未知
B公司	快速接受病人、醫療補助計畫／醫療照顧計畫認證機構、合格的設施	才剛開始將較長期的客户送來。只支付80%的一般收費。去年只有5位病人。	未知
C公司	快速接受病人、醫療補助計畫／醫療照顧計畫認證機構、合格的設施、提供管理式照護	管理式照護的領導者。短期住院。去年50個病人。	未知的對象，但是正與3個復健中心洽談納入管理式照護之網絡。

（續）表7-5　我們的轉介者想要什麼？

轉介者	轉介者想要什麼？	將誰轉介過來？／評論	誰是我們的競爭對手？
保險業者（續）			
D公司	快速接受病人、醫療補助計畫／醫療照顧計畫認證機構、合格的設施、提供管理式照護	沒有過去的記錄，是社區中新的參與者，但是因爲社區中的三大雇主都爲其客户，所以幾乎涵蓋了社區20%居民。	未知
E公司	快速接受病人、醫療補助計畫／醫療照顧計畫認證機構、合格的設施	令人厭煩的監督和文書作業。一年只有10個病人。	新的管理式照護網絡中的一部分？
雇主（公司行號）			
Meltdown Utilities	最低勞保負擔，直接與保險業者打交道，而且能夠提供管理式照護		董事長也在Hanneman的董事會？
Ace Manufacturing	最低勞保負擔，直接與保險業者打交道，而且能夠提供管理式照護	每年約5位左右的傷者，Ace公司正致力於規避風險，因此未來轉介過來的人數將會減少。	未知
Acme Automobiles	最低勞保負擔，直接與保險業者打交道，而且能夠提供管理式照護	快速成長，工會化。每年轉介過來20到30人，但是很快地會自動送過來。	還沒有優惠的安排。
Cellular Four	最低勞保負擔，直接與保險業者打交道，而且能夠提供管理式照護	勞動力每三年增加一倍。轉介了10個病人過來，但都是長期病人。	未知

(續）表7-5　我們的轉介者想要什麼？

轉介者	轉介者想要什麼？	將誰轉介過來？／評論	誰是我們的競爭對手？
雇主（公司行號）（續）			
Microhard Group	最低勞保負擔，直接與保險業者打交道，而且能夠提供管理式照護	低意外率人口。	在過去兩年沒有許可。

投注在優先性較高的市場區塊。即便在這樣的聚焦下，仍然有一長串的優先競爭對手，有待貴機構多加了解。運用本書所提供的工具，寫下競爭者的優勢，並與貴機構的優勢相比較。我假定你的表格上寫的都是初步的，是以口耳相傳或假設爲基礎的。如果你和多數的讀者一樣，那麼這張表格多半不是建立在審愼的分析之上。

1．需要了解競爭對手什麼？

我們需要從競爭對手那兒找出可加以運用，讓自己變得更強的重要資訊。我們需要了解下列四個有關競爭對手的重要事項：

※他們提供什麼服務？

對手是不是全面性地與貴機構競爭，或者只限於某些領域？相較於那些只和你在某一個領域競爭的對手（除非他們所提供的正是你獲利最豐的服務），你可能需要更仔細地研究那些全面性與你競爭的對手。

※他們正在找尋什麼樣的客戶？

是否與貴機構鎖定一樣的人口群？還是只瞄準服務人口群中

最有利可圖的那一個區塊，也就是所謂篩選案主的技倆？在另一方面，貴機構與競爭對手的目標市場是不是有所重疊？這也是相當重要的。舉例來說，如果你鎖定六十歲以上的顧客群，而你的競爭對手卻只把這個年紀族群的市場當成次要或第三重要的市場，那麼你也許不需要那麼擔心。

※他們給顧客什麼樣的價值？

記住，價格不是重點，價值才是。你的競爭對手做了什麼可提供價值給顧客的事？博物館的附加價值可能是一張精心設計的導覽圖，或是一些可就近使用的長凳和洗手間。諮商輔導中心的附加價值可能是特別友善的接待人員，和接待區的免費咖啡。姑且不論競爭對手做了些什麼，這些是不是你也可以提供、也可以做得很好，而且仍然保持在組織使命宣言的範圍之內的呢？

※競爭對手的價格如何？

他們的定價與貴機構旗鼓相當嗎？或是你（或對方）在同樣的價格下，提供了更多的服務？儘管價格不是重點（而價值永遠都是），但是對顧客來說，它仍是一個重要的因素。在檢視價格的時候，要再三確定貴機構已經盡全力做到同質類比，否則極可能會因爲自以爲價格比競爭者低（或高），而做出不適當的決策。

❑ **舉例說明**：我最近和兩家有意合併的非營利組織合作。這兩個組織都爲殘障人士提供庇護服務，當他們在檢視對方的「每日收費標準」（價格）時，其中一家發現自己的服務訂價幾乎是未來伙伴的兩倍。他們相當不安地來找我，擔心這樣低的價格代表不理想的服務品質，甚至考慮不要和一個品質不佳的組織結盟。我問他們爲何覺得對方的服務是差勁的，回答是「看，我們的每日收費標準是140美元，對方卻只要82美元，這樣的價格不可能提供優質的服務。」「的確不能，」我同意的說，「除非他們沒有像你們一樣把所有的服務成本計算在內」。

最後我們發現眞正的情況是：這個機構的「每日收費標準」是包含交通、餐點和督導；而對方雖然提供完全一樣的服務，卻分開記帳。所以光是比較所謂的每日收費標準是無效，而且會造成誤導的。

貴機構最低限度必須掌握有關服務、目標市場、價值及價格等重要資訊。當然，如果可以多了解其他的也不錯，不過這些是要最先看的重點。該如何進行了解呢？針對競爭對手做一點市場調查吧！

2・從哪裡下手？

要從哪裡開始？擁有什麼資源？花多少時間在這上面？這三個問題的答案都是一樣的：視情況而定。要看貴機構有多積極地在競爭、要看競爭對手是零售（許多資訊是公開的）或批發（其價格及服務較難以研究）、要看貴機構投入多少金錢和時間。

無論如何，總要從某處切入，所以下面就來看看可以運用哪些資源來了解競爭對手。

※網際網路

網路上當然有大量的資訊，以下就是一些理想的起步：

- 瀏覽競爭對手的網站：這兒有大量關於該組織、服務及價格的資料，或許也可以一窺其行銷策略，務必注意他們正在促銷什麼、打折或價格折扣，或者甚至在網上競標。有

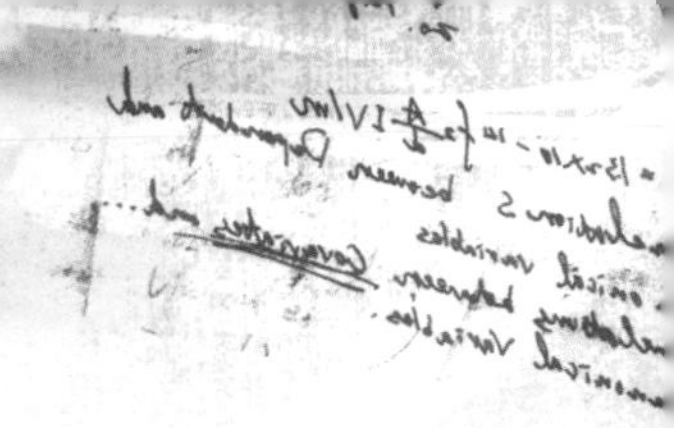

一點要注意的是：網站上的資料有可能已經過時，並不是所有機構都會隨時更新網頁。

- 參考公開的紀錄：如果這些競爭對手投標任何公共服務，特別是與貴組織相互競爭的，其投標價、參與競標組織的背景資訊，應該也都是公開資訊。找到這筆資金的資助單位，以電子郵件向他們索取這些資料，也可以搜尋資助單位的網站。
- 如果對手是非營利組織，可以從www.guidestar.com得到更多資訊，這是美國非營利組織在國稅局第990號年度報告中所蒐集的資料庫。
- 如果是營利性組織，試試www.ceoexpress.com，並且找一下裡面的各個研究領域，在那裡可以找到最好、最新的研究網頁和工具。

※公開的紀錄

當然，電話仍然是一個選擇！如果競爭對手是非營利組織，依法需要每年同時對國稅局和州政府提出報告。打電話給相關機構，或多半從網路上就可取得這些財務資訊，可以知道該組織董事們的姓名、總收入、宗旨等；也可以打電話（或藉由網路）到州政府商業部（不管是不是你所屬的州），查詢與貴機構相類似組織之資訊。例如：可要求這些州政府的相關部門搜尋一下在四個郡範圍中，提供兒童照護服務的所有組織，他們將提供這些訊息。這就是納稅人的權利！要會使用這些公開的紀錄。

☞ **實際操作**：在蒐集上述資訊時，順便檢視一下自己的紀錄。可以進入Guidestar.com並編輯資訊，也可以在國務卿辦公室及國稅局網站編輯和更新資訊。要確定貴機構的資訊是即時而正確

> 的。在對某個競爭對手進行調查時，也要用同樣的方法調查自己的組織——了解你的競爭對手和潛在顧客正在尋找哪些有關貴機構的資訊。

如果競爭對手是一個營利組織，可以透過全國性資料庫如Dun & Bradstreet，或當地消息來源（如：Chamber of Commerce或Better Business Bureau）等取得資訊。

無論是哪一種情況，要採取的第一步行動是打電話或利用電子郵件聯絡競爭對手，請他們寄一份服務和費用資料來。沒有必要特別撒謊或假裝是服務接受者，就是直接索取書面資料寄到你的住處。如果認為對方會認出你的姓名而不寄，那就請機構的工作人員來打這個電話。

貴機構的轉介來源通常在他們的辦公室或網站上，也會有一套提供給客戶的相關資訊。例如，社工師通常會保留可以建議案主的所有方案之資訊；牧師也許會從社區不同來源蒐集資料；老師也可能擁有很多套各教學組織的教材（注意：他們也應該有一份貴機構最新的行銷資訊）。

※顧客

顧客是絕佳的消息來源。進行顧客調查時，加入一些有關競爭對手的問題，像是「你是否曾經接受社區中其他組織的服務？何時？是哪一個？你喜歡他們的是什麼？不喜歡哪一點？你為何選擇我們的服務，而不是他們的？」

在兩次調查中間，若你在機構遇見顧客，還可以向他們做非正式的詢問。這樣，不但得到重要的競爭資訊，同時顧客也會覺得自己的意見被重視。不要小看非正式和定期詢問的價值，貴組織需要建立持續不斷詢問的文化。

※州立貿易協會、州立非營利組織協會、社區基金會，或當地管理服務組織

這些團體至少應該掌握各自領域中非營利組織的活動。州立貿易協會（不論貴機構做的是什麼）是一個開始的好地方，在州內處理所有非營利組織事務的州立非營利組織協會，也是一個理想的資源。要找州立協會的名單，可在www.ncna.org查詢。社區基金會及管理服務組織（MSOs，是由非營利部門所設立，目的在協助其他非營利組織提升管理）在利益和影響力上比較侷限於地方性，兩者的名單可分別在www.tgci.com/resources/foundations/community與www.allianceonline.org兩個網址找到。

※董事會、工作人員及志工

耳目越多越好。在列出競爭對手、排出調查的優先順序後，影印一份給董事們、工作人員和志工，讓他們知道機構需要哪些資訊、什麼問題的答案，然後對他們在收集相關資訊上可幫上任何忙都表示感謝。這等於在朋友圈、熟識的和有互動的人外，一下子多了二十、三十、五十或更多的人投入同一件工作，得到資訊的可能性大大地提高了。邀請這些人幫忙的一個附加效益是：它強化競爭對手是眞實存在的，而不只是想像中的虛構而已。善用各種資源，在這種情況下，指的是在你組織裡的所有成員。

3・競爭對手在追求什麼？

記住這三個重要的資訊來源，接著把檢視的重點從競爭對手轉移到他們想要從貴機構帶走的人或物。以下列出的每一個團體都有自己的資訊來源，也許有所幫助。及早開啓溝通之門是很重要的，這樣才能建立信賴和獲得資訊。因此，雖然未必每一個列

出的項目和人，當下都是最重要的，但有可能未來會需要那些資訊。不是建議讀者要把每一個部分都等量齊觀；只是提醒你不要有所偏廢。

在閱讀以下列出的項目時要記住，這些類別都是競爭對手要與你相競逐的——競爭優秀的董事、表現良好的工作人員、捐款、投標、志工及直接服務。需要找出對方在每一個項目如何與你較勁，如果可以的話，嘗試應戰吧！

☞ **實際操作**：思考一下下面這些和你的競爭對手有所關聯的議題：

- **董事會成員**：請教那些正在或曾經在其他組織董事會服務的董事會成員（和朋友、鄰居），對於他們在董事會當中的服務，最喜歡和最討厭的情況為何。不必要詢問其他組織太過於詳細和尖銳的問題——可能會因此得不到好的資訊，儘量把問題聚焦在他們喜歡和不喜歡的董事會功能。去參加聯合勸募、社區基金會、當地MSO，或地區性學院或大學的非營利計畫所舉辦的關於董事會運作的工作坊，以學習目前的先進技術。要讓人們渴望在貴機構的董事會裡服務。
- **工作人員**：當有新進工作人員時，問問他們在先前工作中，最喜愛及最厭惡的分別是什麼。在離職面談時，也詢問新工作哪裡吸引他（或者是什麼事讓他們離開你的組織）。讀一讀徵才廣告，以了解一般的薪水和福利行情是怎樣的。參與由當地或州立的貿易協會，或州立非營利組織協會所做的薪資調查，以便對競爭情勢有更好的掌握。
- **捐贈**：持續觀察別人是怎麼跟你募款的，並要求董事會和工作人員也如法泡製。你喜歡在超級市場或是停車場被纏上嗎？用郵寄信件呢？用電子郵件？電話？當面？上述哪些是你喜歡或不喜歡的方法呢？你會利用網路在線上捐贈嗎？你的董事和工作人員也會這麼做嗎？看一看別的組織所印製、發送的宣傳品，及如何在網站上努力爭取捐款。哪些會吸引你，哪些不會？捐贈的領域是令人難以想像地複雜和高度競爭的，而且手法不斷推陳出新。要多注意！

❑ **舉例說明**：我最近收到一封由市長（信頭這麼寫）寄出的信，宣稱我因某項非營利人群服務，而被選上年度榮譽人物，信上提到之所以被選上，是由於我的「諸多成就」，市長並邀請我參加六個星期後的頒獎晚宴。其實我對這封信是高度存疑的，因爲它提及我的成就是在財務顧問方面，而那顯然不是我的專長。

接下來就露出馬腳了。上面說市長很肯定我會感激獲得此一榮譽，並會承諾要爲這個非營利組織募到1,000美元！我只聽過一頓1,000美元的大餐，卻從未聽過被頒一個獎牌要付1,000美元！我必須說當下的反應是不愉快的，但是在一個像我們這樣的小鎮上，實在沒有必要無端去激怒市長，好在頒獎當晚我正要離鎮到外地去做訓練，時間衝突不克與會，於是順理成章送上我的遺憾。

總而言之，這個組織的創新可以給他們個A，不過這種掛羊頭賣狗肉的手法，實在令人不敢恭維。

- 投標服務：參與投標時，其他的標案，尤其是最後勝出的，有沒有公開？可以找出其他的投標者是誰嗎？如前文所說的，如果是競標政府經費，資訊是公開的。拿到相關資訊，找出得標價格（假設不是貴機構），儘可能地找出與競爭對手有關的資訊。我大概每兩年就會參加一次計畫的投標，每次都會先問有誰也投標、他們開出什麼樣不同的條件，以及（如果我沒有競標成功）其他顧問雀屏中選的決定因素是什麼。有時未能得標是無法控制的因素，比方說被選上的顧問是在地的；有時則是我的計畫不同，像是服務的配置和順序。有些時候，當然，是因爲價格的緣故。但不管如何每一次我都有所學習，你也是。千萬不要沒得標轉身就走，要儘量去蒐集資訊。

- 志工：如果貴機構有在運用志工，就會了解他們的重要性。如同問董事會及工作人員一樣，如果貴機構的志工也曾在其他的非營利組織擔任過類似的工作，問問看什麼是他們在那邊時感到歡喜和討厭的，還有，他們爲什麼現在過來幫助你。

☞**實際操作**：要和志工談話時，建議你運用團體的方式而不要個人約談。通常志工在高階管理人員面前多少會有些膽怯，用團體的方式不只可以讓他們比較輕鬆自在、比較有反應，可以激發出更多的點子，同時，這樣也可以節省你的時間。

- 直接服務理念：機構的觸角必須延伸出去尋求新的服務、服務的創新，並掌握競爭對手增加價值的方法。持續瀏覽網站，但記住，不要假設上面的資訊都是即時的，它可能是不完整的或已過時效。其他來源是先前提過的顧客、工作人員（再強調一次，更多的眼睛和耳朵），以及通常是貴機構購買專門產品及服務的對象。問這些供應商，誰也向

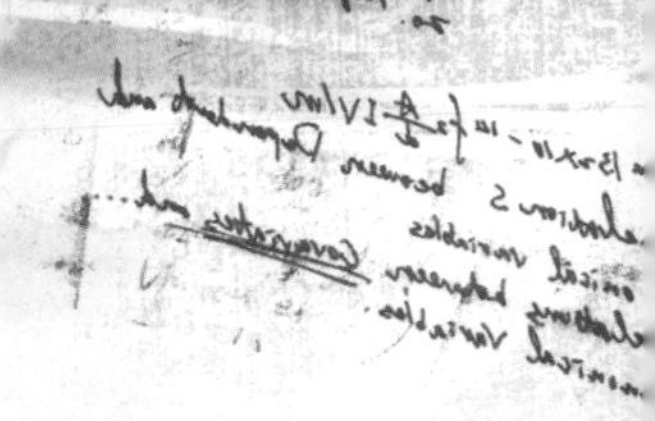

他們購買，並且從這個管道儘可能地了解該組織。舉例來說，詢問賣給你物理治療器材的公司，同行裡誰也買了類似的器材，這樣就可以得到一張競爭對手的清單。但這還不夠，當業務人員進來時，問他們「生意好不好？最近有什麼大生意嗎？」很快地你得悉頭號競爭對手將在三個月內更新所有的物理治療器材。如果顧客重視新的器材，或像在第2章的故事一般，貴機構的工作人員也想使用最新的器材，那麼這會是相當重要的資訊。如同詢問顧客一般，詢問這些供應商。

在以上所有的案例中，不斷地詢問，然後嘗試把那些不完整的疑點組合起來。詢問的文化（culture of asking）是貴機構資訊的根基，你需要有很多人來做詢問的事，也需要建立一套即時回報資訊的系統。有太多組織雖然獲得重要的資訊，卻未能在關鍵時刻傳遞給最需要獲得該資訊的人，結果功虧一匱，千萬不要步上後塵！貴機構如果只是一味地蒐集資訊卻未能有效流通，也是無濟於事的。

我想你應該注意到了，我沒有提供一個或一套能滿足貴機構所有資訊需求的來源。了解競爭對手經常是偶然的發現，有時是漸有進展的，有時候則是大有斬獲，取決於競爭對手、情勢及手上的資源而定。你不能因爲無法即刻得到需要的所有資訊，就不重視現在可蒐集到的資訊，它肯定是重要的。爲了迎戰主要競爭對手，你必須隨時掌握最新的資訊，並充分運用以改善本身的服務及產品。

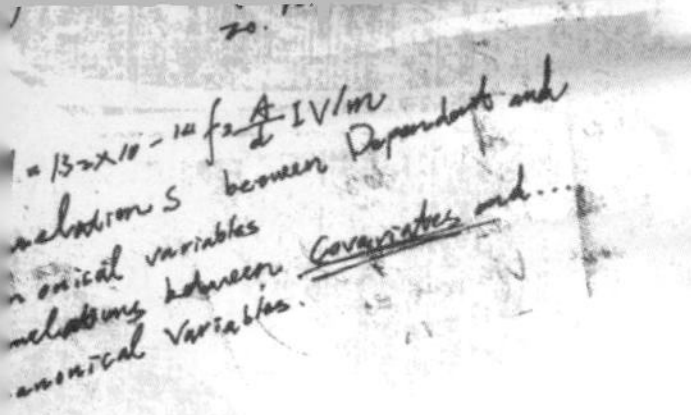

第三節　專注於組織的核心能力

藉由運用本章所介紹的技術，你現在已經了解如何確認競爭對手、找到相關的資訊，以及如何把焦點放在最重要的競爭對手之上。接下來該做些什麼呢？貴機構有試圖在所有的戰場上，和所有型態的組織，在所有的服務及客群上相互競爭嗎？

當然不會。貴機構沒有足夠的資源、精力及時間去完成所有的事情。現在所需要做的是三部曲分析中的第三步驟。我們先回顧前兩步驟做了些什麼，再來檢視第三個步驟。

步驟一：檢視市場

看完第6章，你已經了解誰是貴機構的市場、有多少數目、哪些是未來的重點、哪些不是。也已經應用80/20法則，並且知道它的影響。

步驟二：評估競爭對手

貴機構應該也已經完成這個任務。儘可能地蒐集競爭對手的資訊，包括分析敵我雙方的優勢及劣勢的比較。

步驟三：檢視貴機構的核心能力

接下來是第三個重要步驟。既然我們不可能和所有的對手全面競爭，那麼要把焦點放在哪裡呢？方法之一是把重點放在本身已有的優勢之上。還記得前章曾經應用SWOT分析（優勢、劣勢、機會、威脅）來做計畫嗎？現在和你的董事們及工作人員再做一次，但在做完優勢及劣勢的分析後先暫停一下。確認做得很好以及需要改進的地方。（注意：如果從未做過SWOT分析，這是非常好而且值得做的練習。www.mindtools.com/swot.html網站是一個不錯的起步。）現在，以那兩個分析表和市場需求清單相對照。市場所想要的是貴機構擅長的嗎？如果是，那就好。萬一不是，需要投資在改善之上嗎？或者應該把焦點轉移到貴機構可以做得更好的市場上？

- ☐ **舉例說明**：一個在紐約州西部的庇護工場，最近決定退出這個可以雇用身心障礙朋友的包裝行業。原因是包裝產業已經轉變成削價競爭，並且講求快速，這使得該組織失去競爭力。但是他們反過來看之前做得很好的，發現提供高品質的服務才是他們的優勢所在。經過了三年，他們轉而把重點放在那些注重高服務品質的客戶之上。

- ☐ **舉例說明**：我在密蘇里州的一個客戶組織決定不再提供精神病患住宿服務，原因是資助者——密蘇里州政府——的規定和期望，相對於所提供的經費來說實在太高了。此一市場需求的改變，是該機構所無法去達成的，不可能在那樣的經費額度下把工作做好，甚至還可能爲了補貼這個住宿服務而拖累了其他服務。在歷經一個非常艱難且情緒起伏的決策過程後，董事會決定放棄住宿服務，讓一群因此而離開該組織的員工成立自己的非營利組織來提供這項服務。

現在，從競爭對手的優勢與劣勢的角度，再來檢視一遍貴機構優勢和劣勢的清單。你是以本身的長處和對方的長處競爭，還是以自己的短處和人家的長處競爭？有需要強化哪些方面，以迎戰競爭對手的優勢嗎？或是應該在對方較爲劣勢的地方競爭呢？記住，關鍵在於持續地找出提升服務價值的方法，而且是從顧客的觀點來看。

完成此一分析後，就可以掌握一份清晰的表列：是你、工作人員和董事會認定組織有能力做好的事情，這就是貴機構的核心能力。把重點放在這些能力之上，持續保持目前的優勢。投入資源致力於強化訓練、設備添購，及延攬工作人員，以期未來幾年都能在這些領域保持領先。

記住，你不是你的競爭對手，而且也不會想要成爲他們。你的組織原本就是獨一無二的。毫無疑問的，有必要好好研究和學習競爭對手，但不要嘗試在各方面都模仿對方。做你自己，把焦點放在可以運用本身核心優勢的市場之上。

重點回顧

本章討論了可以幫助你確認和更了解競爭對手的重點，也透過貴機構所提供的服務、服務對象、轉介者和資助者的觀點來分析競爭對手。其次分享了如何運用工作人員、董事會、志工及朋友、甚至供應商，蒐集各種資訊，以回答與競爭對手相關的四個重要問題：

(1)他們提供什麼服務？
(2)他們正在找尋什麼樣的客戶？
(3)他們給顧客什麼樣的價值？
(4)競爭對手的價格如何？

接下來，重點移到找出競爭對手如何直接衝著貴機構的董事會、

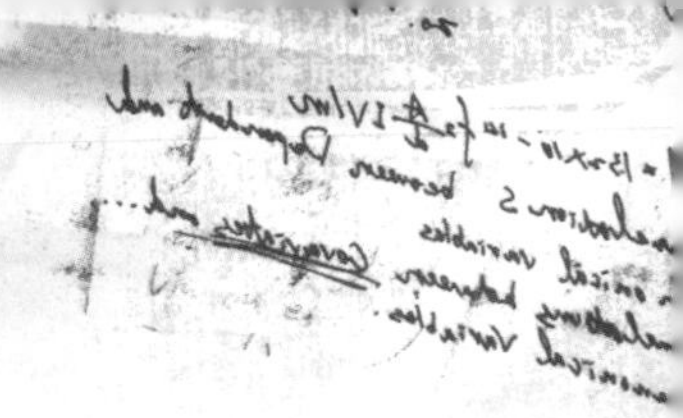

工作人員、志工而來。最後，本章提出如何從組織核心能力的觀點來分析以上所有的資訊。把重點放在你可以做好的事情上，滿足目標市場的需要。

關於競爭對手的最後提醒是，尊敬但卻不懼怕。對方和你們一樣，是人構成的組織，卯足全力在一個混亂且令人困惑的世界裡提供產品或服務。永遠不要假設對手自然而然就可以把事情做得比你們更好，找出他們的優點及缺點，每一個組織都有強有弱。當非營利組織體認到有競爭對手時，最大的錯誤莫過於恐懼。恐懼讓組織看不到也聽不到競爭對手的資訊；恐懼讓組織失去能力，無法創新及保有彈性；恐懼使得機構無法爲服務對象的利益冒險。它會吞噬你！

欣然接受競爭是一個迫使組織更快、更好，完成更多使命的方法。尊敬競爭對手，並且關注他們。同時也尊敬自己，爲貴組織的能力感到驕傲，在此同時也要對組織的能力具有實際的衡量。當無從選擇或能力許可時，就放手一搏吧！把重點放在貴機構的核心優勢上，透過滿足顧客的需要來創造顧客忠誠度，你一定會成功！

爲了滿足顧客的需要，必須詢問、詢問、再詢問。這是下一章的主題。

第7章問題與討論

1.我們眞的知道競爭對手是誰嗎？如何持續地追蹤他們呢？應該把重點放在前十大競爭對手，還是在80/20市場中的競爭對手呢？
2.眼前誰和我們競爭轉介者？我們爲轉介者做得夠多嗎？可以做得更多嗎？
3.我們的核心能力是什麼？在那部分表現傑出嗎？該如何維持這樣

的水準（或改進我們的狀況）？

4.如何在保持卓越地位所需的所有技術及知識上隨時更新呢？

5.在我們的目標市場，需要擔心競爭嗎？或是有足夠的市場可同時容納所有的競爭對手呢？

8 詢問市場的需要

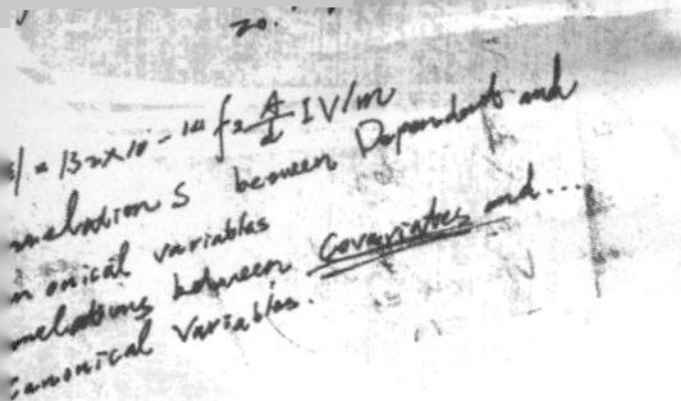

總覽

問、問、問，然後聆聽！希望你正開始把它當成行銷格言不斷地複述，因爲這是我所知道最經典的一句。只要透過詢問、經常地問，而且問對的人該問的問題，就可以獲得所有重要的資訊：市場要的是什麼。只有透過詢問和聆聽，才能持續地掌握市場需要的變化；也只有透過詢問和聆聽，才能克服前章提到的行銷障礙。必須詢問！

但該如何問？問誰？多久問一次？問些什麼？需要外力的協助嗎？需要多少經費？該從哪開始？詢問時，適合用80/20法則嗎？以上這些問題都會在這個重要的章節裡討論到。

章節重點

- 調查
- 焦點團體
- 非正式詢問
- 線上詢問
- 詢問時犯的錯
- 詢問之後

首先，本章將先討論最常用的詢問方式：調查。以下會逐一說明調查的方法、如何設計一項調查、可以在何處得到協助、需要調查多少樣本，所獲得的回答才具有意義。我們會看一些範例、確認應該要求受訪者塡答多少個人識別資料（identifier），並

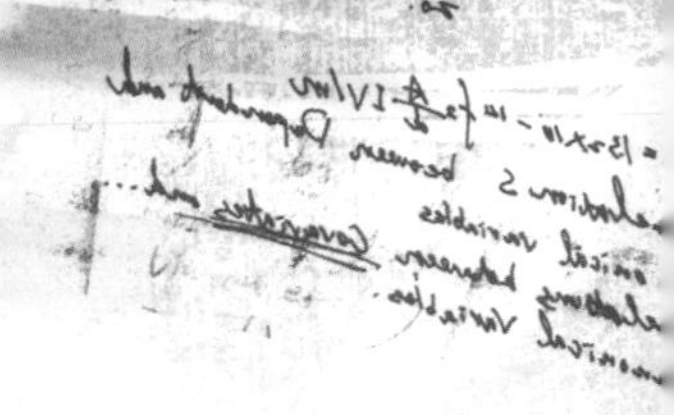

且檢視讓列表和分析變得更容易的方法。

其次是焦點團體——市場分析最受歡迎的方式。包含規劃和執行焦點團體的方法、該問些什麼、不該問什麼、該邀請誰以及從哪裡可以得到協助。我們也會探討如何分析蒐集到的資料，和完成焦點團體後該做些什麼。

接下來，將討論把非正式的互動當作詢問工具，這一節裡會涵蓋詢問的方法、內容、訓練工作人員成爲經常詢問的人，以及其他組織經常性的詢問會碰上的問題。然後，我們會提出一些應該要避免的，是人們在詢問時常犯的致命錯誤。

再來，重點將轉移到漸趨熱門的線上詢問，我會介紹一些用電子郵件和網站來做調查的方法，並提出用網路蒐集資訊時，一些應該和不該做的事。

最後，將探討詢問後該做些什麼。包含列表、分析、分享資訊和回饋，把得到的資訊和行銷計畫相結合。看完這章，讀者對於這一個在行銷循環中很重要的部分該如何進行，應該就會擁有很多實用的工具和概念了。

第一節　調查

我們都知道調查是怎麼一回事：既昂貴又複雜，而且回收率很差，是這樣吧？錯了，未必總是如此。調查可以是既昂貴且複雜，結果又不可靠，但同樣也可以是便宜、簡單、回收率接近百分之百。在這一節，我們要來看看什麼是調查，並提供一些讓調查更經濟、更有用，並且可以輕易地爲行銷努力加分的做法。

正確操作的調查可以蒐集到客觀或量化的資料，也就是可以達到統計上的顯著性。我們可以長期地分析這些資料，每隔半年或十二個月檢視同樣的問題。例如：假設要研究工作人員，那麼可以光就他們回答對工作「非常滿意」的那一部分持續分析，然後觀察這個數字每年的起落變化，稱之爲趨勢分析（trend analysis）。

或者，也可以在同一調查中運用同一份資料，分析不同團體間的差異。回到對工作人員的調查，我們可以檢證管理階層或是直接服務部門的工作滿足感比較高，某一個服務據點或另一個服務據點的工作滿足感比較高，這就叫做世代分析（cohort analysis）。

調查的另外一個好處是，如果正確執行的話，可以只調查一小群人，並準確地把研究發現推論到更大的群體上。

❑ **舉例說明**：我們經常在電視或廣告上看到調查結果。

「最新的民意調查顯示，X候選人以53%對41%，領先Y候選人，另外有6%的民眾尚未做出決定。」然後發表人（或是圖表）會加上「在6月15、16日對2,045個美國成年人所進行的調查，抽樣誤差在三個百分點之內。」

調查只問了整個美國人口中的極小部分，然後把結果推論到總體。這種調查小團體的能力，在需要了解一大群人對貴機構的觀點時，是極具成本效益的，但前提是必須正確地操作調查。我們不能只是問十五個街坊鄰居一個問題，就很有信心地認爲這些回應代表整個社區（除非整個社區就是這條街！）。

因此，有益的調查確實能幫助組織行銷，我們可以比較前後兩個月；可以鎖定某個最需要服務的區隔市場；可以知道滿意與不滿意服務的各是哪些人。可以調查人、事、地、時，和數量（how much）。大部分的調查都不擅長於找出「原因」，至少是缺乏

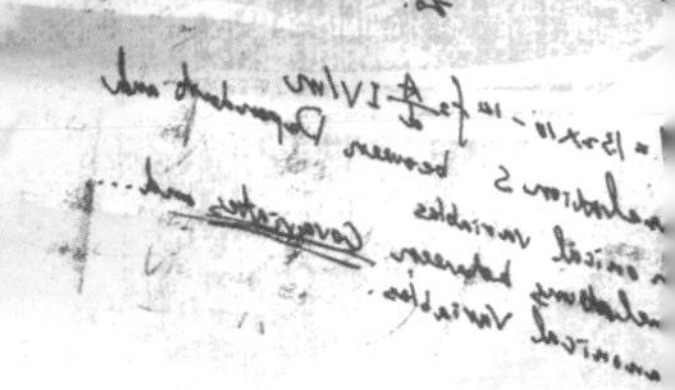

深度。而焦點團體、面訪，和非正式詢問正可以補其不足，稍後會有更多介紹。

這裡所謂的調查是指針對特定主題，藉由一組標準化、有一定順序的文字問項，向一群人徵詢答案。其中最重要的形容詞是「標準化」，要對所有的人，用相同的語氣、相同的順序問相同的問題。標準化是在調查中，獲得統計上可信賴的資訊之關鍵環節。

可以對誰做調查？理論上，任何貴機構想要服務的市場，以及想要在其中變得有競爭力或繼續保有競爭力的市場都可以。實際運作上，貴機構可能只會對最大的、目標的，或最重要的市場進行調查。可以調查顧客、捐贈者、資助者、工作人員、轉介來源，甚至（雖然我不建議）整個社區；可以把問題的焦點放在需求、你的競爭對手，或是這群被調查的人對貴機構的滿意度之上。

因此，有很多可以調查的人，而且可以在他們身上得到很豐富的資訊。不管如何，能使用的時間和金錢都是有限的，以下提供一些能在調查中獲得更多資訊的建議，以確保花在調查上的每一分錢都值得。

1・要有指引

在問卷的開頭提供一個簡短的指引，內容包括：調查的原因、任何關於如何填答的特別指引、填完後要寄到哪裡、有效的繳交期限，另外還要留下若填答者有疑問，可以聯絡的名字和電話。

2・要簡短

要儘可能地簡短，當人們填答問卷時是在幫你的忙，貢獻他們的時間和意見，所以調查越簡短就是最好的協助。我看過有人自以爲聰明地把能想到的問題，全都放在一份問卷中，好「節省郵資」。得到的結果就是：問卷越長，願意填答的人越少。結果，完全沒有達到「節省」的效果，因爲回收的問卷變少了。

3・要聚焦

要做到第二點的方法之一，就是每次調查都聚焦在一個特定的主題上：顧客滿意度、需求分析、產品測試等等。別把這些問題混在一起；否則會弄亂了調查和它的結果資料。要聚焦，要簡短！

☞ **實際操作：** 警告、警告、警告！貴機構的執行長或是董事會可能會要求加長問卷：「反正我們都要寄出這些問卷了，乾脆再多加一兩個主題的問題吧！」反對！你可以怪我！這樣不但占去了人們願意填答問卷的有限時間，還會導致你努力作成的調查失去焦點。完成問卷並交回的人越少，就越沒有焦點，這樣不但沒有省錢，反而浪費錢。

4・別太常問

如果每週寄一份問卷給董事、工作人員、或是捐贈者，想想他們會填幾份？本書雖不斷提醒要詢問，而且要經常地詢問，以跟上潮流和追上顧客的需要，但是常問不代表天天問。再強調一次，要珍惜調查對象的時間，要在絕對必要時再問。記住，在好奇、探詢和變成討厭鬼之間，只有一線之隔，千萬別越界了。

5・以正確的順序和用語問問題

確實會因爲用了錯誤的形式、錯誤的方式，甚至錯誤的順序

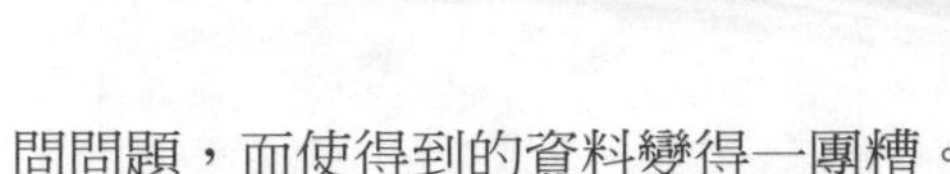

問問題，而使得到的資料變得一團糟。

❑ **舉例說明**：這是好幾年來我重複聽到好幾次的神奇故事（我懷疑是假的），有一群學行銷的研究生，每年都會到一個人潮熙攘的街上，手持8×10吋當今美國總統的玉照，問遇見的前一百個人：「你知道這個人是誰，不是嗎？」結果他們會得到95%的正確回答。接下來，他們會再問另外一百個人「這個人是誰？」，卻只能得到79%的正確答案。從這個故事看來，該實驗每被重做一次，就凸顯一次重點：小心詢問的方式——它會誤導回答。

確實會因爲問錯問題，或用錯的方法問，而得到一堆毫無價值的資訊。我建議你列出一張所需資訊的清單，然後依照以下第十點的建議試試。

6．限制個人識別資料

個人識別資料通常出現在問卷最開頭（或最後）。問塡答者的性別；年齡層；已婚、單身、離婚，或是鰥寡；所得階層。這些都是個人基本資料，需要在調查裡問，因爲藉此我們可以依群體分析資料。舉例來說，一個消費者滿意度調查，我們可以用所提供的不同服務方案、服務的不同人口統計類別，或甚至他們居住的郡（城市、區域號碼）來區分受訪者，這樣能更深入地解讀所蒐集到的資料。

識別資料固然有其優點，但有一個很嚴重的缺點，就是調查中放入越多個人識別資料，就越少人會去塡它。原因有二：第一，調查變得更長，就因爲對某些人來說問卷看起來太長了，所以降低回覆率。第二，絕大多數的問卷處理的是各式各樣顧客的快樂或滿意的感覺，但是這樣的調查中，我們眞正想要得到的是所有負面的訊息：想要知道做錯了什麼，並藉此修正或改善服務。然而，當問卷中要塡的個人識別資料越多，越多人擔心可能會被指認出來。如此一來，他們不是拒塡問卷，就是更糟糕的——語多保留，沒有如我們所期待地實話實說。若是如此，回收的資料品質不佳，遠比沒有資料還更嚴重。當然，第二個提醒是假設某些調查要求塡答人塡上名字，我建議在任何詢問滿意度的調查中，都保持其匿名性。依據經驗，這樣做可以獲得更有用的資訊。

☞ **實際操作**：在臚列想要在本調查中得知的資訊之清單時，也寫出你期待看到的識別資料，也許是依性別、年齡層、族群、服務據點，或其他無數資訊的分類資料。然後看看清單上的每一個問題，並問「我可以拿這個資訊作什麼？我是基於好奇，還是基於需要而蒐集這些資訊？我能充分利用這些蒐集到的資訊嗎？」在這個部分，要對自己殘酷一點，因爲人們有喜歡詢問太多資料的強烈傾向。我看過一些調查充斥著一大堆人口統計資料，但是眞正的資訊卻少得可憐；這些報告幾乎連受訪者「穿幾號鞋」這樣的問題都問了，可是卻沒什麼可加以應用的實質資訊。在把個人識別資料放進最後定稿的問卷前，不妨列一張清單，並且再三地問「爲什麼？爲什麼？爲什麼？」。

這並不是說識別資料不重要，有些識別資料對統計的顯著性而言，是非常重要的分析項目；有一些則涉及到重要計畫和服務的需要或考量。舉例來說：如果貴機構的服務接受者90%是婦女，但是55%的服務調查對象卻是男性，那你就知道，由調查結果來推論所有的消費者會有問題。因此，性別的識別資料在該調查表中是很有價值的。同樣地，如果調查的問題是想了解關於方案時數、服務，和其他滿意度指標的話，知道回答者最常使用何種服務，或是哪個服務據點，會是非常重要的。至於他們的郵遞區號可能就不是那麼重要了。

因此要有選擇性，請受訪者提供一些識別資料，但必須是絕對必要的，外部顧問（請參看第10點）可以在這方面給予一些協助。

7．趨勢資料要前後一致

誠如前文所提及的，趨勢資料是要長時間地觀察資訊。舉例來說，相較於去年和前年，有多少工作人員對今年的工作「非常滿意」？這就是趨勢資料。觀察趨勢走向是好的管理、好的行銷，以及保持競爭力的不二法門。我一直都認為，單獨呈現的資料是有趣的，但是在脈絡（context）裡（和某些事物相比較）的資料，則是有價值的，在此所指的脈絡就是時間脈絡。趨勢是正向或是負向的呢？是進步還是退步呢？

❑ **舉例說明**：以下就是一張經由調查得到的資訊清單，你可能會有興趣長期追蹤。注意，這是一個非營利組織概括性的清單，讀者可以依貴機構獨特的環境需求，予以增加（或略作刪減）。

- 顧客／案主滿意度（可能不只一個調查，要視服務對象的廣度而定）。
- 員工工作滿意度。
- 員工福利偏好。
- 社區需求評估。
- 資助者滿意度。

• 轉介者的認知與滿意度。

在清單中包含的每一項都可能是重複做過的調查（通常是每十二到十八個月），這些資料可以和前一次的調查互相比較。蒐集趨勢資料的祕訣就是避免一個常見的陷阱：經常修改問題（犯規的人稱之爲「微調」），以至於資料有所扭曲，最好的下場是調查比較不精確，最嚴重的則是整份資料變得毫無價值。要在每一次都問完全相同的問題。

先前曾提過，如果調查中有些問題不能提供有價值的資訊，一定要斷然捨棄，以節省自己和受訪者的時間；同樣地，當環境改變時，就需要增加一些題目來適應。但是這樣的修改應該要是最低限度，而且在每一次重複的調查中，問題的措詞應該一字不變。

☞ **實際操作**：如果你在調查的某個部分做了改變，一定要記錄在報告中。舉例來說，假設在上一次的顧客調查中，在「我們提供的服務中，你最常使用的是哪一樣？」這個問題裡只有四個選項，但是在該次調查之後，貴機構新增兩項新的服務，因此這份調查問卷給了六個選項。即使這樣的改變是必要的，多少還是會扭曲比較性的資料，所以需要在報告中記錄所做的改變。一定要經常保持這樣的習慣，對讀者誠實以待。即使你是唯一的讀者，還是要做記錄，如此一來，往後幾年才會記得什麼改變了！

努力讓所蒐集的資料保持前後一致性，這樣才能讓投入可觀經費與時間蒐集來的資訊，可以被更充分地利用。

【注意】還有許多、許多其他的趨勢，是在你的管理團隊中應該要追蹤的，包括財務結構比率、捐款金額、每日應付款項、工作人員流動率、顧客抱怨、薪資比較、行政支出比率等，清單可以列到三張之多，而且就像其他的調查一樣，要依組織的需要量身定作。不要只看趨勢調查的資料，事實上有許多資訊是早就存在組織裡的，你應該要加以監控。

8・加上結尾的指引

在問卷的結尾，要告訴填答者填完後下一步要做什麼。即使在問卷一開始簡介的那一頁已經敘明了要把問卷寄到哪裡、截止日期等訊息，在這裡還是要再提一次，而且要用大號粗體字強調。如果要填答者回寄問卷，還要附上貼妥郵票、寫好地址的回郵信封。爲方便起見，一定要附上貴機構的傳眞號碼。

9・要道謝

在問卷的最後，要感謝填答者費時費心提供資訊。這看起來像是小事，其實並不是。讓對方知道你很感謝他們願意花時間，以及這些問卷的用途、大概什麼時候可以看到結果，還有是誰在何時會怎麼利用這些資訊。

10・尋求協助

如你所知，調查不是隨便想到就可以開始做的，它需要投入時間、得到財務上的支持，和一定程度的專業。調查要隨便做做不難，但是要做得好，卻是一種挑戰。做得不好會導致最危險的結果：劣質、不正確，並因此造成誤導的資訊。做得好的話，可以給你的組織一個眞正的競爭優勢：優質的、正確的資訊，讓貴機構可據以制定政策、發展方案、改進服務，並執行更有效能的使命。

質言之，至少在發展初期的調查，以及學習調查的做法上，可能會需要一些幫忙，事實上有很多專業的行銷和調查組織，都可以提供協助，包括越來越多只針對非營利組織提供服務者；有在當地學院或大學裡，教授行銷、調查，及類似課程的講師和教授們；有任職於大公司，負責內部和外部調查的專業人員；有在區域計畫委員會、農業推廣部、經濟發展處，以及當地鎮長或郡／教區委員會辦公室中負責執行調查工作的人員。如同我前面提到的，要先檢視過當地的管理服務組織、州層級的非營利組織協會、州的貿易組織，和當地的聯合勸募以及社區基金會等，這些都是可以開發的資源。

這些專業的協助可以做什麼？很多。至少在以下的範圍裡可得到協助：

- 調查樣本的選擇：在經費負擔得起的範圍內，調查哪一群人是獲得所需要的正確資訊的最佳人選？這在技術上和統計上都頗具挑戰性。
- 需不需要前測？在調查一個很大的群體，或是準備長期運用某個調查工具之前，先對一小群人進行前測，確定與預期相符，是一個聰明的選擇。
- 發展問題：既然已完全掌握要蒐集的資訊，那麼問的方法就非常重要了，某些問題應該是開放式的，還是「強迫選擇」？若是後者，那應該給多少個選項，該如何措辭？問題的排放順序應該如何？是否要在當中安排用來前後確認的查核題？
- 執行調查：調查顧問可以協助執行調查。問卷該用郵寄的還是用分送的？是否要匿名？必須親自填寫嗎？你的顧問可協助寄出、蒐集和分析資料。

- 線上詢問：在設計線上問題時，特別是邀請受訪者在網頁上回答問題或是以調查蒐集資訊時，建議你要尋求協助。我會多用一些篇幅討論這個，不過有很多網路服務提供者（ISPs）提供此一附加的技術支援，同時也可以在管理服務組織或州層級的非營利組織協會得到協助。

別在這種地方吝嗇，因爲你有可能因此獲得相當有用的資訊，記得那句格言：「一分錢，一分貨」。

樣本調查

附錄A是我幫一個美國東岸服務身心障礙者的組織設計的調查之範例。你會發現那是一份很長，而且處理各種關於該組織服務對象滿意度議題的調查。由於該調查是由受過訓練的訪員進行到宅訪問的，回覆率非常高，而且因此可以回答這麼多的識別資料。同時要注意編排的方式，每一個回答都有相應的編碼，這樣的設計有助於調查結束後，加快資料輸入與資料庫分析的速度。

如果讀者打算做調查，我強烈建議你購買一本很棒的調查基本教科書，書名是 *Designing and Conducting Survey Research: A Comprehensive Guide*（Jossey-Bass Public Administration Series）由 Louis M. Rhea 和 Richard A. Parker 合著。這本書可提供你和外部專家合作所需的基本資訊。

第二節　焦點團體

焦點團體可以輕易地獲取調查得不到的資訊：對初步的回答追根究柢，更深層地、更貼近個人地了解感覺、反應與情緒。焦點團體本質上是邀集八到十五人，在經過引導的情境下，針對某一特定議題進行討論。通常是用來測試人們對一項新產品，或即將推出的廣告之反應；或者是比較對兩、三個可能使用的廣告標語或競選的反應。談到競選，政治人物經常在訊息普遍發布前利用焦點團體加以測試。

身為一個非營利組織的管理者，焦點團體有很多你可以利用之處，包括：

- 對消費者、轉介者，和資助者測試一個可能推出的新服務。
- 對反映出問題（或是機會）的調查結果進行追蹤。
- 測試募款的各種不同主題和標語。

當然，焦點團體還可以運用在其他用途之上。

焦點團體所蒐集的資訊稱之為主觀的資訊，它可以引發即時的回應、有深度的評論，和有情感表現的回答，這些都是調查做不到的。

❑ **舉例說明**：假設你在做核心顧客的調查，一個問題問道：「整體而言，你會為我們所提供的服務打幾分？」回答者可以從1分評到7分，7分是「非常好」，1分是「很糟糕」。如果今年的回答大多是4到5分，而去年卻大部分落在6到7分，那麼，到底發生了什麼事？問卷調查並不是找出答案的最好方式，當你收到數據埋頭分析它們的同時，說不定回答者已經又有不同的想法了。但是你可以在焦點團體中問道，「你覺得我們的服務怎麼樣？和去年比較，滿意程度變低了、變高了、或是差不多？為什麼？」而且，當團體中有人說「嗯，我沒有以前那麼滿意，因爲工作人員不像以前那麼親切了」，當下團體引導者就可以問一連串跟進的問題，把可能的癥結找出來。這些都不是問卷調查做得到的。

如同前述的調查，以下提供一些可以讓焦點團體更有價值、更便宜、更具生產力的建議。

1．找一個焦點團體引導者

這絕對是決定性的，要找一個組織以外的人來帶領焦點團體。引導焦點團體是一種專門的技術，團體的帶領者本身具有很好的催化能力，比專精於服務領域更爲重要，你可以告訴他們貴機構在做的事。

爲什麼要用組織外的人呢？因爲焦點團體的成員會對局外人比較坦白，而且局外人能對她或他所聽到的，比組織裡的任何人保持更客觀的態度，我們因而能得到更好、更持平以待的資訊。即使你已是最佳的引導者，焦點團體的參與者還是會把你當成心中已有定見的人，所以，別爲了省錢而親力親爲，找一個局外人吧！

以下幾個管道都可以找到團體引導者：商會、打電話問行銷組織、打電話或寄電子郵件給管理服務組織或社區基金會、查詢州級的非營利組織協會、打電話給開設非營利組織管理課程的在地學院或大學、請教社區裡的大公司或銀行行銷部門、請人推薦，然後加以確認。你所要找的是願意並肩合作、具備催化的技巧，可協助引導出你需要的資訊的人。

2．問題要有焦點

畢竟它被稱做焦點團體，因此必須把焦點集中在幾個關鍵的議題上，團體引導者應該幫忙做到這點，藉著把所需要的資訊轉變成開放性的問題，帶領大家敞開心胸，分享意見、反應和情緒。由於時間有限（見第四點），因此務必使議題有焦點、有優先順序。如果期待一個團體把焦點放在新的服務上，就不要去問他們對目前服務的觀感，這樣會脫軌失焦，消耗掉寶貴的時間。

3・組織一個同質團體

焦點團體成功的關鍵要素是：把同質的人湊在一起。舉個例子：一個科學博物館想要研究所有消費者對打算推出的新展覽的反應，千萬別把高中生、研究生、老年人放進同一個團體，這樣會無可避免的，團體中某一部分的人將主導整個討論，其他的則自覺被剝奪了發言權而不參與。再強調一次，集中精力在同一類人的身上，如此將會得到更多的回應、更優質的資訊，投資價值也將大爲提高。

4・別把團體成員累壞了

進行的時間長度大約在九十分鐘到兩個小時之間，然後人們原本創造力十足的腦袋就會開始變成一團漿糊。一個優秀的團體引導者懂得有效掌控時間，依照優先順序問問題，也會讓與會者知道在九十分鐘到兩個小時內會結束這個團體。當大家都已經生產力枯竭時還不放人，是沒有什麼道理的。

5・對團體成員的酬謝

在商業界，參與兩個小時的焦點團體通常會給100到250美元的酬勞。非營利組織可能負擔不起，而且事實上，付錢給和貴機構有交情的人可能是一種侮辱，不過還是應該送他們一些東西：咖啡、甜甜圈、午餐、車馬費、停車券都可以。找一家社區裡的餐廳捐贈一些可用來分送的用餐禮券，選一個安全、舒適的空間進行團體，會後寫信感謝每一個參與者，也可以附上表達謝忱的「紀念品」，像是馬克杯、精緻的紙鎮，或其他酬謝。和團體的引導者談談這個社區一般的酬謝水準，別小氣。

6・分析不同團體的結果

每一個團體結束後（應該都有錄音），要對這些結果進行分析。是否有聽到類似的問題？是不是還有夠多的議題沒完成，足以再多辦幾次討論？是否需要另外增加相同類型的人組成的團體，還是另外一個由不同類別的人組成的團體？團體引導者有沒有提及肢體語言、音調，以及他或她從中注意到的其他事情？團體引導者有沒有說出他或她對這個團體的整體印象，並且列出有待改進之處？

焦點團體的問題範本

附錄B是我爲美國中西部一個庇護工場正要發展的新產品所做的焦點團體中眞實問過的問題。注意這些問題如何採開放式的問法，和依照組織想要得到的答案之優先順序編排。

該舉辦幾場焦點團體？一如任何其他這類的問題，答案都是：視情況而定。儘管算起來執行焦點團體成本不低，但是許多專家還是建議要做得夠多，才能開始聽到相同的資訊重複出現。以一所學校爲例，可能得分別舉行家長、學生、教職員，和校友的團體。也許一開始所有類型先各做兩次團體，除了家長的團體外，大概都可以聽到相類似的發言內容，家長們可能有太多不同的議題，需要三到四次的團體。再強調一次，如果不想要把這些團體混在一起，也不想要讓他們精疲力盡，那就要審愼地規劃策略。

如果讀者有意運用焦點團體，我同樣有一些在聘請引導者之前可閱讀的資源。由Judith Simon所著的*The Wilder Nonprofit Field Guide to Conducting Successful Focus Groups*，是另外一本在這個議題上不錯的基礎指引。

第三節　非正式詢問

這裡我們面臨了對許多組織而言相當重要的文化變革。誠如前文提及，培養一種經常性的「詢問文化」需要時間，也需要具有「組織裡的每一個人都是行銷團隊一員」的信念。唯有透過整體團隊的努力才可以蒐集到所有的資訊，激發所有的需要，發掘出所有的問題和機會，因此，必須說服、誘導和引導組織裡所有的工作人員和志工去詢問，而且經常去問。他們的詢問也需要被訓練，因爲不斷發生許多「劣質的詢問」。

- **舉例說明**：以下是一個大多數讀者共同的經驗，你去一個餐廳，吃飯，然後買單，走到櫃檯去付帳時，櫃檯後面的那位工作人員詢問你用餐狀況，這可能會有兩個不同的發展：

  選擇一：那個人低頭看著櫃檯，一邊輸入你的帳單一邊隨口問道：「一切都還好嗎？」我們一般都會回答：「還好。」這位員工被要求必須問每一位顧客用餐狀況，因此他們照章行事，但卻因爲虛應故事而失去精髓，問題本身就暗示著你要回答一切都還可以。我戲稱這是自動飛行式的詢問（asking autopilot）。我甚至故意對最近問我「一切都還好嗎？」的人說「不好」，而他們居然也在帳單印出來、找我錢之後說：「這眞是太好了，祝你有愉快的一天，歡迎再度光臨！」這就是自動飛行式的詢問。

選擇二：櫃檯後的那個人停下工作，望你的眼睛，然後說：「今天晚上用餐的情況怎麼樣啊？」他或她等待著你的回答，然後很得體地回應你所提出的問題。這位員工被訓練要問開放性的問題，這樣一來顧客就必須說出自己的答案，即使大多數人都用平常習慣說的「都還不錯」來回答，至少這樣的提問比起前面選擇一，更有可能讓店員或經理知道問題所在。

教導工作人員了解詢問的重要性，並提供正確詢問的工具，不要扭曲了答案。

非正式的詢問有很多不同的樣貌和規模，不同的工作人員受到的影響會很不同，以下提供一些著手發展非正式詢問的概念：

(1)訓練工作人員詢問新的顧客從哪裡得知貴機構的。這可能是指接待人員、接案工作者、坐在詢問台的人，或任何可能是人們進入機構時第一個接觸的人。

(2)和社區互動時，試著常常問：「你聽過我們機構的什麼消息？你認識正在使用我們服務的人嗎？如果有使用過，當時的經驗如何？如果是家人或是朋友，那他們的經驗又是如何？」

(3)遇到主要的賣方——銀行業者、保險業者、稽核員、辦公用具公司、印刷廠等等，問他們：「最近外面有什麼關於我們的消息嗎？」、「有什麼是我們還沒做，但是可以做的事情嗎？」

(4)最重要的是，組織裡的任何人與任何服務對象、捐贈或委託服務的人、會員，或任何可以被當作是市場的人互動時，都應該以這樣的問題做爲互動的結束：「還有什麼是

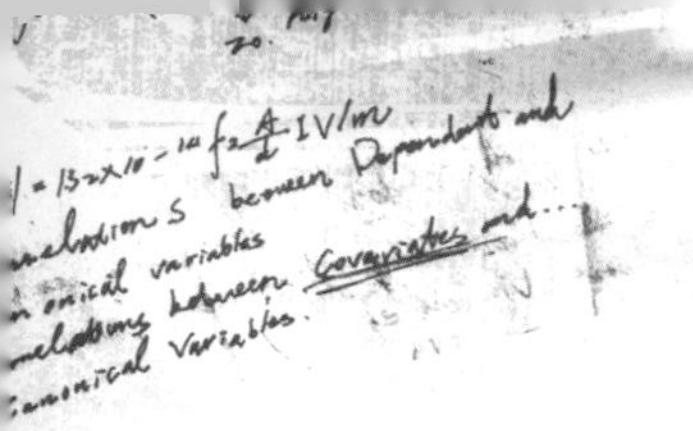

我們能爲您效勞的嗎？」經常而且禮貌地問這個問題，將會在服務和改進上，創造出源源不絕的機會。

非正式詢問的危險之一就是，既然這是非正式，就沒有一個正式的管道讓蒐集到的資訊傳達給應該獲得這項資訊的人。舉個例子，如果一位個案工作者問服務對象對機構的觀感如何，對方回答：「很棒啊，噢，不過廁所眞的太臭了，實在讓人不敢恭維。」這個訊息務必讓維修人員或工友知道，否則即使問了，沒有善加利用這些資訊，形同白問。訓練工作人員知道該如何善用他們所知道的訊息。

持續的非正式詢問比其他形式的詢問更好的是，可以表現出你和工作人員以及志工，在乎機構提供的服務之親切性、品質及水準。這迫使你必須和服務對象一對一互動，冒著可能被當面批評或抱怨的風險，人們會記住你這樣的冒險精神，並且欣賞它。除非你在問了之後沒有下文，而且犯了第五節列出的一或多個錯誤。

第四節　線上詢問

利用網路詢問是一個非常快速、有效率、很吸引人的資料蒐集方式。我們可以非常快速地藉由電子郵件詢問五個、五百個、或甚至五千個人資訊，而且比個別會談或傳統郵件更快取得訊息。但是，可想而知，對線上的資料蒐集太有信心會產生一些問題，以下是一些線上詢問該做和不該做的事：

1・線上詢問該做的事

(1)全面蒐集工作人員、董事、志工的電子郵箱地址，儘可能蒐集案主、顧客、資助者、先前的捐贈者、以前的志工和其他的社區會員的電子郵箱地址，加以分類並隨時更新——這可不是簡單的工作。

(2)確定貴機構的網站能夠讓人們很容易地利用電子郵件詢問進一步的資訊，或是提供對機構的服務，甚至對網站的建議。培養詢問文化的內涵之一是提供很多人們與你溝通的平台。確定每天有專人會去網站上提供的電子郵箱收（回）信，對方在一個像網站這樣即時環境下提供資訊給你，卻沒有給予回應，是再糟糕不過的事！

(3)建議第一次做線上調查，先找外面的人來協助，並且以董事或是工作人員做爲測試對象。把內容寄給他們，然後問問他們覺得這個調查的難易度和感覺如何，把董事和工作人員當作在科技產業中所謂的試用版受測者。

2・線上詢問不該做的事

(1)不要只透過電子郵件做調查。如果只是問問題，要求人們按一下「回答」，然後輸入答案，可以說大大增加了劣質數據的數量，或是一些無法正確輸入的數據。寧可使用電子郵件來解釋爲什麼要詢問，告訴人們很感激他們的幫忙，並藉由網路連結引導他們到貴機構的網站上，讓他們可以將你所需要的資訊輸入一個勾選格或資料匣。這樣做的優點有二：得到更正確的資訊，而且這個用來發展網頁的軟體也具有校對和分析資料的功能。同時，也可以藉由編輯這個網頁，快速而且便宜的更新資訊。

(2)不要因此放鬆而問太多問題。記住先前的警語，調查和糾纏之間只有一線之隔。不要越界了！

(3)不要假設每一個人，即使是在二十一世紀，都會使用電子郵件，或是上網瀏覽。儘管這樣的人每年都在減少，但是在使用網路上蒐集到的資料時，務必將這一點考慮在內。

有一些很不錯的網站可以作爲入門的參考，也有一些功能絕佳的軟體可以使用。在這本書出版的時候，有以下幾個網站可供參考：

www.statpac.com/online-surveys

http://free-online-survey.co.uk

www.zoomerang.com

第五節　詢問時犯的錯

當然，犯錯在所難免。我們可以一問再問，但還是會出問題。下面是其他組織常犯的錯誤，希望讀者可以避免重蹈覆轍。

1・沒有預期會受到批評

主動詢問，人們會有所回應。如果以爲不會有人對貴機構的運作方式有任何意見，那顯然太過天眞了。他們會有的。但是我經常看到工作人員哭訴或是咬牙切齒地面對批評，實務上確實看過組織因此得送工作人員去接受心理輔導，以撫平調查結果帶來的衝擊。

拜託，沒有一個組織是完美的。人們總是喜歡發發牢騷，最

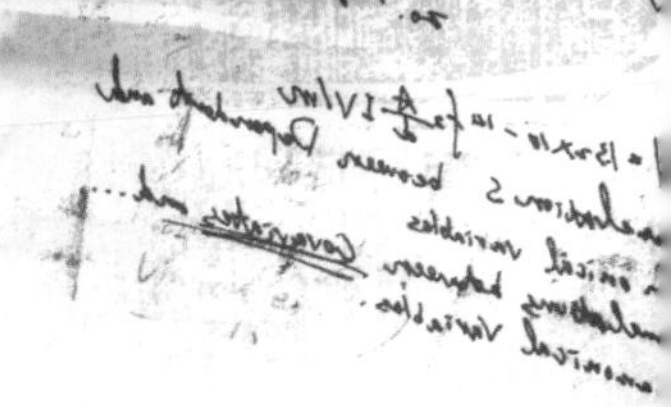

重要的是，你問了。不然你還能期待什麼？

關鍵在於，應該預期，甚至歡迎批評。我一直告訴客戶：批評是改善的機會。如果你的組織致力於持續改善，就必須去問，並且列出這些問題以便有所改善。

絕對不要變得戒慎恐懼。如果人們對你開火，試著去分析他們所說的內容。合理嗎？正確嗎？他們有沒有說出心中想要的？你可以符合他們的要求嗎？如果這個抱怨經常重複出現（換句話說，不是偶發或突發狀況），那麼就要趕緊解決這個問題！

2．沒有傾聽

這個錯誤是行銷障礙的必然結果。如果專業人員無所不知，為什麼還需要傾聽大家的需要呢？你本身就是一個專家，問問別人的意見只是在滿足他們的參與感，最後還是照著你既定的決策行事。克萊斯勒汽車在七〇年代早期就是如此，完全忽略人們表達想要小型的、省油的汽車，結果幾乎失去大片江山，它們從此痛定思痛開始詢問和聆聽，並且積極地加以回應。它們改弦更張，不只拯救了公司，也發明出新產品，包括一系列全新車款（並且非常成功）：小型客貨車。

一定要聆聽人們的意見。不是要不假思索地貿然回應，或者只因為一千人當中有兩個人表示不滿意，就改變整個組織。重點在於我們要讓每一項評論、每一個批評、每一種想法都獲得公平的傾聽，否則詢問所投入的金錢形同浪費，也錯失重要的競爭機會。

3．沒有回應

人們會去詢問、聆聽，但是要做出改變、回應，實在是太麻煩了。我們會推說沒有這樣的時間或經費，況且也不可能同時讓每一個人都滿意。沒錯，但是最好盡力讓每一個目標市場幾乎隨時都很滿意，而這是可以透過回應他們的需求做到的。

❑ **舉例說明**：想像我到貴機構向董事會及工作人員發表專題演講。已經開始，而且正在進行中。中場休息時，我問你覺得剛才的演講如何，你說：「對一些董事來說有點快，可不可以放慢速度，並且多留一點時間來回答大家的問題呢？你的演講眞的很不錯，我希望每個人都能充分了解，慢慢來，不急。」

我的回應是什麼？我可以說：我得快一點，因爲你的工作人員和董事遲到了半個小時，而我要趕飛機嗎？（顧客不一定總是對的，但是顧客永遠是顧客！）不，我是這麼說的：「謝謝你的提醒，我會注意，而且會留更多發問的時間，現在請大家回到座位上，我們試著趕上進度。」開始時，我問大家對於之前的內容有沒有問題，接下來以更從容的步調進行，但還是把時間控制得剛剛好。

在這個例子裡，我對一個合理的請求做了合理的回應。主動詢問，雖然得到一個我眞的不想聽的回答，但是如果就這樣一路進行下去，相信我的顧客會很不滿。

儘可能要有好的、立即的、合理的回應，同時也要授能給你的工作人員做出同樣的反應。

第六節　詢問之後

詢問了之後接下來呢？再問一次嗎？當然，但是有些工作是在蒐集完資料之後必須做的，包括：

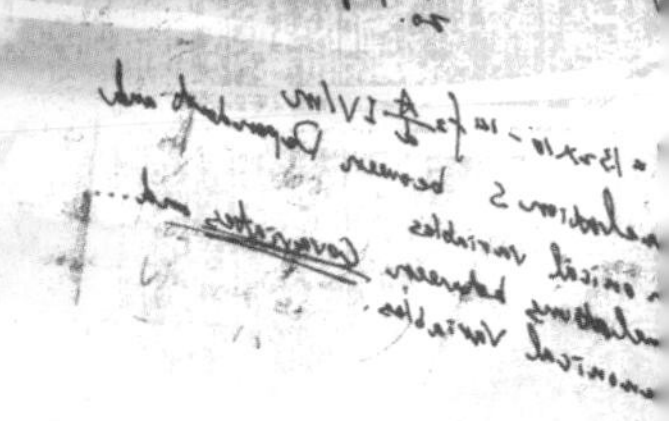

1·分析資料

快速且批判性地瀏覽蒐集到的資訊。確定董事們及跨部門的工作人員都仔細檢閱過這些資料。這些調查樣本顯著嗎？調查結果有效嗎？如果是，我們學習到了什麼？可加以應用嗎？呈現出什麼樣的趨勢？接下來該做什麼調查呢？

既然已經花時間和金錢來蒐集資訊。現在，仔細地檢視它們。有太多的團體完成調查之後，不是忽略了所學習到的，就是把它們擺著，直到這些資訊都過時沒用了。

2·資訊蒐集告一段落

你已經打擾了那些提供寶貴資訊給你的人，那就要把事情做對。告訴他們你從中學到了些什麼，寄上一份備忘錄，或者在會務通訊裡刊登調查報告，或在員工會議宣布結果，要讓大家知道你做了詢問，很感謝他們的投入。務必要列出大部分人都提到的一些重要意見。

☞ **實際操作**：列出所學習到的，然後告訴人們正要據以採取的行動，參見**表8-1**。

表8-1　詢問的回饋

我們學習到下列的事情，將採取下列的行動：	
項目A,B,C,D	已經進行改變，以回應這些很棒的想法。
項目E,F,H,J	已列入下一個會計年度的預算。
項目G,I,L	受限於法規，暫時無法接納這些建議。
項目K,M	董事會將在下次會議中討論這些政策改變的想法。

藉此不僅可以讓人們相互學習，肯定他們的付出，並且歸功於起而行的人──這是很多人嗤之以鼻的，人們常常假設自己提出的想法會被丟進垃圾桶裡，所以不肯有所回應。相反地，告訴他們你所獲得的資訊，同樣重要的是，機構針對這些建議做了些什麼，讓他們知道貴機構是有回應的。

3．配合市場需要

如果你問，人們會說出他們的需要。既然知道了，就應該去配合這些需要，在能力範圍內去做改變。當然，這是我們剛才提到，大家會犯的兩個錯誤的另外一面：沒有聆聽，而且沒有回應。既然永遠都不應該承諾無法辦到的事，但至少應該不斷努力地嘗試自我調整以適應市場。這表示組織應該檢視對服務對象所做的各種調查或是焦點團體，並試著尋找方法來配合顧客提出的建議，不要只是指示工作人員該做什麼。藉著學習如何使用所蒐集到的資訊把工作做得更好，讓他們成為行銷團隊中的一份子。

4．將資訊放入行銷計畫

第12章將進一步說明如何將所有的行銷資訊放入整體計畫中。在此只提醒，著手開始規劃時，別忽視了所蒐集到的資料，更重要的是，要讓行銷方法適應變動不居的環境。我們可能會說：「嗯，本年度的工作目標已經決定了，等明年作年度計畫時，再來參考這些剛蒐集到的新資訊吧。」明年？可能已經太遲了，如果對這些資料有信心，那現在就用它吧！好的計畫應該要把環境中的各種改變納入考量，如果手上有新的資訊，即使與現在的作法有一點衝突，還是用它吧！想像一艘必須依靠特定的羅盤指引方向的船，船長從衛星收到前方有一大塊冰山的訊息，這位船長是要依計畫循原來的航線前進，還是該接受新的資訊，繞

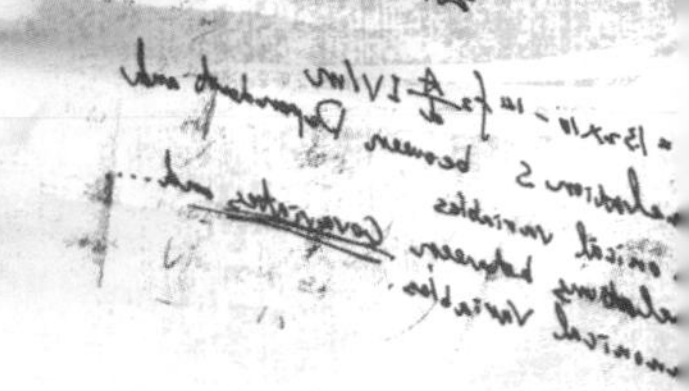

過那個危險，最終還是達到目標——安全地抵達目的地呢？

重點回顧

本章處理詢問市場需要的重要功能，組織應該發展出一個詢問的文化和系統，以保持競爭優勢。如果不問，又怎能跟得上目標市場需要的多變腳步呢？答案是，跟不上的。

首先，我們討論過調查，及調查應該和不應該用的方法。本章對此提供了十個建議，這裡快速複習一下：

(1)要有指引。
(2)要簡短。
(3)要聚焦。
(4)別太常問。
(5)以正確的順序和用語問問題。
(6)限制個人識別資料。
(7)趨勢資料要前後一致。
(8)加上結尾的指引。
(9)要道謝。
(10)尋求協助。

其次是焦點團體，了解此種研究方法如何獲取質性資料，而不是像調查般取得量化資料。我們也討論了以下六項規則：

(1)找一個焦點團體引導者。
(2)問題要有焦點。

(3)組織一個同質團體。

(4)別把團體成員累壞了。

(5)對團體成員的酬謝。

(6)分析不同團體的結果。

再來將焦點轉到如何在非正式的詢問中得到最多好處，了解到此種對顧客持續的關注是非常值得的，不過這需要訓練和刺激，同時組織裡的每一個人都要做對。

本章也討論過線上詢問，了解了這個越來越受歡迎的資料蒐集方法，以及一些該做和不該做的事。

接下來，我們藉由參考其他人在詢問時常犯的錯誤，了解哪些是不要做的，包括：沒有預期會受到批評、沒有傾聽、對你所知道的訊息沒有做回應。最後，也分享了在詢問了之後該做些什麼，包括：分析資料、資訊蒐集告一段落，然後對新的資訊基礎採取適當的行動作爲回應。

詢問、聆聽，並加以回應，是不間斷循環的一部分，也是行銷過程不可或缺的部分。讀者學到了該如何問，接下來就把注意力轉到下一個議題：讓外界知道貴機構在做什麼——做出更好的行銷素材。

第8章的問題討論

1.我們多久會對目標市場做一次正式的調查呢？頻率夠嗎？多久前更新過所做的調查？現在有在參考趨勢資料嗎？

2.那焦點團體呢？它們是很昂貴的，對我們來說是好的工具嗎？適用在什麼樣的顧客上？

3.我們可以從競爭對手那裡得到調查資料嗎？有公開的資料嗎？

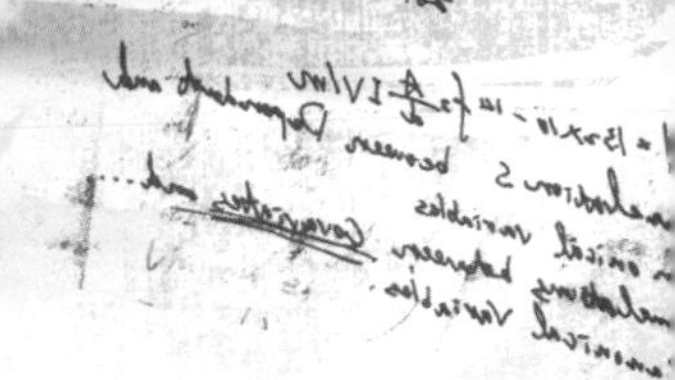

4.完成調查後，有做一個結束嗎？應該做嗎？怎麼做？

5.怎樣將詢問和聆聽做得更好呢？要如何確保我們能得到工作人員的意見？

6.哪個市場最適合用線上詢問？該如何好好利用？

7.有什麼好方法可以鼓勵在網站上回饋和詢問嗎？該如何改善這個部分？

8.我們可以嘗試將問卷放在網站上，讓董事和工作人員去填寫，看看行不行得通，能不能得到他們的回應嗎？

9 更好的行銷素材

總覽

接下來是行銷素材。讀者進行到這一章已經知道組織想要服務的對象（市場），以及他們的需要和需求；也知道競爭對手正在對你的市場提供什麼樣的服務。緊接著是一個對行銷和競爭循環而言十分關鍵的部分：把訊息放出去。第5章稱此一步驟是「促銷和配送」，本章將會告訴讀者如何促銷。

行銷「素材」涵蓋甚廣：可以是傳統的三摺小冊子，或是用一個大資料夾裝的一堆傳單，可以是地方性報紙或雜誌的廣告，或是夾在汽車擋風玻璃雨刷下的傳單，它可以是你的名片，或是組織的網站，是地方性電視或廣播電台播放的促銷廣告，用直接郵件（DM）送出的通知，是面對面或在線上提供給服務對象的免費教材，是有關會員資格或捐獻的資訊，或甚至是像鑰匙圈、月曆、馬克杯等這類的促銷小贈品。對大多數的讀者來說，他們的組織除了口耳相傳、轉介，以及直接的銷售之外，也會透過上述這種種方式來促銷。

但是不管是用什麼方式，都必須面對一些相類似的問題。有不少非營利組織和營利組織一樣，在發展和適當使用行銷素材上做得很好，但也有很多組織不盡理想。這些非營利組織的做法就彷彿他們還活在古老、沒什麼競爭的經濟結構裡一樣，只把注意力放在公共關係和促銷之上，而不是行銷。這兩者之間有很大的差別。

行銷素材有一項最高指導原則：必須和目標市場相連結，而且是從顧客的觀點來看。這代表好的行銷素材會抓住顧客的心，向顧客顯示機構了解他們的需要、知道他們是誰，而且可以解決

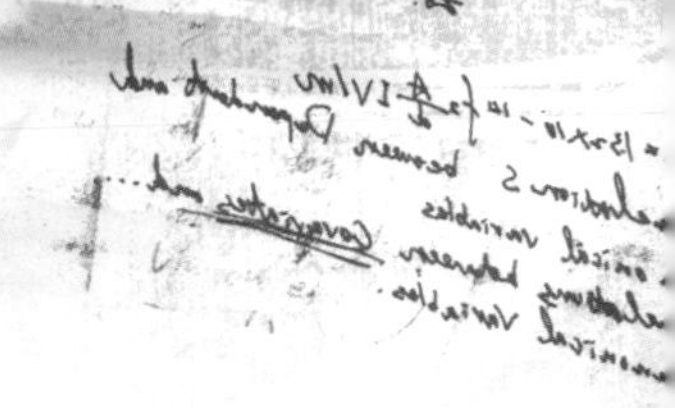

他們的問題。顧客可以透過閱讀貴機構的小冊子、聽廣播裡的廣告，或是瀏覽網站，很快地了解使用貴機構服務的好處嗎？答案如果是否定的話，那表示你們彼此間還沒有建立連結。

章節重點

- ➢非營利組織行銷素材常見的問題
- ➢解決顧客的問題
- ➢行銷素材中應該涵括的內容
- ➢行銷素材中應該避免的內容
- ➢爲不同市場設計不同的行銷素材

本章將討論不同於促銷工具的行銷素材。首先，會將這個問題以及其他常在非營利組織的行銷素材中看到的一併提出討論。其次，會將重點放在銷售——解決顧客的問題上。本書將引導讀者了解如何分辨現在的行銷素材是否符合這一點，若是不符合的話該如何改善。接下來，會提及應該涵括在素材中的七件事，以及七項應該避免的內容。最後，將提供給讀者一些關於如何爲不同的市場發展不同素材的點子，這個想法聽起來似乎非常直截了當、不假思索，但顯然並非如此，因爲很多組織都忽略了這一點。

看完本章讀者應該更有能力分析現有的行銷素材，並創造出新的、眞正可以把訊息傳遞給各個市場，讓他們感到興奮的行銷素材。記住！貴機構的行銷素材每天在外面爲你代言，如果沒有人看得懂，那就坐失了和潛在服務對象搭上線的大好機會。

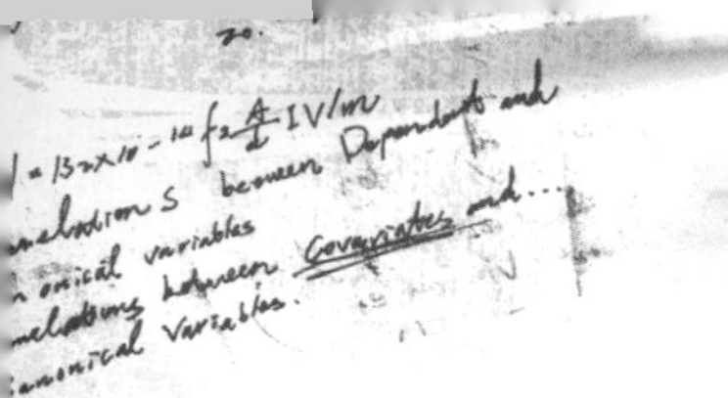

第一節　非營利組織行銷素材常見的問題

到目前爲止，你已經學到行銷的關鍵順序：確認市場，詢問市場的需要，然後發展或修正服務以滿足市場需要，這稱之爲「市場導向」(market-oriented)，這比「服務導向」(service-oriented)更好，因爲服務導向的組織不太理會市場的需要，只是不停地促銷他們已有的服務。

問題在於大多數的行銷素材都是服務導向的、用行話推銷他們現有的系列服務，而且幾乎都不是訴諸市場需要的方式。這些行銷素材單調乏味、密密麻麻，大概除了寫的人以外，不會有太多人感興趣。它通常寫得很糟、看起來很不專業，而且老舊過時；完全沒寫出使用該組織服務的好處，而且也沒有任何想跟顧客相連結的企圖。

爲什麼？爲什麼身處一個擁有物美價廉、容易使用的軟體，品質好、成本低的彩色印表機的時代，非營利組織在行銷素材上還那麼簡省？爲什麼經常要在潛在顧客、捐贈者、轉介來源、銀行業者，或是董事會成員面前，拿自己做的廣告或促銷單張自砸招牌呢？答案是多方面的，而且和行銷障礙、傳統、省小錢，以及對行銷眞實本質的誤解等因素都有關。讓我簡單解釋一下：

1・行銷障礙

第5章我用了一些篇幅對非營利組織提出若干規勸——要克服行銷障礙。記住，這些障礙大多數來自非營利組織工作人員診斷式的專業訓練，造成「我們知道你需要什麼」的態度，和「我們不在乎你想要什麼」的必然（但是沒有說出來）態度。這樣的態度表現在包括以下內容的行銷素材中：

- 組織的歷史（一個沾沾自喜的歷史）。
- 服務項目表（通常用行話表達）。
- 服務時間和地點的說明。
- 電話號碼、電子郵件地址或是網址。

潛在顧客看到些什麼？本來可以好好利用的空間，卻充斥著舊聞（除了該組織外沒有人在乎的歷史），冷冰冰全是行話，除非在這個領域拿到碩士學位，否則根本看不懂的服務項目一覽表，「過來，拿去」式的時間和地點列表，以及沒有人味的聯絡資訊。

好個第一印象呀！一味地推銷服務、沒有個別式的接觸、用行話把顧客搞迷糊。不僅如此，通常這樣的行銷單張，還會再加上一張收費要求來侮辱這些已經受傷的人。

❑ **舉例說明**：我在各個領域的非營利組織都看過像上面所描述的行銷素材。在我與一些提供身心障礙者就業服務的組織共事的經驗中，常看到一些小冊子或是摺頁簡介，列著該組織可以提供給身心障礙朋友及其家庭的服務項目。這裡有一個例子，是從最近送到我桌上的一個眞實的（很不幸，也是相當典型的）簡介當中擷取出來的：

- 就業評估。
- 職業安置。
- 家庭喘息服務。
- 就業交通服務。
- 工作支持。

- 工作強化。
- 支持性就業。
- 員工文化圈。
- 職能治療。

以上的用詞都是在該領域中對各種單項服務的正統技術性描述。但是對局外人（像是家長、資助者、捐贈者，以及其他跟這個領域沒有密切相關的人）來說，那些用詞顯然是難以理解的。有一次我問一群提供類似服務的組織的管理階層人員，到底「工作強化」是什麼意思，他們期待組織以外的人對這個專有名詞有什麼樣的理解？結果其中一個說：「天啊，我們的工作人員有90％不知道這個專有名詞的意思，而且我也不確定可以告訴你這個詞的明確定義。」我接著問，為什麼要把這個詞放在行銷素材中？答案是：「看起來很讓人印象深刻呀！」這就是行銷障礙最淋漓盡致的例子。

☞ **實際操作**：做個「行話測驗」。將你的行銷素材拿給對貴機構服務一無所知的鄰居或朋友，請他們仔細看一下，然後把不太懂的字給圈起來。事前說好這不是在測驗他們的知識，而只是一個幫助你把行銷素材做得更淺顯易懂的方式。找兩三個朋友來做這個測驗，如果貴機構有發行會務通訊的話，也請他們讀一讀。不要給他們太大的負擔，每個人幫忙看一兩樣就好。藉此，我們可以從中學習到，對一般人來說什麼是行話、什麼不是。

2．傳統

「我們的組織具有優良的傳統，擁有很好的名聲，我們要加以

發揚光大。」我常常聽到這樣的話，有趣的是，這種說法通常是來自行銷素材做得很糟的組織。這些組織太過沉浸於自己輝煌的過去，以至於看不到現在，更遑論未來了。好的行銷、有競爭力的行銷，是對於今天市場要什麼，和預測明天要什麼感興趣。如果你的行銷素材是把焦點放在過去，而且看起來像是在1960年設計的（或許它們眞的是？），那是不可能吸引到今天的市場的。

我們來看看上面引述的那段話：第一，「傳統」這個名詞。就像前章說的，只要加以發揚光大，傳統的確很好，當「傳統」對某個市場產生吸引力時，它們眞的可以對組織有所幫助。一個俱樂部、兄弟會或女學生聯誼會特殊的入會儀式，一種在餐廳的規定打扮，或是一項在旅館被特別強調的顧客服務，都可以成爲吸引顧客的傳統。我和家人每年夏天都會去新罕布夏州參加家庭夏令營，他們在7月4日那天都有遊行、野餐和玩遊戲慶祝的「傳統」，我們每年都去參加，有部分的原因就是喜歡這些傳統。

然而，傳統有時候卻是消費者所嫌惡的。讓我們來看看前面所描述的：入會儀式（「貶低人格」）、規定的打扮（「沉悶無聊」），或是顧客服務（「他們才沒那麼好呢」）。所以組織需要在正向的傳統上繼續努力，設法擺脫負面的傳統，記住！要根據市場的意見，而不是自己的一廂情願。如果貴機構的行銷素材還停留在往日時光，就會給人組織已經過時的感覺，表面上存在，但事實上卻是脫離現實。

3．小聰明和大誤失

這是個十年前就存在的老問題，簡單說就是：「我們付不起外觀精美的素材，太貴了，而且這對一個慈善組織來說也不太妥當」。這種說法有兩點謬誤：

第一點：只要備有不算貴的軟體和噴墨印表機，任何一個有滑鼠的人就可以很容易地做出高品質的行銷素材，而且可以簡單、迅速、便宜地更新。十年前，可能得要花上1,500到3,000美元來設計、印製機構的摺頁簡介、專用信紙和名片。但在今天，只要一半的錢就足夠買一台電腦、軟體、印表機和事先設計好的文具，你自己就可以把所有的東西做好了！再說，這些買來的硬體設備還可以用在其他工作上。

第二點：如果行銷素材美觀，不但不會不妥當，反而看起來會很專業。相反地，寒酸的素材——過時的、廉價的——反映出一個劣質的組織，而這是你無論如何都承擔不起的。

花一點小錢就可以換來很大的回收。這並不表示明明三摺式的簡介就夠了，還要把所有的錢花費在四十頁、四色套印的華麗印刷品上；在這要表達的是機構不應該用手寫影印的方式，就輕率地把組織的資訊送出去。把你的眼光和標準提高一點！觀察你的競爭對手在做什麼，詢問市場想要什麼，然後在行銷素材的品質上，展示出貴機構確實掌握他們的需要。

☞ **實際操作**：上一次修改貴機構的行銷素材是在什麼時候？網站呢？商標、口號、專用信紙和其他項目呢？如果實在想不起來，或是找不到檔案的話，那顯然是年代久遠了。現在就動手更新吧！就像前面說的，這樣做花費不多，而且在下一章還將會提供一些特效藥，教你如何在這個低成本科技的時代占便宜。

4．是公關還是行銷？

那種想要把所有的東西，包括我在上面列出來的事項（歷史、行話、費用等等），全都塞在一面或兩面的A4大小的紙張上，而從不把重點放在基本的行銷順序，像是鎖定市場、詢問市場的需要，然後依市場需要提供服務的非營利行銷素材，可以說越來越少見了。取而代之的反而是，很多組織會雇用一位擅長與媒體打交道、在社區中塑造組織良好形象，但卻不懂行銷的公共關係工作人員。

我無意貶低公共關係。其實很多組織都得到優秀公關人員的幫助。但光是公共關係並不等於行銷。好的公共關係可以補強行銷投入、提升正面形象、讓很多人知道貴組織的存在，並且給予正面的評價。但這對行銷努力來說仍然沒有什麼太大意義。

❑ **舉例說明**：幾年前，我協助一個在美國西北部提供脊椎神經損傷者復健服務的組織發展行銷計畫。第一次拜訪，該組織的計畫委員會表示，打算付15,000美元給一家公關公司，來提升他們組織在社區中的形象。「為什麼？」我問。「我們做了一個調查，發現社區中只有2%的人知道我們在做什麼，顯然有必要提高能見度，」他們回答。「為什麼？」我又問了一次。「因為人們需要對我們有所認識。」「你從小額捐款中得到一大筆錢，或是貴機構打算擴大在社區草根發展上的投入嗎？」「沒有。」「你的案源來自一般民眾的轉介嗎？」「沒有，多半是從醫師、保險業者和醫院病人倡導組織。」「那他們之中有多少人知道貴組織？」「我們不知道。」「這些群體才是你們需要大大提高能見度的對象。」

該團體成了公共關係唯我獨尊的犧牲品。「所有人都應該對我們有所認識！」但是所謂的「所有人」並不是他們的市場。集中有限的行銷資源的最好方法之一，便是把焦點放在選定的目標市場之上。

確定你的董事會和工作人員了解行銷和公關的差別！

這四個再普通不過的問題造就了一份沒有重點、只談服務、品質不佳的行銷素材。了解低品質素材的成因後，接著來討論行銷素材應該發揮何種功能，以及該納入和該避免的事項之檢查表。

第二節　解決顧客的問題

所有成功的銷售者都知道，和顧客建立長期關係是靠不斷地和顧客保持聯繫，並解決他或她的問題。往後幾個禮拜看電視時，注意一下有多少廣告是先提到（或是呈現）一個問題，然後聲稱他們的產品可以解決這個問題。馬桶堵塞？痔瘡？昂貴的長途電話費？腸胃不適？半夜一定、非要送達某個包裹不可？以上這些都是最近晚間新聞時段所播放的五分鐘商業廣告所呈現出來的問題。

注意！重點在於問題上，而不是解決辦法。這是因爲：把問題放一邊，只是一味推銷解決辦法，是所謂的「服務導向」；相對地，針對某個特定的市場問題（需要）推銷解決辦法，才是「市場導向」。因此，機構的行銷素材應該要顯示出對市場需要和問題的了解，以及解決問題的能力。

- **舉例說明**：最近看到一個藝術博物館的簡介上提供了許多資訊，但是卻和我沒有任何關聯（或者很明顯地也沒有和其他人有關聯，因爲去博物館的人很少）。在封面上，有博物館的名稱、照片，和沉湎於往昔的標語（「自1910年起爲亞當郡提供通向藝術之門」）；內頁則是用很枯燥的文字，沉悶地描述這個博物館（「2萬5千平方英呎的展覽空間，永久及循環展示的收藏品，也可作爲小型音樂表演之用的演講廳，及詩詞閱讀等等。」)。然後有一個表列出一些在該博物館展覽過作品的藝術家，和另一個表列出正在展覽的收藏品。簡介的背面有一張地圖、開放時間，和諮詢電話。

簡介裡的所有資訊（除了那句標語外）都是事實，而且對某些人來說很重要。但是對一個潛在參觀者來說，重要嗎？這樣的聲明如何：「藝術在亞當郡博物館活起來了！如果你是藝術熱愛者，歡迎來這個離你家很近的地方欣賞大師的作品；如果你是美術老師，需要展覽品來觀賞討論，亞當郡博物館是個校外教學的好地方；如果你是個想讓小孩接受藝術氣息薰陶的父母，帶孩子來參觀，還可以再帶他們回來上一堂藝術課！」

以上每一個描述都和這間博物館確認過的目標市場有關，但是卻沒有在行銷資訊中被強調。他們假設父母、資助者和老師可以從一個萬用簡介中各取所需。事實上，他們至少需要四種簡介：一個多用途版本，其他三個則分別針對藝術資助者、美術老師，及父母而設計。這些各有重點的簡介，每一本都可以用一個聚焦的方式下標題，像是「亞當郡博物館提供免費資源給美術老師」。（老師會被「免費資源」這幾個字吸引，就像蜜蜂會被花蜜吸引一樣。他們的問題是：從來就沒有足夠的資源來滿足學生的需求。）「亞當郡博物館專爲小孩舉辦的美術活動。」（父母的頭痛：沒事做的小孩。「活動」這個字正好解決了這個問題。）我想你現在應該了解了：找出目標市場，然後寫出可以對他們說話的素材。

☞ **實際操作**：永遠不要假設一個市場會自動地把自己的問題與貴機構所提供的資源連結在一起。他們不會的，平心而論，這也不是他們的任務，這是你的工作！你在詢問市場的需要時，就應該了解問題所在。這項資訊的最佳來源是焦點團體，以及第8章提到的非正式詢問，此外，也可以從一般的或是商業報章雜誌取得這方面的資訊。舉例來說，你可能會讀到美國人老覺得時間不夠用的問題。這個訊息告訴我們什麼？如果貴機構可以幫他們節省時間，就能吸引顧客上門。你也會讀到民眾關心教育及家庭解組問題，那麼，貴機構可以跟這個問題產生關聯嗎？你們有沒有提出一些具有教育性的經驗？你們有沒有針對家庭提供的服務？如果有的話，這些「引人注意的行話」就應該出現在你的行銷素材中。

要解決人們的問題，就要把重點擺在他們，而不是你的身上。這樣做是對服務對象的同理，而不是強調機構所提供的服務，可以在兩者之間建立連結，同時避免強迫推銷，這是行得通的。要特別強調，解決人們的問題應該是一個過程，藉此機構工作人員與服務對象面對面或是透過電話互相聯繫。工作人員和董事們在進行非正式詢問時，應該很願意傾聽問題，並且思考組織應如何解決之。

第三節　行銷素材中應該涵括的內容

接下來討論應該要放到行銷素材裡的內容。我建議在閱讀下列七大要素時，機構內的行銷委員會應該把現在使用的各種行銷素材、在電台和電視中播放的廣告、傳單和相關資訊都檢視一遍。同時記住，必須和顧客相連結，讓他或她知道使用貴機構提供的服務可以獲得什麼好處。

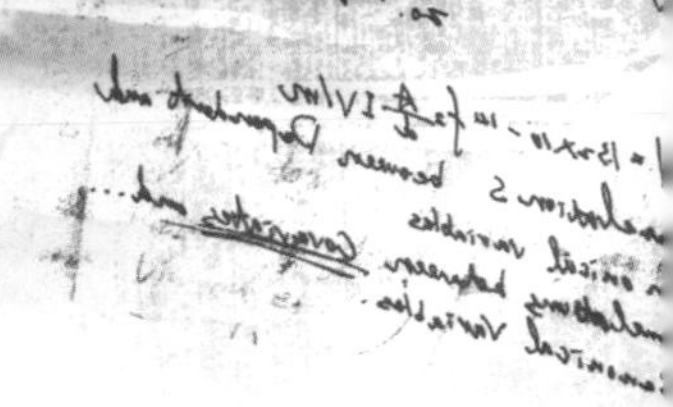

1・組織使命

如果貴機構的使命（或是慈善宗旨）很簡潔，沒有充斥著行話，那把它納入大部分的行銷素材中是再好不過了；如果它冗長到幾乎占掉90％空間的話，那就算了吧！使命，是對你的組織是誰、做什麼的定義式陳述，而且你應該以此為指導原則。

2・焦點

每一份行銷素材都應該聚焦在某個目標市場或是服務內容上。先前舉例時提到的藝術博物館分別為藝術愛好者、家長和美術老師設計不一樣的簡介，是聚焦在目標市場的例子。基督教青年會專為暑期營隊、有氧舞蹈班，和籃球及足球隊等，而特別設計不同的簡介，也是聚焦在某個單項服務上的例子。不過，很重要的是，即使是在各種「服務」中，使用能和市場需要做連結的語句也是很關鍵的。如果只是把重點放在服務上，等於又退回服務導向，而不是市場導向的心態了。後面還有幾頁會提到為不同的市場設計不同的行銷素材。

3・簡潔有力

說話簡短清楚的人有福了！記住，沒有人可以強迫讀者要花時間來閱讀你的素材，因此行銷素材必須要簡短，否則讀者會覺得很煩，就停下來不讀了。不要有太長的句子，或是很瑣碎的細節，只要提供必要的資訊就可以了。在此對讀者中主修英文的致上最深的歉意，貴機構印刷品（不是網站，網站可以放很多細節）應該以《今日美國》（*USA Today*）為師，它簡潔有力，大量使用要點方式表達，沒有太多冗長的句子！讓行銷素材儘量簡短，抓住人們的注意力。

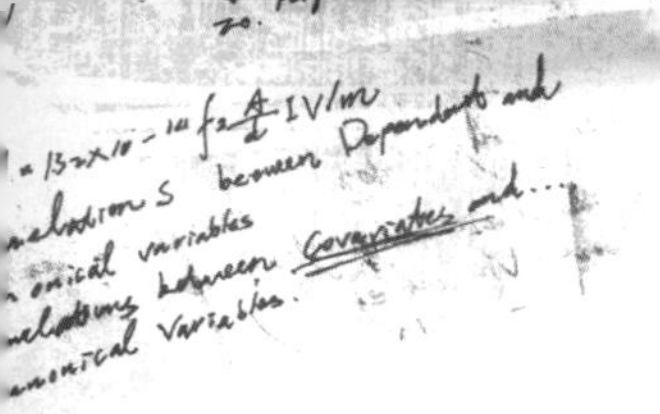

4・連結

這個素材清楚地顯示出貴機構掌握了目標市場的問題嗎？同時，它明確地指出組織可以幫助他們解決這些問題嗎？如果信任讀者可以自己作出連結，而沒有特別點出來的話，那可就犯了大錯！

5・外觀

前文曾提過，不應該有任何藉口讓你的素材看起來很草率、文句不通、或是紙質和圖表看起來很粗劣，這些在在都反映你是怎樣的一個組織。現在電腦的文書處理和印刷都非常便宜，所以應該沒有什麼可以阻礙你在合理的花費下，發展出看起來很專業的行銷素材。

6・推薦

在某些行銷素材中，列出一些高知名度的顧客是很重要的。以一個健康照護組織爲例，列出一些公司行號，顯示貴機構有資格提供這些客戶的員工醫療保險及管理式照護計畫就很重要。有的組織則需要和州或全國層級的協會（「由某某全國性協會認證合格」），或是和某個社區公認的標準相連結（「由聯合勸募資助的機構」），以證明機構的服務有一定的品質。就像其他行銷素材的內容一樣，推薦儘量簡短，而且只要列出對該素材鎖定的目標市場有意義的訊息即可。舉例來說，在美國的醫療制度下，被醫院評鑑委員會（Joint Commission on the Accreditation of Hospitals）認定合格的醫事服務機構，對轉介醫師來說可能很重要，但是對病人而言卻是毫無意義的。因此，決定採用何種推薦文字時，要有選擇、有重點。

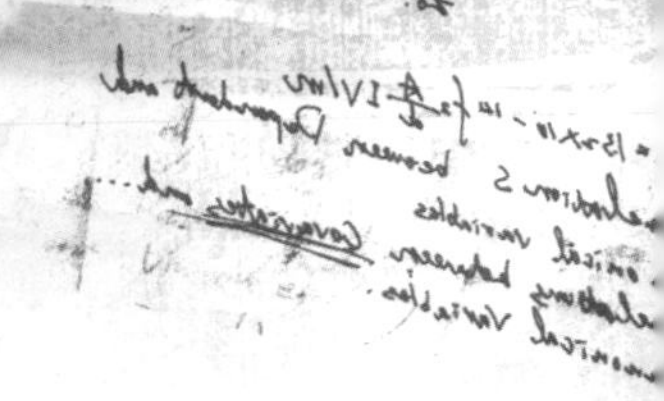

7·進一步洽詢

一定要附上一個人們可以詢問更多資訊的方式，包括：電話號碼、服務時間和連絡人的姓名（而不是職稱）。我了解，這表示那個人一旦換工作，你就必須更新素材，但是這種有人味的做法，有以下兩方面的價值：第一，這樣做會讓人覺得有「人」的關聯，而不是面對冷冰冰的組織。第二，這樣做可以把問題直接且立即地帶向該找的人。有一件幾乎每個人都討厭的事，就是得一直等候，或者是沒完沒了地被從一個人轉接到另一個人手上，只爲了詢問一些很簡單的事實、數字、時間，或是其他問題。把該找的人的名字印在小冊子上，等於簡化了整個過程，而且通常可以避免這樣的麻煩。

上面所有的事項都應該恰如其分地出現在你的行銷素材中。現在，讓我們來看看問題的另一面——應該避免的內容。

第四節　行銷素材中應該避免的內容

假設你已經瀏覽過貴機構的行銷素材，而且確定上述事項都已經納入；不過在貴機構的行銷素材中，可能也有一些是應該捨去的。確實有一些內容應該避免的，以下就列出七項常見的、應該從素材中拿掉的內容。

1·行話

在行銷素材中最糟的得罪人的方式，莫過於使用別人不了解的語言。你不需要用把人搞迷糊的方式來讓他們印象深刻。使用行話，等於在你和大多數的閱聽者中間放置一個障礙物。我一直主張，如果不能用小學四年級的語文程度來解釋，或是描述機構所做的事時，那你其實並不了解自己在做什麼。要簡單、清楚。記住，美國人的平均閱讀能力是中學程度。

前文曾提過，有些時候是可以使用行話的。如果該行銷素材是提供給行內專業人士看的，行話就是專業的語言，所以很適合使用。舉例來說，如果貴機構正在設計一個宣傳電腦持續教育的簡介，那ASCII、PC、icons、網際網路和數據機等用語就可能很恰當。如果機構正在舉辦勞工法令的訓練，那引用法條內容、使用勞工法令用語和議題就是很重要的。爲你的閱聽者而寫！

2・不合適的照片

這是個悲哀的事實：其實絕大多數的人根本不在乎貴機構的建築物長什麼樣子。你在乎，是因爲你曾經爲了它流血流汗、盡心盡力，還投入了一大筆錢。但是大部分行銷簡介中的建築物照片，基本上都在浪費寶貴的空間。人的照片通常比較有效果，不過如果那些照片粒子太粗糙、模糊不清、或是小到難以辨認的話，也可能是反效果的。確定你放在簡介裡的每一張照片（或圖表）都是有價值的，而且和其他內容一樣，要簡單、有重點、容易理解。同時，也要確定用在任何媒體（印刷或網路上）上的人物影像，都是合法使用的、最新的，以及授權發行的。

3・沒有焦點

機構有一份一般用途的簡介並沒有錯，但是，如果只有這麼一份多用途的小冊子，或是想藉這一份多用途簡介滿足每個人，那肯定是錯了！聚焦是理想的行銷素材之核心。問問你自己：「這份傳單的目的是什麼？」如果這份素材的內容遠遠超過它所承

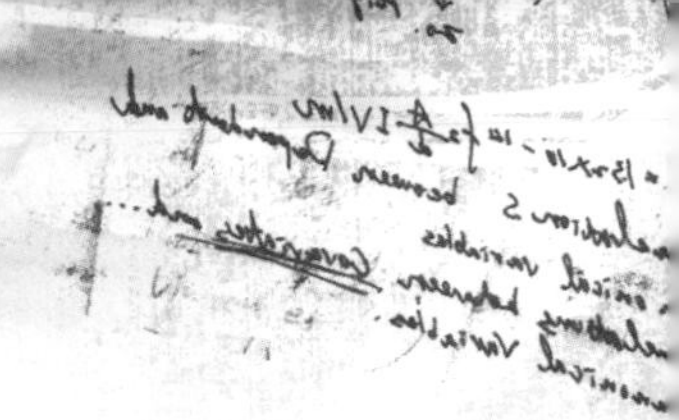

擔的主要目的的話，那麼幾乎可以確定是缺乏重點或是過於冗長了。

4・請求捐款

除非是特別爲了募款，或說明捐贈方式而寫的信或製作的簡介，否則，請求捐款是在行銷素材的核心目的之外，而且往往會導致失焦。我知道放上去一兩句和捐贈有關的句子的確是很誘人的，特別是當機構正缺錢的時候，但是拮据的時刻總會過去，而你的某些市場卻可能因此關上大門。堅守組織的焦點！

5・上歷史課

幾乎沒有人會在乎貴機構的歷史，或是組織成立了多久。前面曾提到，有些組織需要藉著像是「自1965年起服務芬格湖區域」的陳述，來證明他們的經驗和穩定性；但是通常我們看到的是，人們會用四百個字鉅細靡遺地（也很折磨人地）敘說該組織的緣起。這些組織會列出創辦人、最早的幾個辦公地址，甚至會放上一些舊址照片，或是再列舉幾個歷史性的日期。

歷史本身沒有什麼錯，我們也的確可以從歷史中學習。但思考一下，像這樣背誦出貴機構的過去（不管這是如何值得讚賞的），是設計這份行銷素材的主旨嗎？應該不是吧！如果是的話，對組織發展的敘述夠簡潔和具可讀性嗎？要聚焦！

6・過時

我眞的很喜歡工作人員、董事會和服務接受者穿著大喇叭褲、頂著大鬈髮，或穿著休閒服的照片，它們會讓我想要立刻跑進迪斯可舞廳去。但問題是，迪斯可舞廳已經關門，早成了歷史。老照片只會讓你被嘲笑，而不是被尊敬；它們會讓人幻想破滅，會懷疑只是照片過時，還是連機構的方案也跟不上時代的腳步。再強調一次，在這個只要按下滑鼠就可以加入新照片的快速簡易軟體時代，實在沒有藉口讓機構的簡介看起來像個懷舊之作。

7・無趣

如果你是某一份行銷素材的撰稿者，那你可能不夠客觀，建議找組織內或組織外的其他人來讀讀看。問他們一些嚴苛的問題：「內容很無聊嗎？會不會很囉唆？可以用更精簡的文字來述說更多的事嗎？我們有傳遞出主要的訊息、聚焦，並且和預期的閱聽者保持連結嗎？」在這一點上不要太相信你自己的直覺，要探詢一下外面的意見。我通常都對自己的寫作信心滿滿，但是它永遠可以被閱讀的朋友、同事以及（在這本書的例子上）編輯修改得更好。設法找兩三個外面的意見，這麼做可以避免可怕的無趣。

☞ **實際操作**：我有一個很棒的點子可以讓你用很便宜的方式，了解眞實世界怎麼看這兩件事：無趣和行話。找五到七個高中二年級學生（不要高一生，也不要高三生），請他們坐下來享用披薩、可樂，還有印好的行銷素材。請他們從頭到尾讀一遍，圈出不了解的字，並且直截了當地告訴你他們覺得無趣的地方。相信我，他們會告訴你的。高二生大概十六七歲，他們還沒世故到已經聽過大部分的行話，但是他們也已經夠大到喜歡指出成年人犯的錯。試試看，我很多客戶都試過，眞的有效！

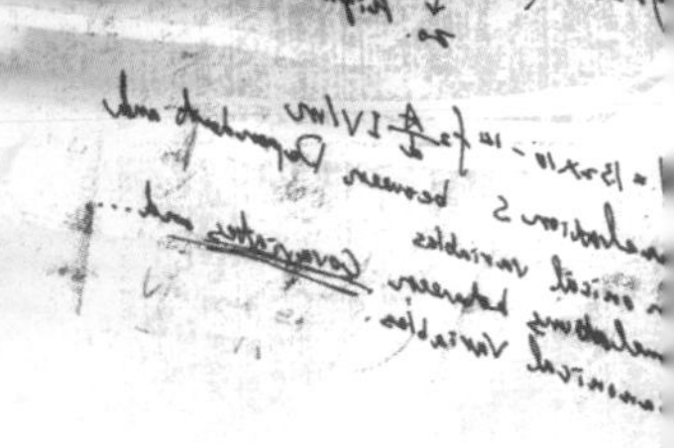

第五節　爲不同市場設計不同的行銷素材

我曾提到要聚焦在個別市場的需求，現在來看看第5章討論過的各種不同市場。貴機構可能有捐贈者、工作人員、志工、轉介者、董事、聯合勸募、政府、服務使用者、保險業者、會員或是其他市場，顯然無法只用一份三摺式的簡介來應付了事（或是充分地因應這些個別的需要）。機構需要爲不同的市場準備不同的素材。當然應該不需要12,402種不同的素材，組織也沒有無限的資源或時間來設計那麼多素材——即使擁有低廉的硬體、軟體和彩色印表機。

機構會想要一套具有針對性的素材，而且可能需要花一點時間來設計。以下提供一些用最少的經費設計最佳行銷素材的訣竅。

1·考慮組成一個設計團隊

別想嘗試自己獨力完成，找一個團隊一起來規劃貴機構的行銷素材。哪些市場夠大、而且夠重要到值得爲它設計一份或是好幾份專屬的行銷素材呢？他們的需要是什麼？每一份素材應該強調些什麼？應該有什麼樣的外觀？是摺頁、A4大小紙張，還是手冊型？預算有多少？什麼時候可以支用？

2·找一個共同的外觀

貴機構可能會有商標之類的東西，如果已經二十年沒有更新了，那現在正是個好時機來考慮一下。不論是要設計一個全新的商標或是保有原來的，都先把它掃描起來、數位化，接下來的工作中會需要用到。機構行銷素材要有共同的紙色、字體和版面。走捷徑的絕佳方法是先看一遍市面上販售的現成版面的目錄。你可以把機構的A4傳單、簡介、名片，甚至布告都設計成同一系列的外觀，然後只要把內容和圖表套進去就行了。不管怎麼做，機構的行銷素材最好有好辨識的和一以貫之的顏色、內容和圖表。

3．滿足不同目標市場的需要

「嗯，我確認了機構有一百個不同的市場。需要一百種不同的簡介嗎？」你問。或許不必要，不過的確需要讓機構的行銷素材聚焦在目標市場上。讓我們來看看組織可能會發展的各類行銷素材，以及它們需要強調的目標市場。在看**表9-1**時，記得把重點放在貴機構的目標市場上。

這些只是一個簡單的觀念，毫無疑問地你還可以發展出更多來。基本原則是記住要滿足各個不同市場的需要，並且了解想藉單一的、一般性的簡介做到，根本是不可能的任務。焦點、焦點、焦點！

重點回顧

現在你已經學會改進現有行銷素材，以及進入新市場時，設計新的素材或修正舊有素材的方法。你應該明白行銷素材必須要能解決問題，並且認同目標閱聽人，同時不要推銷產品或服務。你應該可以背誦出那七個行銷素材中應該涵括的內容：

(1)組織使命。

(2)焦點。

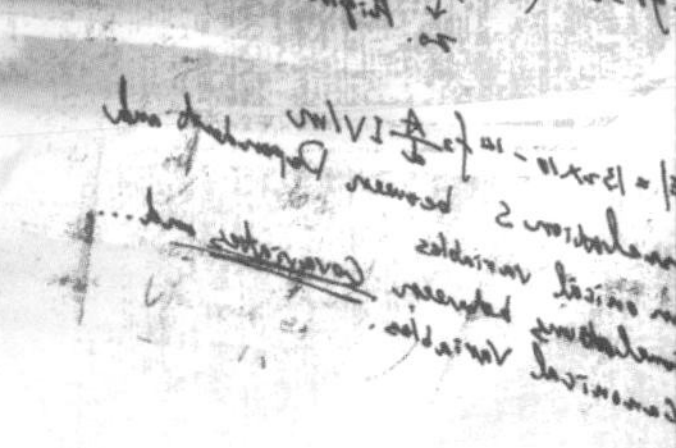

表9-1　目標市場與相關的行銷素材

市場	需要	可能的行銷素材
董事會	初步資訊，進行中的資訊。	董事會入門指導手冊；會務通訊；線上會務通訊；網站專區。
工作人員	和組織有關的初步資訊，及進行中的資訊。	工作人員入門指導資料；線上會務通訊；網站專區。
捐贈者	捐贈方式的資訊及捐贈的使用情形；聯絡電話（和聯絡人的名字）。	爲捐贈者特別設計的行銷素材；線上會務通訊。
政府	方案品質、方案可得性的資訊，是否合乎規定。	根據政府特定的需求和關鍵字特別設計的素材——強調成效、品質和認證層級；線上會務通訊。
基金會	針對捐助型基金會感興趣的領域，凸顯本機構的專業性與經驗。	多半是一份一般性訊息簡介，加上針對申請經費而製作的素材；或者是一份組織宗旨或名人背書的素材；線上會務通訊。
會員	成爲會員的好處和要付出的成本等資訊；聯絡電話（和聯絡人的名字）。	從會員觀點來看，成爲會員的價值所在的素材；線上會務通訊。
服務接受者	有關服務和成效的資訊；聯絡電話（和聯絡人的名字）。	爲目標群體（父母、青少年、年長者）所設計的，或是有關於爲較大群體所提供的特定服務（營隊、聚會、旅遊）的素材；線上會務通訊；網站專區。
轉介來源	和方案品質以及系列服務相關的資訊。	若是爲專業轉介者所設計，可能是一份全是行話的素材；線上會務通訊；網站專區。

(3)簡潔有力。

(4)連結問題與解決辦法。

(5)外觀。

(6)推薦。

(7)進一步洽詢。

同時，讀者也應該知道該避免的內容，包括：行話、不合適或不必要的照片、沒有焦點、請求捐款、上歷史課、過時和無趣。最後，你學到了如何爲不同的市場設計不同的素材，和如何在該素材上保持聚焦於市場的問題（他們的需要）而不是你的服務——不論它們有多好。

記住，機構的行銷素材是你不在場時的代言者。它其實被賦予了作爲機構的推銷員、代爲回答問題、促銷服務以及和潛在顧客建立融洽友善關係的責任。這些通常都沒有任何督導，也沒有機會加以追蹤或評估。

如果行銷素材是很理想的，等於有成千上萬個「代言人」在社區中吸引人們對貴機構產生興趣。反之，最好的情況不過是浪費了一些時間、經費和紙張；而最壞的情況則是，每一次有人翻閱貴機構的簡介、瀏覽你的網站或廣告，或聽到廣播中的廣告時，你的組織就再一次受到傷害。提到網站，是行銷組合中不可或缺的一部分，我會在下一章「科技與行銷」中利用一些篇幅來討論它們。

花時間和錢把事情做好。遵守那份該涵括內容的一覽表，記住，貴機構不只是專門在做促銷，如果不用心經營，人們不只不會自動地來，甚至根本不在乎。不過如果能塑造出市場所想要的，並顯示這可以如何解決他們的問題，他們會成群結隊地來！

第9章的問題討論

1.我們的行銷素材中有行話嗎？我們該如何知道有沒有？

2.我們的行銷素材是在推銷服務，還是在解決問題？

3.我們在該涵括內容的清單中達成了多少？

4.我們在該避免內容的清單上做得如何？

5.現在來看看我們的目標市場。機構有專門爲他們設計的行銷素材嗎？在這方面可以如何改進？

10 科技與行銷

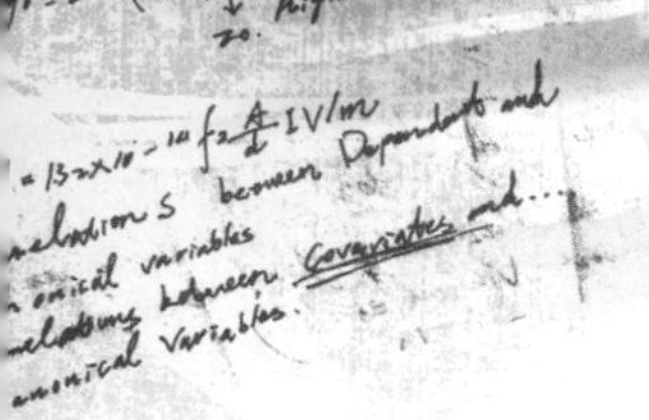

總覽

自從本書的第一版出版後，科技與行銷界面已經有了大幅的改變，應該有獨立的專章來加以討論，因此我在新版中加入了這一章。首先要表明：科技並不是接續行銷循環的替代品，也不能代替好的詢問、好的聆聽和提供更優質、更令顧客滿意的服務。科技不能代你選擇目標市場，也不能在行銷團隊中擔任領導的角色，但是，科技可以提升所有使命導向的行銷之各個重要面向。本章將與讀者分享如何善用科技以改善組織的行銷。

章節重點

- 利用科技以更好、更快、更聚焦的方式行銷
- 利用高科技詢問——利用高科技聆聽
- 組織的網站
- 更好的行銷素材
- 業務發展
- 線上會務通訊

本章會先談到許多運用科技以達成更卓越行銷的方法，包括：設計出更好的行銷素材；線上研究；與使用者、資助者、工作人員和志工們達成更理想的溝通；更好的線上詢問方法；組織網站的改善；透過電子會務通訊（e-newsletter）定期傳送資訊的方法，以及更多更好的行銷方式，並將詳細探討細節。我們會討

論一些用電子郵件與網頁來進行線上詢問的方法。接著轉向如何改善組織的網站，並提供可用來評估組織本身及其他網站的指標查核表。然後，將討論運用現有科技去建構出更好、更有彈性、更聚焦的行銷印刷素材的方法，讀者可以學習到如何用一些便宜得讓人難以置信的方式，製作出絕佳的行銷素材。接下來，我們將檢視科技在業務發展上的運用，包括一些軟體。然後，要學習一種完全不需要投下印刷成本，就能擴大服務範圍的好方法——線上會務通訊。最後將提供一些有助於把行銷做得更好的網路資源，做爲本章的結束。

閱讀完本章，你應該更可以學習到：如何利用最好的科技，將機構最好的服務行銷給最需要的服務接受者。

第一節　利用科技以更好、更快、更聚焦的方式行銷

哪些科技是我們可以運用到行銷努力之上的呢？非常多，而且數量與好處更是與日俱增。我們可以接受網路捐贈並記錄捐贈者；利用設計軟體管理特殊事項；可以發電子郵件給最好的顧客；組織可以在網站上，對社會大眾公開財務與方案；也可以每週更新行銷素材，並以低成本自己印刷，而且內容更有重點；可以經由特定的網站與志工、工作人員與董事會等市場，經常保持聯絡；並且可以利用電子會務通訊深入社區民眾心裡。除此之外，科技還有很多用途。但是一定有些讀者會想：「是啊，是啊。問題是我們所服務的人根本沒有電腦，也沒有電子郵箱。那該怎麼辦呢？」好吧，工作人員與董事會幾乎都可確定可以透過網路與電子郵件互動，除此而外，科技一樣可以幫忙做出更好的促銷素材，你的服務對象可能會讓你大開眼界哦！

❑ **舉例說明**：這個故事發生在1999年底，當時可說是網路的中古世紀。一位在東岸經營一所大型遊民庇護所的朋友，跟我一樣是個科技老手。某一晚他打電話來，告訴我關於一個那晚進住的人。這位朋友固定每個月都會親自接案一次，好讓自己和機構的服務對象保持密切關係。根據描述，這個人「是個漫畫中那種無家可歸的人，如果你叫一群四年級學生畫一個流浪漢，一定會畫出那個模樣」，出現在接案桌前，我朋友接下了這個個案，由於對方是第一次使用這類庇護所，所以詢問他是透過什麼管道知道的、爲什麼選擇要住進來。這個男子看了他一下，說「嗯，我……你知道的……上網，正好看到你們的網站，看起來很不錯，所以我……就……來了。」

一個流浪漢會在哪裡上網？知道吧……在圖書館。我在各種訓練場合裡，已經把這個故事講了好幾百遍，每次講都引來哄堂大笑，我很驚訝地以爲每個人都知道流浪漢是到哪裡去上網。儘管如此，我們仍繼續相信，網路不會影響我們。它是有影響的！不要忘了，這件事是發生在久遠的1999年啊。

還要記得，會上貴機構網站的，不只限於你的服務對象。檢視一下先前所列出的市場——資助者？捐贈者？志工？工作人員？若不是全部，至少是多數的人有能力，甚至會想要以各式各樣的方式立即與貴機構接觸。服務對象是一個很重要的市場，但不是唯一的市場。

由此可見，科技可以在行銷上助我們一臂之力。然而如同前文所提及，科技不應該被當做藉口，而不去做像詢問、聆聽和回應等這類行銷基本功。更糟的是，科技的確會阻礙好的服務。

❑ **舉例說明**：在我看來，在關係行銷中運用科技最糟的例子，就

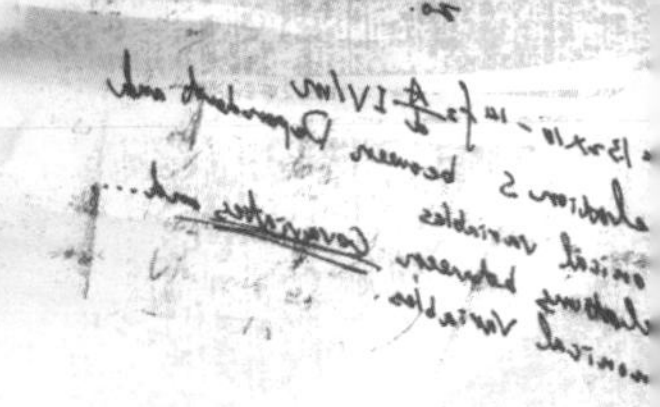

是濫用電話語音服務（automated telephone operators）。一般來說，人們都很討厭被那種很不眞實的聲音（或是更糟，電腦製造的聲音）回答說，「工作人員查詢，請按一，服務項目查詢，請按二。」許多組織都有這樣的裝備，這是可以跟上時代腳步、省錢、更有效率的一種做法。很好，但是會讓人們感到厭煩，更糟的是，這就是許多人對貴機構的第一印象。它們可能節省時間，卻怠慢了顧客；它們可能會讓組織滿意，但卻不能使顧客開心。我是一個科技支持者，愛用語音留話，不過，我的強烈忠告是，上班時間還是要有專人接聽電話，讓非辦公時間用的語音服務儘量越簡短、越容易懂越好。沒有人會介意在非辦公時間或沒人有空的時候留話，但是要從顧客的觀點整體規劃組織的系統。我最近打電話給我的會計師，他外出，接電話的是辦公室接待員。我要求我要在他的語音信箱留話，「喔，沒辦法耶，你得重撥一次，我不接，讓答錄機錄。」她竟然這麼說！不要盲目地把所有科技一股腦兒全盤接受，徹底地想清楚每種科技的使用。

好了，夠多警惕的故事了。以下是一些可以做得更早、更好、更快、更便宜的建議：

1·資料蒐集/研究

爲了小孩，在我們家裡有一套百科全書——其實是兩套——一套在樓上，一套放在樓下家用電腦旁。但是99%的時間，孩子幾乎完全忽略了它們的存在，因爲網路更快、更深入，最重要的是，那是他們的習慣。我總會提醒他們書上也有好的資料。是啊，眞落伍啊，老爸。

撇開對印刷品懷舊式的喜愛（就像這本書），要得到大多數想要的資料，還是要上網。想要了解某些產品資訊或是網站科技目前的進步水準嗎？上網吧！需要知道有關你的服務領域中表現最佳者或是標竿？可以在網上找到。想要調查哪個政府或是基金會可提供經費資助嗎？至少有四個網站在聯邦與州政府的資助下建立，甚至只要檢索到任何和你輸入的關鍵字相關的資訊時，就會主動以電子郵件告知。想要找出競爭對手的相關資訊嗎？可以透過州層級的經濟發展機構、商會，以及爲數眾多的商業性網站的資源取得。

利用網路做研究是上網的主要好處之一，利用那些既有的、日新月異的資源。

☞ **實際操作：**花一些時間學習如何在網上做研究，並且列一張你可以閱覽的網站清單。使用「書籤」（在Netscape Navigator）或「我的最愛」（在Internet Explorer）等功能，保留這些可以尋求經費資助的好網站、表現最佳者，以及競爭對手的一覽表。就算工作人員中有人對找資料很內行，也不要完全仰賴他們，要一起去探究，讓他們指導你如何在令人困惑的網路搜尋迷宮中定向導航。還有一個好消息：網路的下一代，稱作語義網（semantic web）——對使用者更加友善、更有反應——即將在2006年正式啓用。因此就算你不是一個科技愛好者，還是有希望的。

第13章列出了一些不錯的研究網站，請參閱。若是想要得到最新與最有用的連結，永遠要記得查看我的網站：www.missionbased.com。

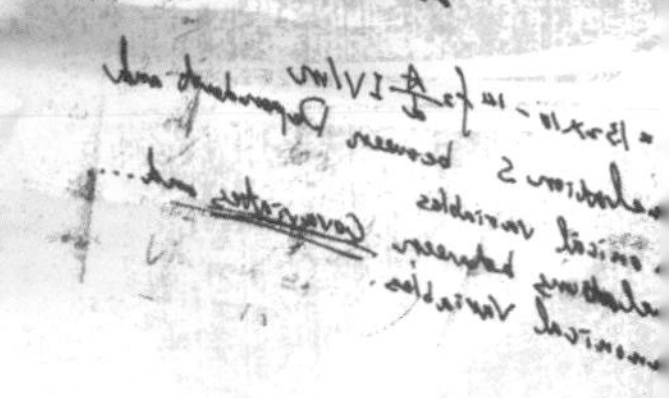

2・網路使用

假設貴機構有一個專屬網站，但是做爲人們與你初次接觸的門面，你投入了多少時間呢？你想要讓人們在網路上可以了解貴機構的服務。爲什麼？因爲我們身處在一個當下社會裡，有越來越多的人已經習慣在網路上瀏覽，因此上面不只要有服務項目、機構地點等相關的基本資料就好，還要想想可以再爲貴機構網站增值的方法。以下是一些思考的方向：

- 人們可以從網站中很容易地找到我們的地點、服務時間以及服務內容（只要按兩下就能開啓機構的首頁）嗎？他們可以得到指引、列印地圖嗎？
- 可以在網站上預約時間、購票、查看他們的點數（以及其他任何適合貴組織的內容）？
- 網站上是否有一些資源，好讓大家更了解與貴組織有關的議題呢？例如，以收養爲核心服務的機構，有準備一套如何成爲養父母、領養等的齊全資料嗎？
- 有工作人員的資料嗎？至少足以讓潛在顧客對於要來協助他們的工作人員感到自在些。有放照片，並加上簡短的介紹嗎？
- 志工（現在的或潛在的）可否透過網站，找出可以幫助貴組織的方式？
- 捐贈者可以在網上捐贈嗎？他們可以接受這種捐贈方式嗎？
- 資助者可以從網站上看到貴機構最新的認證證書、執照，或是任何其他的品質保證（例如，一張掃描的文件）？

相信你在閱讀這些時，肯定可以想到更多的方法，將觸角延伸到那些在網上接觸貴機構的人，滿足他們的需要，並且利用你解決問題的能力，讓他們留下深刻的印象。當然，不要猶豫在網站上詢問人們想要什麼，他們會提供很棒的回饋，以及可加以考慮的有助益之改善。

3．工作人員、董事會以及顧客的電子郵件

Law & Order 是我少數定期收看的電視節目之一，在過去幾年都一直在播放，似乎是一天二十四小時重播。正當撰寫本章時，我看到 1998 年的某一集講到一個年輕偵探在使用某個新科技——也就是老偵探所說的「某個電子郵件的東西」——去破案。這讓我想到，我們在非常、非常短的時間內，科技突飛猛進。就算並非整個董事會、所有的工作人員、顧客都在使用電子郵件，但大多數是在用的，對他們而言，用電子郵件溝通是預期會發生的和被喜愛的。

行銷與電子郵件可以做什麼呢？基本上兩件事：快速、便宜、有效率地溝通；不需要花任何印刷費與郵費，就可以讓你的組織持續地出現在人們面前。以下是幾件需要思考的事，其中大部分都已經被試過且證明有用。

※利用電子郵件每週更新議題及消息

可以把相關訊息傳給董事會、工作人員和志工們，包括：當週會議的簡短最新消息（或許分成工作人員、董事會與志工等部分），可以從網站找到上星期（或上個月的）會議的會議紀錄，新進工作人員、退休、檢定、獎項等的布告。這類電子郵件應該是簡短的，但是最後可以將它轉成線上會務通訊（參見第六節）。

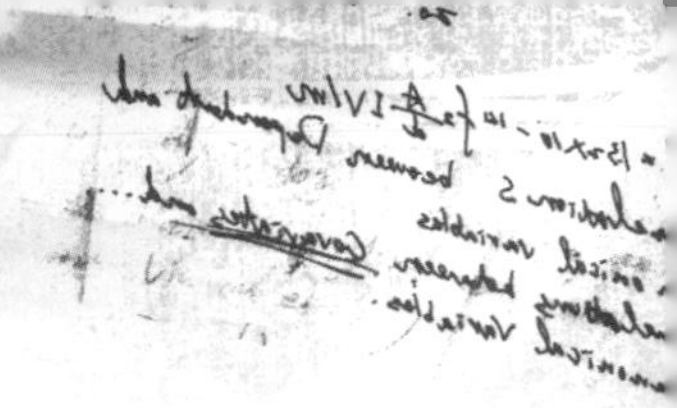

※會議提醒

有助於提高出席率與會前準備。以簡短的電子郵件提醒大家會議的地點、時間、主題與議程，以及應該攜帶或準備的資料。

※請求投入／幫助

如果你需要社區資源、需要請志工與工作人員幫忙的話，電子郵件是一個快速、能夠抓住人們注意力，並且快速回應的小技巧。

※公告出缺

讓所有的工作人員、董事會與志工們知道，機構正在為某個職位找人，可以一起幫忙傳播這個訊息。機構原本就很難找到並留住優秀的工作人員，何不藉此改善呢？

※向顧客更新資訊

我可以保證貴機構所有的付費顧客（資助者、基金會、州與地方政府）都經常性地使用電子郵件。所以，何不利用這個媒介去傳遞組織像是認證、獲獎與新服務等好消息呢？

☞ **實際操作**：電子郵件應該只是補強，不是溝通的替代品。永遠都要記得，至少在可預見的未來裡，組織內還是會有人沒有使用電子郵件，或者不是一天二十四小時都在接觸電腦的人（例如，只有在工作才會用到電子郵件的工作人員）。還有，不要假設大家都會一天查看他們的電子郵件四次。我一直對那些每個禮拜、甚至每個月才檢查一次電子郵件的人感到不可思議。

☞ **實際操作**：如果貴機構還沒有電子郵箱，那現在就去申請吧，也為每一位工作人員申請一個個人電子郵箱。它不貴，也是顧客所期待的，這是一個充分利用此一越來越重要的工具的最好方法。

4・電信

現在讓我們來談談電話、傳呼器及自動語音系統。前文已提過我對自動語音系統的不滿，但不可否認，電話、傳呼器和語音留言不僅幫助我們聯絡工作人員（在管理方面），也讓顧客（在行銷方面）可以聯絡到我們。為了讓顧客滿意，你需要確定能快速地解決任何突發的問題。在目前這種當下的環境，必須能夠立即抓出問題所在、找到可以處理問題的工作人員，並且讓顧客知道問題已經很快地被解決了。電信可以協助完成這些事，但是在這路途中，多少還是會被幾個使車子減速行駛的路面突起給絆倒。

☞ **實際操作**：不要成為所謂科技狂的犧牲者：給每一位工作人員一支電話或一個傳呼器。就算科技的成本已經大幅降低，畢竟還不是免費的。好的管理者會慎選確實需要這些配備的對象，並且定期地檢視這些需求。仔細研究一下整個機構的行動電話費帳單。手機多久被用一次？誰打給誰？這支電話的使用量值得付那些月租費嗎？傳呼器也是一樣。不只電信，電子記事本（PDA）也同樣可能掉入科技狂陷阱。要設法確保所購買的工具是眞正需要的。

☞ **實際操作**：定期查看可用的科技——特別是在這個方面。一次簽下十二個月的合約，通常會附贈免費的電話與傳呼器。例如，某個客戶在一個社區擁有十種不同的設施，該組織在過去

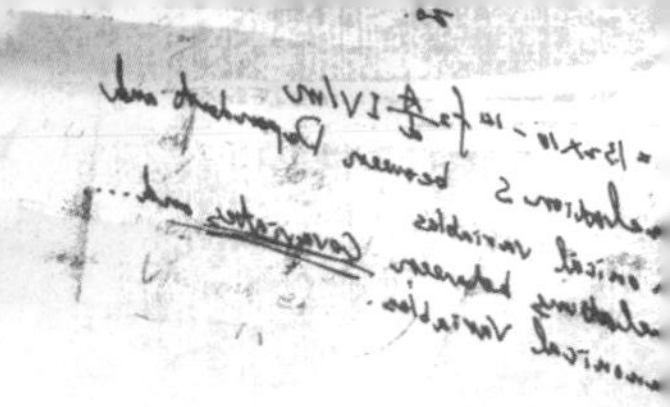

五年為四個維修工作人員換過的通訊設備，從傳呼器到行動電話，最後換成具雙向廣播功能的行動電話（想像一個行動電話與無線對講機的綜合體）。現在為四位工作人員配備這些立即聯絡工具的成本，比五年前一個傳呼器還低。

☞ **實際操作**：講到價格，你也要查查看。讓財務人員或是技術人員每三至六個月打電話給貴機構行動電話與傳呼器的提供者，要求他們給最低價格。我告訴我的客戶要這樣做，所以他們定期會寫電子郵件謝謝我，因為這樣，他們的花費減少10至50％，還附贈增加秒數、免費長途電話等優惠。如果貴機構在過去半年從沒去查的話，今天就去做！

☞ **實際操作**：貴機構的電話系統有自動語音答錄功能嗎？應該要有。是否方便使用呢？試試看：在非辦公時間打電話進來，然後計時看要多久才能留言。每個步驟的口頭指示花多久呢？工作人員的個人問候語有多長呢？儘量縮短。電話留言對顧客滿意度是很重要的，所以試著不要因無法接通而讓顧客光火。

電信是組織行銷及接近顧客非常、非常重要的一部分。利用它，但是要聰明地用。

上面雖然列出了很多實例，但也只是科技如何幫忙做出更好的行銷的一部分。現在，讓我們更深入探討。

第二節　利用高科技詢問——利用高科技聆聽

這又是一個科技可以幫得上忙的地方，是補強聆聽，以及讓人們表達需要的新方法。不過，就像在其他行銷的領域一樣，科技可提供助力，卻不能取代實際的詢問。在這方面，組織可以使用調查專用軟體、擴大語音信箱的使用、運用網路和電子郵件做調查，還可以用網站作爲回饋的據點。

1．調查

蒐集大量的資料，列成表格、作報告，都是電腦可以做得很好的諸多工作之一。在很多情況下，調查是很適合儲存在電腦系統中，並加以利用的資料。我們可以利用像Excel或Lotus 1-2-3的標準試算表，這兩種都有不錯的資料庫功能（但是需要對這個程式很熟練的人才能好好地把它建構起來），或是像Lotus Approach或Filemaker的資料庫程式，幾乎都有調查的功能。也可以試試像Soft Survey或SurveyGold之類專門做調查的程式。就像所有的軟體，去販售者的網站下載樣本程式，跟他們要求要取得用戶的推薦，並且去www.cnet.com 網站看看其他使用者的評論。只有你可以決定是否有足夠的經費及專業技術去使用這些工具。

在這些軟體眞的幫助你蒐集、分析和記錄資料的同時，有兩件事是要謹慎的：調查設計與資料輸入。調查設計方面，儘量把問題設計成數字評比，比方說1至7，這樣可賦予答案一個數值。

【注意】設法確保在任何調查中，留一部分給非指導式（non-directed）答案，例如「還有什麼願意跟我們分享的經驗嗎？」，就算它們對統計分析沒有幫助，這些答案還是非常有價値的。第二個是資料輸入。記住電腦的老座右銘，GIGO——垃圾進，垃圾出。完成資料蒐集，在做輸入時，要確定所使用的軟體是複式簿記法（double entry mode），也就是同一筆資料要輸入兩次，以排除輸入失誤。這會增加工作量，但是在輸入三百筆調查資料後，輸入變成是個很無聊的工作，這時候輸入失誤是很常見的。

所以這些軟體可以做什麼呢？你一定可以更快得到結果，而且可依需要做不同的切割。（比方說，相較於女性回答者，有多少男性回答者對貴機構的方案「很滿意」？）但更重要的是，可以很快地做出文字與圖表報告，並且把資料放在網站上，讓所有的工作人員、董事以及志工都可以看到。可以把圖表或簡易的資料放到網站上，讓社區知道貴機構在詢問與聆聽。除此之外，在管理方面的好處是，組織每年還是可以很快的、容易地對相同的議題（如：員工工作滿意度、多次捐贈者的比例、重要顧客的滿意度）進行追蹤，這就是趨勢分析。

電子郵件詢問是另外一種科技的利用。蒐集好電子郵件名單（捐贈者、志工、社區內聯繫過的人、供應商等），只要不過度糾纏他們，就可以很快、很便宜地調查任何你想知道的議題。這種調查有時會像調查董事會晚宴參加人數一樣麻煩，也可能像做個調查以了解社區需求一樣複雜。這種方式迅速、便宜，而且不必依賴郵政那樣的慢速服務。

☞ **實際操作：**再複述一次，不要只做電子郵件調查。如果在一封電子郵件中列出一大串問題，人們在回答時會感到紊亂，這樣回收的答案有時也會混淆不清或令人困惑。在每行文字的前面可能會有>>>>>符號，或者可以將問題以粗黑體標示，以利閱讀，有可能發生讀者使用的軟體無法辨識粗體字，或不能列印出HTML碼等。處理方法是：用電子郵件邀請他們參與調查，並在電子郵件內利用網站連結（因為也許有人不知道貴機構的網址），請讀者到你的網頁上回答問卷。這種在網站上做的調查，可以讓參與者更便捷地輸入資料，並有自動核對與資料列表的附加好處。有一些網站像是www.hostedsurvey.com和www.free-online-surveys.co.uk等，專門進行這種調查，也可以應用像Soft

Survey和SurveyGold的軟體。此外，如果你對這個選擇有興趣，也許可以問貴機構的網路服務提供者是否提供自動統計問卷的服務。

☞ **實際操作**：利用科技調查同樣無法逃避第8章提到的調查規則：仍然要聚焦，還是只有四分鐘，一樣要考慮該不該加入一堆個人識別資料，而且還需要找專業的人幫忙設計調查問卷。

2．網站

確保網站的每一頁都有可以讓顧客回饋的地方，通常是可以連結到貴組織的電子郵件。我們希望儘可能地提供各種意見的回饋機會，所以要確定網頁的到訪者可以告訴機構該如何改善。

☞ **實際操作**：爲顧客回饋特別設立一個電子郵件帳號。多數的網路服務提供者會設置一個類似「feedback@（貴機構的網路位置）」的特別電子郵件帳號給特定的工作人員。利用這種帳號提高工作人員的警覺，這是顧客提供的高見，必須儘快處理。如此一來，給機構回饋的發信人也無須費心思寫郵件主旨。負責處理回饋的專人，一天至少要查看兩次電子郵件，並將這些意見轉達給適當的工作人員。

3．語音信箱

語音信箱已經普遍到沒有人會注意到它——我們都用它——幾乎所有人都愛它，所以那有什麼大不了的？有兩件事是很重要的：第一，人們是如何連絡到它的，第二，人們是否有在聽和回覆他們的語音信箱。首先，向你保證：我愛語音信箱。具備跟語音信箱講話的能力讓我（還有其他人）能夠快速、有效率地傳達

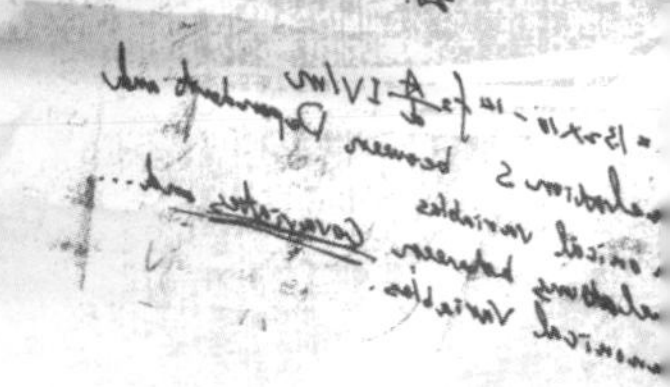

訊息、需求，甚至抱怨，而且是以適合該訊息的重要性或情緒去加以達成。這可以避免接聽者可能的轉述錯誤，並且可以讓來電者與受話雙方都能二十四小時使用。

之前曾說過，有一些易犯的錯誤，對打電話的人來說，最令人倒胃口的莫過於那種冗長、令人混亂或是多餘的系統，花掉我們太多時間。前文已說過，機構還是需要一個專人在辦公時間接聽電話，但是現在讓我們看看別的議題。

❑ **舉例說明**：有一個朋友在全國性的保險公司上班，經常出差，全靠電話聯繫，每天要接不計其數的電話。我們一起吃早餐時，常常談到的話題就是最新的手機配件。但是當我打他的傳呼器號碼要改期或訂一個約會時，我得照以下的順序來：

(1)十秒鐘的主人錄音，要我留言。
(2)電腦的二十秒指示，告訴我選項要按哪個鍵——我得全部聽完才能做選擇。
(3)朋友的第二個十四秒錄音，告訴我留言。
(4)電腦第二個十秒指示。

還好我們是好朋友。每次跟他打電話都讓我抓狂，相信他的顧客也是如此。沒錯，我有跟他提過這件事。

☞ **實際操作**：你最後一次打電話到自己的機構，設法聽完整個語音流程（假裝是第一次打電話，不走捷徑）是什麼時候？今天就去做做看。自己計時，看看需要花多久才能開口講話，並且完成留言？然後，對你已經知道分機的人做同樣的事，看看要花多久呢？對於首次打電話的人來說，不超過三十秒是可以接受的；對知道你分機的人，最多十秒。這表示不論是進入機構的、或是你個人的語音信箱的問候語都需要做改變。記住，在辦公時間永遠要有服務人員接聽電話，儘量讓錄音的部分越簡潔越好。

接下來是檢查語音信箱。這和電子郵件的問題一樣——有人從來不去收信。當我（還有顧客、資助者、捐贈者、志工）留言時，期待會有人很快地回電。所以要設法提醒機構裡那些非常忙碌的工作人員，他們忙碌的工作內容之一，就是查聽，以及回覆語音信箱。頻率如何呢？視貴機構而定。有的組織要求每個工作天都要查聽語音信箱四次，週末和假日至少一次。電子郵件也有同樣的規則。爲什麼？因爲他們工作的對象是身處危機中的青少年，這些青少年是不能等的。我曾參與過他們的員工會議，中間至少會暫停一次，好讓工作人員去查聽語音訊息。如何才對組織有用呢？那要看你的顧客問題或服務議題有多緊急。由於這方面會常常出錯，因此需要在員工會議中徹底討論一下。

第三節　組織的網站

科技革命最顯著的成果之一就是網站。組織的網站也帶來參觀者逐漸拉高的期望（在品質、廣度，與深度方面），以及改善組織行銷的絕佳機會。我曾經瀏覽過上千個非營利組織的網站，有很多是不錯的，有些是很棒的，但也有一些，直率地說就是很糟糕——比沒有網站更糟。網站不應該只是複製印刷的行銷素材，應該要來得更深入、更廣泛。確定在網站上有列出各種人們可以與貴機構連絡上的方法——包括郵寄信件地址、電話號碼與電子郵箱地址。此外，還需要定期地檢查所有的連結都還連得上。（利用像Link Sleuth的免費程式——自己做會花太多時間！）

很多事要做，但相對地也存在很多機會。越來越多的人在用網路，因此網站往往是第一個連絡窗口。你現在進行得如何呢？與同行相比較，貴機構的網站看起來如何？有儘量利用此一資源嗎？以下建議幾個利用網路去吸引市場的方法。

1．董事會與工作人員專屬的區域

此一網站提供董事會與工作人員即時的連結，是一個讓他們可以知道更多組織訊息的機會。該做的步驟如下：

(1)將董事會專屬網站設成貴機構網站的分支，只有被認可的人才可以進入，以保障其安全性。對大多數的組織來說，使用者姓名和密碼就足夠了。一個可行的方式是將名字的第一個字母以及姓氏的所有字母當作使用者姓名（以我為例就是pbrinckerhoff），將名字當密碼。這樣，組織的網站管理者便可以設定連結。當然，某一位董事或工作人員離職時，也要同步將他們的連結清除。

(2)在網站首頁設定一個容易找到的董事會專區與工作人員專區（建議是兩個不同的區域，而不是二合一，避免重疊，要將兩個分開）。建議董事會和工作人員在瀏覽器中將該網址設成「我的最愛」，以方便使用。在下次的會議中開個資訊專題，展示這個網站，教導他們使用方法，以及有什麼是他們可以利用的。

(3)在此一網站中，可以放入其他非營利組織網站也有的資訊：工作人員（如果可以，放照片）、董事名單；董事的電子郵箱地址；所有委員會一覽表；各種會議的時間與地點；連結到所有委員會的會議紀錄，董事會會議紀錄也一樣；即將舉行的會議與受訓機會之相關訊息；所有的機構政策；可供董事會與工作人員下載和列印的表格；所有程式功能的解說；組織的公告事項。比方說某個組織提供給董事們的公開網頁，就列出接下來三個星期的所有會議。

考慮一下也爲志工們提供相同的服務吧！這種有深度的網站正是網路的功能所在——一個可以強化組織使命、促進內部溝通，以及提高董事滿意度的、量身訂做的溝通工具。

2．公眾教育

網站的諸多好處之一就是可以針對組織關心的議題進行公眾教育。貴機構可以稍加研究，然後列出相關的書籍、錄音帶、CD、錄影帶、報導、或與論文及教育網站的連結，以及網站訪客可以作更深一步探究的其他資源。這是一種社區服務，也讓你的網站訪客不斷回來，這也與下一個主題：連結，有相當的關聯性。

3．連結

組織與一個商業網站相連結可做爲募款的一個方法。其中最簡單的就是亞馬遜網路書店（Amazon.com）。可以在亞馬遜網路書店簽署結盟，使它成爲貴機構網站中的一個連結，只要有人從你的網站進入亞馬遜網路書店，無論購買什麼，貴機構都可以抽取該筆消費額的5%。有兩個可以運用的方式：第一，如果貴機構有做公眾教育，那就可以在網站上列出特定的書籍、錄影帶，以及其他資源，直接連結到亞馬遜網路書店（甚至可以從那兒下載書籍的封面），這是影響較小的連結方式。或者，也可以在網站提到貴機構與亞馬遜網路書店間的結盟關係（或是與其他組織的結

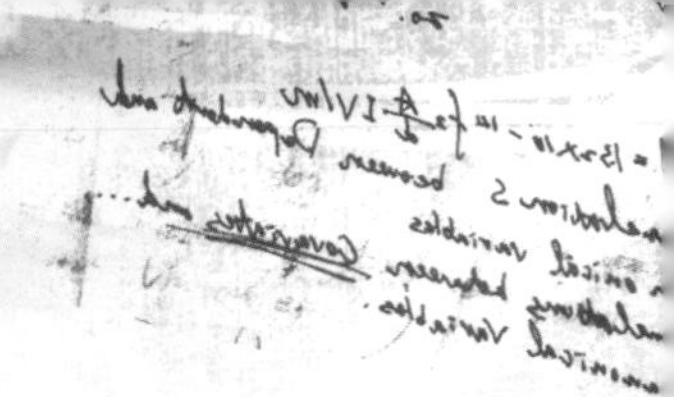

盟），並將它連結至組織的公開網頁，寫電子郵件給貴機構所有的支持者（特別是節慶採購的季節），希望他們能夠透過此一連結向亞馬遜網路書店購買禮物。再強調一次，這雖然是無須太多成本的進帳，但多少還是有爭議。

☞ **實際操作**：本質上，這是一個政治性的抉擇：眞的要把你的組織網站如此地商業化嗎？在付諸行動之前，先徵詢董事會的意見。我有不少客戶利用此一方式降低成本，但也有許多組織不用它。這完全是你的選擇，是一個可以和董事會協商的選擇。

撰寫這本書的同時，像是Amazon、Barnes & Noble、Lands' End，和Nordstrom，都是可用的連結網站。瀏覽一下這些網站，了解條件爲何，再決定要不要加入連結之後，只用一對一的網站連結方式。

☞ **實際操作**：記得，該連結收入將被國稅局當作是非相關商業收入（unrelated business income），必須要將此申報在年度財務報告990-T當中。但是，不要緊張，貴機構可以用網站管理費以及網路服務提供者的支出，去抵銷那些非相關商業收入。我很多的客戶都有連結收入，不過在扣抵合法的網路開銷後，並沒有任何組織還有（因而需要付稅的）非相關商業收入。

第四節　更好的行銷素材

科技最大的效益就是在它能製造出更好、更便宜、更有重點的行銷素材。今天的軟體與價廉的印表機，讓我們只要按一下滑鼠就能夠快速、簡易、便宜地設計出絕佳的行銷素材。這在第9章已經深入討論過，以下則切入科技在這方面所能提供的服務。

1・聚焦

本書一直都在強調要聚焦於特定的目標市場，以及貴機構做得最好的服務之上：聚焦、聚焦、聚焦。長久以來，成本一直是許多非營利組織在設計以及印刷行銷素材的問題之一。由於過去成本非常之高，以至於許多組織只能發展出一兩種行銷素材，然後大量印製（以降低單位成本）。這造成一款適用於全體的設計，而且也有很快便過時的內在風險。（「等用完所有的簡介後我們才會再印新的！」）該有什麼改變呢？先從服務項目、網站地址、電話區碼開始吧！

利用在Microsoft Word或是WordPerfect已經設計好的樣本，發展出自己的素材。可以聚焦於個別市場、個別服務，或是一系列服務。舉例來說，可能針對捐助型基金會、政府資助者、轉介來源以及捐贈者（或是兩本或三本給不同的捐贈者）等不同的市場，而設計專用的「簡介」（本章廣泛地使用這個名詞代表任何印刷素材）。就服務而言，如果貴機構的服務有提供給大人與小孩，或是小孩與青少年，那麼簡介自然應該有不同的設計。

由於某些素材（例如：商標、地址、電子郵件、電話號碼，甚至某些內容），可以用在不同的簡介中，因此是可以很快完成新設計的。行銷要聚焦，行銷素材也一樣要聚焦、聚焦、再聚焦。

2・成本

跟著我複述三次：我自己可以做到！我自己可以做到！我自己可以做到！沒錯，就算你不是一個科技鬼才，或是一個有天分的藝術家，就算再忙（在我們這行誰不忙？），你也可以自己來，

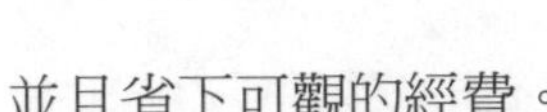

並且省下可觀的經費。

☞ **實際操作**：這裡有個省錢小祕訣：想要一台免費的印表機？一台性能好的免費印表機？到www.colorfreeprinters.com塡寫表格。如果符合資格——每個月的列印量要足夠——全錄會免費贈送一台印表機，不過墨水匣得自付。要小心選擇，你可能會發現買100至200美元的墨水匣是最划算的。

3・彈性

第9章提過在機構的簡介裡要印上專人的名字、電話號碼（附分機），還有可以連絡的個人電子郵件地址。那麼，如果那個人離職或換電話號碼，或是機構裝了免付費電話，或是所有的電子郵件地址都變更時，該怎麼辦？如果已經印了一萬份簡介，要不是讓使用舊版號碼或電子郵件地址的人聯絡不上；再不然，最好的情況就是找個人手工劃掉舊的，寫上新的資訊，這樣看起來，老實說，既寒酸又過時。

同樣的情形也會發生在服務改變、使命宣言改變，或是有最新的照片時。如果是自己列印素材，就可以很快地修正過來，而且由於一次只列印十份或一百份，所以可避免使因爲過時而誤導的資訊，成爲顧客與貴機構的第一次接觸。要記得——第一次接觸。媽媽教導過什麼？沒錯，我媽媽也講過：「你只能有一次的第一印象。」我們的媽媽是對的。

以下是一些著手製作行銷素材的步驟：

(1)檢查軟體。無論使用何種文書處理程式，要用最新的版本，並確定電腦有足夠的記憶體和足夠的硬體空間跑程式。如果想要看起來更高級，也可以購買特殊的繪圖設計程式，不過很多都是專業程式，而且價位都不低。對我多數的顧客來說，Microsoft Word與／或WordPerfect已經夠用了，況且還可以到製造商的網站上下載很多樣本。

(2)無論是用哪種電腦在做設計，買個大一點的螢幕，至少要15英吋。這會創造出更好的作品，而且讓幫你設計與編排的人的眼睛比較不會疲勞。

☞**實際操作**：這裡可要聰明點。在你買了一個螢幕，並將其中一部電腦升級，同樣的價格範圍內，其實可以買下一整套系統，再加上一台印表機。撰寫本章的同時，有700至1,000美元的系統，包括大容量記憶體、功能絕佳的印表機，當然每一配件都是沒問題的，還附贈最新版的Word。要確定有足夠的記憶體、電腦速度夠快、高品質的螢幕（最小也要15英吋），和一個可讀寫的光碟機——檔案可能會大到需要存檔在光碟片——然後列印出來（看下面第(6)點）。先打打算盤吧！

(3)檢查印表機。可以列印出每平方吋1200點（1200dpi）的解析度嗎？幾乎新型的印表機都可以，而且很便宜，大概都在200美元以下，不過墨水匣可能不便宜。到在地的電腦販售店，從不同的印表機列印出樣本，帶回去慢慢仔細比較。記住！要列印的包括文字、商標以及照片，所以三種樣本都要看。

(4)去文具店看那些已經設計好、印好的現成海報和紙張，式樣選擇多到令人驚訝，可以買一些樣張回去與行銷團隊討論。要確定紙張樣式是軟體可以用的（多數軟體必須用有特定標號的紙張或標籤）。先四處探尋各種可能的選擇，不

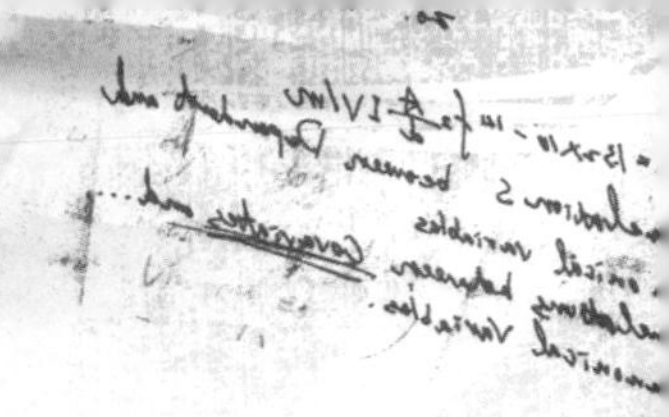

需要馬上決定。到處看看、做筆記、拿樣本，然後與所使用的軟體的預設模式相比較。

(5)找出組織裡的專業人員——從董事會、志工團隊、工作人員當中，找出熟悉軟體者，以及具有優秀的設計或美術才能的人。然後上網學習，或去上一堂專門教導製作簡介和使用印刷素材軟體的課程（參見第13章所列之網站）。

(6)到快速列印店（像是Kinko's）。可以帶著檔案光碟去這些地方，請他們用更高級的紙張，當然，用更昂貴的印表機作快速列印。建議你現在就應該去看看這個選擇，以備不時之需。一台性能絕佳的噴墨印表機就可以做出完美的列印效果。

(7)現在，集合你的行銷團隊，然後討論要如何做出行銷素材，藉此取得上個章節提到的共識，並決定哪些素材是要給哪個市場。

最後，記住第9章曾提到的該做與不該做的事。自己動手做行銷素材時，這些提醒是非常重要的。再簡列一次，讀者可以翻回第9章的第三節與第四節看全文。要確定以下這七項不會出現在貴機構的行銷素材中：

(1)行話。

(2)不合適的照片。

(3)沒有焦點。

(4)請求捐款。

(5)上歷史課。

(6)過時。

(7)無趣。

我不是要誤導你以爲「按一個鍵」，輕而易舉就可以做出更好的素材，只是告訴你更好、更便宜、更快速，以及更有重點與彈性的行銷素材是做得到的。

第五節　業務發展

如果你是負責組織業務發展的人，而且在目前環境下非常成功，某個程度充分利用科技——無論是印刷媒體、網站、軟體、電子郵件、自動郵寄，或只是在路上用行動電話和潛在捐贈者或是長期支持者聯絡，科技已經改變募款的風貌。再次強調，募款的根基是無可取代的：好的使命、好的訊息，還有最重要的是一個好的「詢問」。但就算把這些基本功課都做好，若不能善用科技，還是會失去競爭優勢的。以下是業務發展專業人員所關心的科技問題：

1・組織的網站

如果貴機構已有一個網站，那麼只要將信用卡網上捐款功能加上去就好。如果不是經常募款，也許暫時不急。但是如果有超過1,000美元，或是組織總收入的1%是來自於個別捐款的話，現在就要去做！爲什麼？因爲有人正想要在貴機構的網上捐款——極可能就在你讀這段文字的時候。

- **舉例說明**：我家有一個放在門邊專門讓每個人可以把零錢投進去的咖啡罐。每個月一次，家中有人會去數那些零錢，吃晚餐時大家會討論要把這些錢捐給哪個慈善團體。有時候家人會剪報提醒一些特別的需求，有時候會回應那些與我們特殊的興趣相關的事。討論後，寫好支票並附上一封信給該組織的工作就落在我頭上。在2000年底，大兒子，班，一個居家電腦高手，問我既然可以上網捐款，爲什麼還要如此麻煩地寄支票和信。是啊！所以從此我一直不斷地嘗試上網捐款。我十分訝異有這麼多國內、甚至是國際組織要不是無法接受網上捐贈，就是捐贈流程設計得讓人摸不著頭緒，再不然就是麻煩費時，或兩種狀況兼而有之。事實上，我見過最好的設計捐款選擇是由當地組織來建置的。試想：如果我巡覽到貴機構的網站，看完你們的豐功偉業，心動想要捐贈時，我會找到什麼呢？

☞ **實際操作**：在撰寫本章的同時，我對網路上的聯合捐贈網站並不滿意。所謂的聯合捐贈網站是在網站上列出貴機構的名稱，然後扣掉少許手續費，所有的捐贈就會轉給貴機構。對這類網站的評價，雖然還只是初步的報告，但顯然並不看好，同時根據我的客戶組織和來上訓練課程的人反映，發現這種做法普遍令人失望。加入這些團體的理由不外乎是想要免除繳交信用卡手續費，以及省去在網站上建置捐贈功能的費用。其實這些花費並不多，尤其對一個必須靠募款來發展的組織而言，更應該不成問題。

有些網站以及公司可以提供這方面的協助，某些與業務發展有關的軟體也有部分（不是全部）用得上。檢視你的同行團體（上該機構的網站了解），以及州和全國層級的協會，他們可能會有相關的印刷、網路，或是現場教學的教材。問一下貴機構目前的網路服務提供者，是否有爲慈善團體提供這項服務（有時候還是免費的）。

要確定在貴機構網站的首頁提供人們可以在網上捐贈的機會

是很顯眼的（但是不要讓人無法忍受），並且有一封確認捐贈的電子郵件會自動寄給捐贈者。還有，要記錄下這方面的成績。利用電子郵件名單、網上和印刷的會務通訊，以及發展出來的印刷素材，讓人們知道可以在網路上捐贈。花費最多就是信用卡捐款，信用卡公司會索取個別手續費。不過，這是個迅速成長的捐贈方式，是一個機構業務發展專業人員不能忽視的領域。

網站也是一個教導如何捐贈遺產、信託、捐贈股票，以及其他比簡單現金或是支票方式更需要詳盡解說捐贈方法的好地方。我們也可以提供組織在財務、行政資訊，和組織在社區裡的業務發展等方面所達到的成果，以說服人們在網路上做出捐贈行動。一樣地，記住，要清楚地詳列聯絡人的姓名、電話號碼與電子郵件，以便捐贈者進一步洽詢更多資訊。

2・電子郵件

捐贈者名單、提醒捐贈大戶的電子郵件、告知遺產和信託基金開發教育活動的電子郵件──如果你擁有一個與業務發展相連結的好電子郵件程式，以上這些都只是諸多好處之一。爲確實發揮功能，負責業務發展的人需要一個個人電子郵箱。面對一個特定的捐贈網址，人們會更開放、更有信心地做回應。有很多網路服務提供者可以將好幾個不同郵址的電子郵件轉寄給同一個人，但是電子郵件「收件者」的部分會提醒接收者這封電子郵件裡所包含的議題。舉例來說，如果讀者要訂閱我的線上會務通訊，你會送一封電子郵件到subscribe@missionbased.com。這封電子郵件會寄到我的個人信箱peter@missionbased.com，但是當我看是「訂閱」的一封電子郵件，我就知道那是關於什麼了。我的網路服務提供者並未因此向我索取額外費用。再提醒一次，跟同行組織聊聊他們是如何利用電子郵件來改善他們在組織業務發展上的努力。

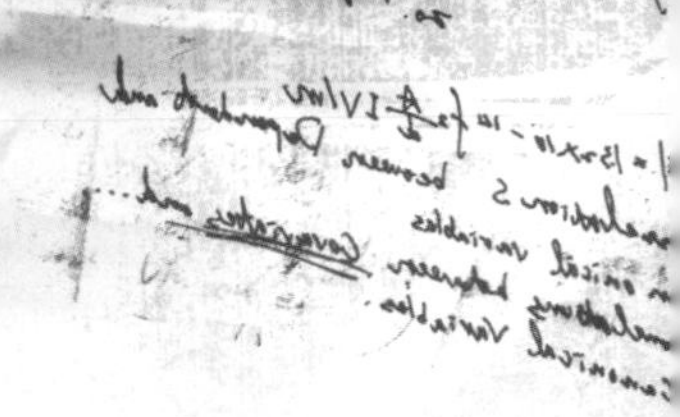

3·印刷素材

本書第9章內已有所討論，再度強調：包括組織業務發展方面，都需要聚焦、聚焦、再聚焦。所以，建議你在不同領域的組織業務發展工作（像是物資捐贈、年度捐贈、遺產捐贈、延期捐贈等）上，都有特定的印刷素材。

4·軟體

去拿一份《慈善報導》（*Chronicle of Philanthropy*），看看當中跟業務發展有關的軟體廣告。裡面有：製作直接郵件的軟體、特殊場合用的軟體（如：拍賣、慈善高爾夫球賽）、管理募款的軟體，以及其他宣稱更多功能的軟體。我並非這方面的專家，本身也不做業務發展的工作，但就算不是專家，也可以了解運用這類科技可以提升業務發展的努力、改善會計與紀錄，以及減輕繁瑣的記錄存檔的工作量的好處。針對坊間所有相關的軟體，你可以試著下載試用版、請別人推薦、吸取同行的經驗，和閱讀評論；也可以去參加地方的募款專業人員協會（Association of Fundraising Professionals）分會，也就是前全國募款執行長協會（National Society of Fund Raising Executives）相關會議，並多方打探何種軟體口碑最好。

業務發展絕對是行銷中最傾向於靠科技驅動的部分之一，科技甚至可能讓組織募款急速攀升。

第六節　線上會務通訊

在討論網站時，曾提過利用組織的網站作為對服務對象持續教育的工具。會務通訊提供同樣的機會，貴機構可以、同時也應該在出版品中加入一些教育性質的資訊，並提供進一步學習的資源。有太多的紙本型會務通訊都只在講過去一週或是一個月所發生的事，而錯失了讓讀者了解更多組織重要議題的機會。

線上會務通訊是個達成下面幾項行銷成果的理想而且不昂貴的方法：定期地將組織的名字、商標以及資訊，呈現在貴機構的最佳顧客面前；告知讀者即將召開的會議、事件、日期以及議題；還有教育讀者一些重要的議題。用一封電子郵件告知如何取得會務通訊，用特定的網頁格式來製作月刊或季刊，來補印刷刊物的不足。如果貴機構的顧客都是網路使用者的話，網路版甚至可以取代紙本，省下印刷與郵寄費用。也可以在線上會務通訊中放入數位圖片，附加其他網站連結，並且將會務通訊存檔以便日後參閱。

建議讀者觀摩一下 zdnet.com 和 about.com 的會務通訊，和我每個月出刊的Mission-Based Management Newsletter，訂閱後每個月都會收到一封電子郵件，該電子郵件可以連結到會務通訊，或是到一個特定主題。讀者也可以自行製作網站，或是使用包含在 Microsoft Word、Microsoft Publisher、WordPerfect，或任何其他公開程式的會務通訊功能。記得讓你的讀者有加入及退出訂閱貴機構郵寄名單的機會。

☞ **實際操作**：不管有沒有派上用場，這裡要提供一個與電子郵件名單相關的建議。當郵寄名單是一大串的時候，不要直接把它剪貼到收件者或是副本的地方，這會讓標題欄中擠太多郵箱地址。建議你把電子郵件寄給某一個人，也可以是你自己，然後把所有其他的電子郵件寄送地址都放在密件副本處，這會讓收信者愉快些！

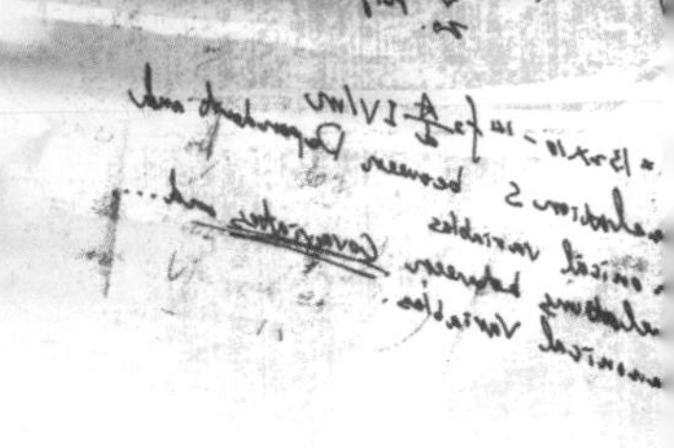

重點回顧

在本章中，我們介紹了能夠幫助行銷的最佳科技（在本書出版的時候）。最重要的是，希望讀者注意到在尋找市場、詢問他們想要什麼，和試著滿足他們的需要等方面，科技可以提供助力的各種優點。

首先，我們探討了一些受新科技所影響的行銷議題，然後利用一些篇幅討論透過問卷調查以及網站作網上詢問，我們也深入地研究如何改善組織的網站，包括董事會和工作人員，以及確保貴機構可以接受網上捐贈的一些特定內容。接下來則是思考如何利用科技讓我們的印刷素材更聚焦、更即時、更便宜的方法。我們看了科技／組織發展的界面，包括軟體、電子郵件以及網站議題，並以簡短地探討線上會務通訊發展的機會作爲結束。

科技可以強化行銷，但我必須再次強調，它永遠不會成爲替代品，代替工作人員的行銷導向，代替視詢問及聆聽爲改善服務的一種方法的信念，以及代替對形形色色顧客的整體顧客滿意度之承諾。

第10章的問題討論

1.我們在進行行銷時有好好利用科技嗎？

2.有什麼我們可以透過電子郵件與我們的市場保持更好聯繫的方法嗎？

3.我們應該發展／擴充一個電子會務通訊嗎？

4.我們的網站還有哪裡可以做得更好？應該在網站上設有工作人

員、董事會和志工的專區嗎？

5.我們可以，而且應該提供線上捐贈的機會嗎？爲什麼要，爲什麼不要？

6.我們有軟體、硬體以及知識嘗試去製作自己的行銷素材嗎？我們可以去參加相關的研討會試試看嗎？我們現在一年花多少錢在印刷素材上？有可能大幅降低這方面的花費嗎？

7.有其他更好的方法來進行調查和追蹤所蒐集到的資料嗎？我們可以運用現成的軟體、程式或是其他工具，好更充分地利用資料嗎？

8.對競爭對手有做什麼固定的調查嗎？可以利用網路做更多嗎？

11 一級棒的顧客服務

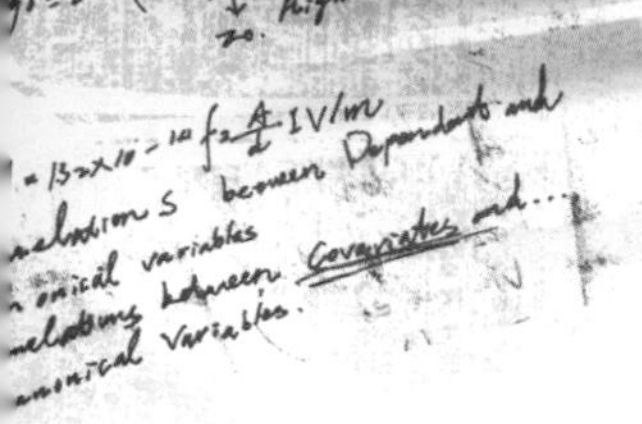

總覽

在獨占的市場中，不管如何對待顧客，他們終究還會是你的顧客。爲什麼呢？因爲別無選擇。如果貴機構在地方上是僅此一家，人們一定得接受你的服務。但是在今天的競爭環境下，組織必須迎合顧客需求，並且給予特別的，乃至一極棒的顧客服務，才能在激烈的競爭當中脫穎而出。

一般人都可以很快地指出有哪些組織是這樣的，爲什麼？因爲，身爲顧客，人們不會輕易遺忘正面的經驗。像Nordstrom, Lands’End, Dell, Marriott和亞馬遜網路書店、聯邦快遞這些組織，提供優質的顧客服務，是每一天、每一個工作人員的最低要求。

章節重點

- ➢顧客服務的三項規則
- ➢顧客不一定總是對的，但是顧客永遠是顧客，所以要立刻解決問題
- ➢顧客的問題不只是問題，而是危機，所以現在就把問題解決
- ➢絕不要只滿足於優質的顧客服務——更要尋求整體的顧客滿意度
- ➢不滿意的顧客
- ➢定期與顧客接觸
- ➢讓顧客成爲轉介來源

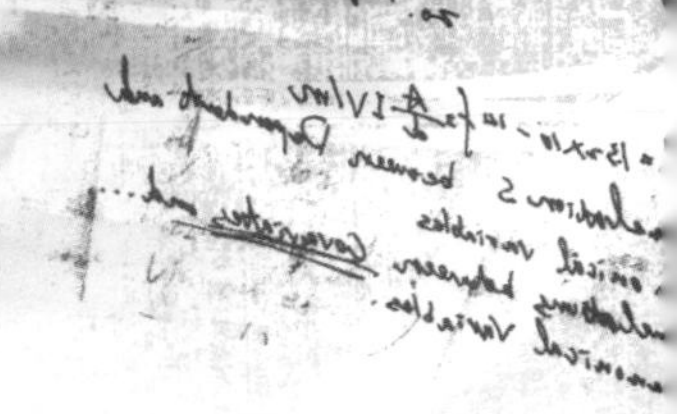

本章將提供眾多一極棒的服務的實例，以及若干具體方法，好讓貴機構不只做到表面的討顧客歡心。首先，我們將回顧第6章所談到的，如何對待每一個人，甚至是資助者，像對待有價值的顧客一樣。組織從上到下、從工作人員到志工的態度，都必須把組織以外的人全都當做是顧客。本章將提供如何逐步向組織成員灌輸該哲理的方法，以及落實執行後，會得到的結果。

迅速地「解決」人們的問題，就是善待他們。我們不可能無處不在，但問題卻可能在任何時候發生，所以必須授能工作人員解決問題。對某些讀者來說，這確實是個恐怖的想法，因此本章將教導各位如何在最少的痛苦和風險下來執行。我們將逐一討論顧客服務守則，並探討運用行銷及顧客服務來完成更多使命的方法，利用一個我稱之爲「感同身受的急迫感」（compassionate urgency）的概念。

當我們在探討下一個議題：解決顧客的問題，即時地解決，並表現關心時，感同身受的急迫感就可以派上用場。在此也會討論爲什麼不可以只安於顧客服務，而是要尋求整體顧客滿意的重要性。接著，本章將提出六個規則，來處理在所難免的不滿意的顧客，無論顧客服務有多好，不管你喜不喜歡，他們終究會出現在你的門口或是電話的另一端。

接下來將探討如何維持定期接觸主要市場及顧客。這些定期互動是希望與顧客建立溝通管道，藉此得知他們的需要和問題。

最後，要更上一層樓。我們不只要擁有一級棒的顧客服務，也不只要授能工作人員來解決顧客的問題，還要更進一步將好的顧客，轉變成持續推薦新顧客的轉介來源。聽起來有趣吧？讓我來告訴你如何玩這個遊戲。

看完本章讀者應該已經很清楚如何提升組織的服務標準、了解其重要性與原因，和學會一些應即刻運用以授能工作人員的技巧，並致力於達到對市場而言最佳成果之新境界。

第一節　顧客服務的三項規則

截至目前，即便已經提過不下二十次，我還是要再次強調：現今的環境，就是要你、工作人員、志工，都必須好好地對待每一個人，把他們奉爲顧客，就算是向來被你視爲眼中釘的也一樣。如果想要在現在的經濟和政治現實裡，成爲一個成功的組織，就必須對每一個人——工作人員、董事會、志工、服務接受者及資助者——待之以顧客之禮。

第2章曾討論到關於「每一個人都是顧客」的議題，第6章也有更多的討論，但有鑑於它的重要性（卻常被非營利組織所忽視），本章要再深入探討，並加入一些讓工作人員及董事會一起參與的方法。以下是三個對所有的顧客提供絕佳服務的重要規則：

(1)顧客不一定總是對的，但是顧客永遠是顧客，所以要立刻解決問題！
(2)顧客的問題不只是問題，而是危機，所以現在就把問題解決。
(3)絕不要只滿足於優質的顧客服務——更要尋求整體的顧客滿意度。

成功的顧客服務（顧客滿意度！）以這三個陳述作爲開端。當然不是口頭說說而已，而是內化成爲一種信念，並且調整組織去實踐它。

首先，必須把每一個人當作顧客。這種說法對於很多讀者來

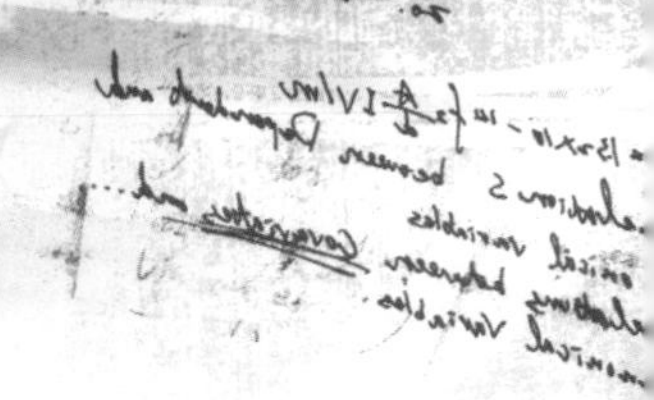

說是一種勉強，甚至對某些工作人員及董事會成員來說，幾乎是難以克服的。對你而言，把一群看似好人、卻偶爾多管閒事的董事會視爲顧客，也許是挺困難的。或許要你把該要監督、指導，甚至（有時）要懲處的工作人員當作顧客，確實很不容易。特別是如果你已經在規定、資助標準及監督上，和資助者爭執不休達十五年，要待他們如顧客，根本就是一項高難度挑戰。

但是，他們可都是不折不扣的顧客，這就是爲什麼他們會出現在第6章的主要市場名單上。你可以選擇待之以顧客之禮，因而獲得更大的成功機會；或者，也可以選擇維持現狀，只是這將會大大地增加麻煩。我假設在這章餘下的部分，事實上是這本書後面的章節裡，你會爲了組織的利益和你服務的人們盡最大的努力。

所以，每一個人都是顧客，而顧客可以犯錯，但是顧客還是顧客，有些時候他們很滿意，有時則否。

以下更深入地來討論每一項個規則：

第二節　顧客不一定總是對的，但是顧客永遠是顧客，所以要立刻解決問題

實際上，我們將主題拉回到了卓越的管理。投入非營利組織管理及諮詢近三十年，我歸結出管理者需要對工作人員做的最重要一件事，就是永遠告訴他們事情的眞相。這不代表你需要告訴工作人員所有的事情，但凡是告訴他們的事情必須絕對是事實，沒有例外、沒有誇張、沒有光說不練。這和行銷有什麼關係呢？大有關係，因爲這會影響到我們如何激勵員工。有一句話是這樣說的「顧客永遠是對的」，眾所周知這顯然是錯誤的。我們都知道自己不夠完美，多少會犯錯，而我們自己也是其他眾多組織和企

業的顧客。因此，身爲顧客，我們都是容易犯錯的，你的顧客也一樣：不完美。在那些繼續向工作人員耳提面命此種古老無稽之談的組織當中，我觀察到對於管理階層以及顧客的極度憤怒，深植於員工心中。至少，這會產生不良的後果。一個更合情理的看待方式應該是——即便顧客有時會犯錯，但他們的觀點是我們該珍視的。他們是顧客，所以要有所補償。

鼓勵工作人員抱持這樣的態度，盡力克服自己對於那些老愛不當發牢騷及抱怨的顧客自然產生的憤怒，但也同時讓他們知道你了解他們所要經歷和處理的困難。

第三節　顧客的問題不只是問題，而是危機，所以現在就把問題解決

這可能是三項顧客服務的格言當中，最具使命導向的部分。以顧客的觀點來看，如果有問題，這問題是很重要的，是非比尋常的，是獨一無二的，而且這是他們提出來的。如果你或工作人員，只因爲司空見慣，就不當一回事的話，你將無法迅速地解決它，或是給予應有的同理心，這是你我都曾經以顧客的立場親自體驗過的。

- **舉例說明**：你起床時感到很不舒服，頭痛、發燒、感冒、關節疼痛、流鼻涕和咳嗽，因此決定要待在家裡，等到九點醫生辦公室的工作人員上班之後聯絡護士。在九點零二分的時候，你對接電話的人描述你的症狀，並告知想直接跟護士通話。這位接待人員再三保證護士會儘快與你聯絡。於是你就掛了電話，開始等待、等待、等待。

  這位接待人員和護士在過去兩天接到了約三百通類似的電

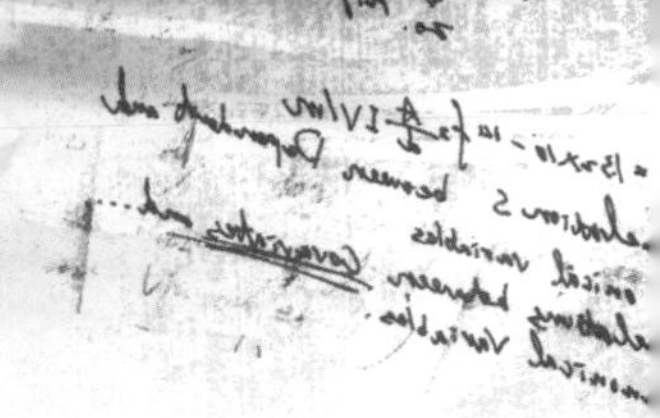

話，而你的剛好是第三百零一通。你的病不致影響到性命安危，而治療方式就是你已經在做的（休息、多喝水、吃止痛藥），所以從他們的觀點來看，沒有必要馬上回電。他們手上有更大的問題要處理，比方說診所突然出現十個人，並且希望越快被診治越好（很可能跟你一樣的症狀）。但是，你的電話可以等。

把鏡頭轉回到家裡，你依然感到不舒服。每隔五分鐘就看一下時鐘，心裡嘀咕著「那個護士到底在搞什麼鬼？」。到了中午，你感到相當的憤怒，總算挨到了一點，你打電話過去找那位護士，而她正在午休。現在的你，既虛弱又生氣。不管這護士多麼的親切、多麼有同情心，但是等到她四點半打來時，你已經氣到完全不感謝她了。

- **舉例說明**：康復之後，你決定該是買個新時鐘的時候了。（在等待護士來電而頻頻看鐘之際，已經看膩了原來的時鐘。）你來到當地的百貨公司，找到了一個跟你家擺飾很搭的時鐘。買回家裝上電池後把它掛在牆上，突然發現時針有問題，分針走六十分鐘，時針會移動兩個小時。所以你把它取下來，找到收據、盒子及提袋，折返店裡，走到「退貨及顧客服務」的櫃檯。有一個工作人員坐在櫃檯後，有兩個人排在你的前面。於是你開始等待。這位櫃檯工作人員相當友善並提供協助，但是第一個人只是一逕地發脾氣，對著這位工作人員抱怨了十來分鐘。你只好繼續等待。你看到另外一個工作人員在櫃檯的後面休息，於是心中很納悶他為什麼不過來幫助你。於是你只好繼續等。最後，總算下一個就是你了，但是對方遞上一張需要花上整整十分鐘填寫的表格，看起來就像是在調查，並不只是要簡單的資料。你在二十五分鐘的換貨之後離開，為此感到十分挫折，你要的只不過是一個正常的鐘罷了。

❑ **舉例說明**：你的車怪怪的，於是你把車開到一個加油站。這裡的服務經理一聽引擎的聲音，就說「是的，你的車得要調整一下，大概需要四十五分鐘。」當然，結果花了兩個小時，因為修車工人需要小休片刻，還要撥空幫其他顧客加油等。

以上這些例子當中，所面對的問題（生病、換貨、車子故障）都是因為工作人員的態度而更加惡化。在每一個案例中，他們的態度都是人之常情，是可理解的，但卻是錯誤的想法。護士每天都要接聽數十通這樣的電話，知道不會危及性命，並做下醫學專業人士稱之為分類的專業判斷，只是她忽略了（或在專業教育中從未被教導過）從你的角度來看你「生病」的事實。我們不是每天都會經歷數十次這樣的過程，所要的只是一些不會因此而喪失生命的保證。

當這個時鐘被帶回商家時，整個退貨的方式簡直一團糟。強調「親善顧客」的商店之顧客服務櫃檯，往往特別配備較多的人力，目的就是免除人們在退款或換貨的時候過長的等待。為什麼？因為有人忽然領悟到這些來退貨的顧客原本心裡就已經夠不高興的了，為什麼還要火上加油，讓他們更加憤怒呢？我現在常常到顧客服務櫃檯換貨，每一次工作人員都會問「你要不要換個新的？需不需要工作人員去幫你拿，或者是你要親自去選？拿過來後蓋個章，你就可以離開了！」但是如果選擇直接退款，就只需要四十五秒的時間。他們知道我想要馬上就離開。

車子需要調整，對於這個服務站來說可謂司空見慣。但是這位經理忘記了顧客的時間很重要，承諾也很重要。她保證四十五分鐘內可以完成，而這就等同是一種「契約」。再說，當車子故障

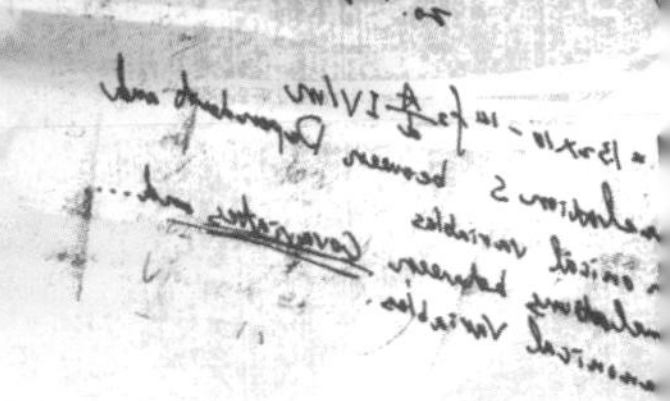

時，或至少是被懸吊在半空中時，許多人會感到相當沒有安全感，因此更加深了處在該情境下已有的挫折與無力感。

從以上的例子可以看出，稍早所談到的顧客的觀點，顯然並沒有納入訓練中且經常地被強調。今天你也許看了五十個病患，但是這病對病患本身來說卻是獨一無二的經驗。你也許會遇到一百五十個不理性的顧客要退貨，但是他們所想要的，可能是發發牢騷，也可能要退錢，或者是換一個可以正常運轉的產品。總之，儘快把這個課題納入訓練，並經常地向員工強調，你也許會經常看到類似這樣的車子，但是我們要讓客戶可以儘快修好車上路。

在使命導向方面：對於那些尋求服務的人們，我們應該抱持著前文所提到的感同身受的急迫感。千萬不可以因為在這之前我們已經幫助了五百或五萬個有類似問題的人，於是就把所有的顧客、病人、學生、父母、居民或其他顧客視為理所當然。

❑ **舉例說明**：我見過最經典的一個例子，是本地醫院裡的心臟科所做的電視廣告。這個廣告相當地標準，是由一位醫生來告訴觀眾為何這個單位如此重要，並加上一些高科技環境的畫面等。廣告裡的心臟病學專家是我的朋友，在我第一次看完這個廣告之後，問他那個令人激賞的結尾語是不是他的創作，或者是行銷顧問的傑作，他回答「不，那是我們每天開會時都在說的話」。這句話是「要記住，我們在這裡每天都在做的事，是我們的病人一生一次的經驗。」

這是再適當不過的用法了。卓越的行銷就是卓越的使命。必須讓顧客知道你的關心，關心他們個人、他們的議題、他們的家庭、他們的問題。如果顧客都了然於胸，他們會再回來接受更多的服務，並且廣為宣揚。

現在你已經了解每一位客戶的問題不只是問題，而是一個危機。你也許自認有做到迅速、有效率地解決顧客所關心的事，但其他人呢？試試這個測驗。問你自己：在我出城兩三天，或是度假一星期的期間裡，萬一有狀況、工作人員出了差錯、顧客發生問題，接下來會發生什麼事？工作人員會當下自行解決問題嗎，還是等我回來處理？

如果你有要求工作人員自行去解決問題，那麼事後你會因爲不滿意他們的處理方式而加以責怪嗎？若是這樣，下回員工肯定不會再冒這個風險，而顧客也會因此受到較差的服務。必須授能工作人員來解決顧客的問題，要指導、鼓勵、示範，然後要全心信任他們，放手讓他們獨立處理突發的狀況，因爲這些狀況是極有可能發生的。

❑ **舉例說明**：Ritz-Carlton大飯店的所有工作人員都有2,000美元（就在寫此書同時）的授權額度，立刻解決任何顧客所提出的問題。所有的工作人員：打掃人員、維護人員、管理部門及保全人員。

❑ **舉例說明**：Lands' End Catalog是一個95%的顧客都不會面對面接觸到工作人員的企業。沒有機會向對方微笑、握手，也沒有機會看起來很關心。但無論我何時打電話過去，都會感覺到備受歡迎，像是位貴客，或是位老朋友。甚至當我已經穿過或是清洗過數次之後，工作人員依然會解決我關於衣服方面的任何問題。「把它送回來，Brinckerhoff先生，我們會寄上替換的商品，記在你的帳上，同時我們也會負擔運費。」

❑ **舉例說明**：我有一次在凌晨兩點來到一家Marriott飯店，誤以爲事前已訂房，後來發現我訂的飯店是在城市的另一頭，可是當時飯店已經沒有空房間。服務人員如何反應呢？他有沒有對自己說「這個人眞是個白癡，我們已經客滿了，讓他搭著計程車到另外一家旅館吧！」他可以這麼做的。但是沒有，他看到眼前站著一位有問題／危機的顧客。當時是清晨兩點。他的飯店客滿，但總統套房還是空的。因爲訂房的顧客並未出現，所以他讓我住進一間遠高於139美元的高價位房間，工作人員解決了我的燃眉之急。這種情況如果發生在其他的連鎖飯店，這位老兄要是沒被開除的話，大概也會被斥責一番；但是在Marriot，他卻因此受到嘉獎。因爲工作人員有被授權，幫了一位顧客大忙，而這位顧客也就順便地向成千上萬人傳述這個美好的經驗。

最根本問題在於：你眞的有授能給工作人員去解決問題嗎？或者只是口頭說說，卻未見行動上的支持呢？授能，代表著在工作人員面對的顧客關係中，授權並支持他們。它意味著，顧客滿意度是組織裡每一位成員都認定的優先考量，而且你，身爲一個主管，就像你眞誠地滿足顧客一樣，也會在工作人員與顧客的關係之中，盡全力地支持他們。

正視它吧！這多少是有風險性的，所有的授權都是如此。但是我們都需要抱持從嘗試中學習的態度，況且通常最好的學習就是在犯錯的當時。就像競爭是具風險的，讓工作人員在你不在的時候解決問題也是一樣。但是如果你鼓勵創新、鼓勵進取心，指導及支持工作人員，並依照想要的成果來訓練他們，那麼絕大多數的人會因此被你帶動。你會驚訝地發現，很多工作人員解決問題或滿足需要的方式和你不大一樣，甚至經常會發現這些方法比你原來的來得更高明。這是好事。

在啓動或擴展授權之前，要先認知到其他選擇的危險性可能超乎想像。如果你不授權員工去做顧客服務，如果你不確保每一個員工都被授權去解決顧客問題，如果你讓每一個問題都留待你親自出馬，我保證你絕對會因此而流失顧客。一個競爭的環境不會等你親自來做每一個決定，它會繼續向前進。授權工作人員去解決問題（噢！危機！），並且現在就解決它們。

第四節　絕不要只滿足於優質的顧客服務——更要尋求整體的顧客滿意度

如果我向你推銷廚房用具，而我只會說「你看，它多麼好用啊！眞是不錯！它是廚房的萬用幫手！」你也許會買，也有可能不會。事實上，你有可能會因爲我太討人厭，又緊纏不放，只好勉爲其難掏錢打發我。那麼，你會給我多少次機會向你推銷？沒錯，只此一次。

但是假設我來找你，詢問近況如何，生活中有沒有遇到什麼事，你告訴我花了太多的時間在廚房。於是我順勢拿出廚房用具，讓你看到它可以幫你省下多少的時間。如果你相信我的展示，認爲有那個價值，你也許會買它。但更重要的是，你會讓我再有機會登堂入室，並向你推銷其他東西。爲什麼？因爲我嘗試解決你的問題。

成功行銷的最大祕訣之一，在於如何讓人們因你解決了不是因你造成的問題而對你感到滿意。如果你經常詢問，定期地問並且聆聽，人們會告訴你他們面對的問題。如果你了解這些問題，就可以讓貴機構的服務和這些問題之間產生關聯。你可以解決這些問題，不然至少盡力去嘗試。

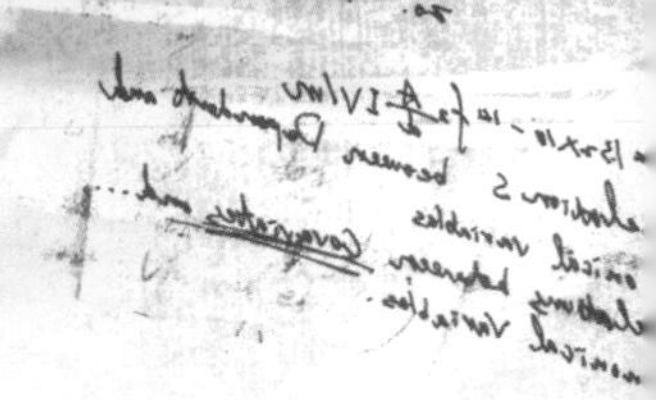

☞ **實際操作**：千萬不要假設一個顧客——甚至是那些對你的組織、組織核心能力和所有服務瞭若指掌的顧客——可以或是會把他們的問題和你的解決方法做連結。也許會，但通常是不會的。不要坐等他們找上門，要主動出擊去拜訪、詢問、傾聽，然後回應！這種詢問最好是非正式的，或是利用第8章所談到的焦點團體，並且帶動所有的工作人員都成爲詢問文化的一部分。我看過太多的組織認爲顧客太了解他們，所以轉而到他處尋求服務，因此不知所措。或許他們是了解，至於知不知道（或記不記得）貴機構可以爲他們及他們的問題做些什麼呢？很明顯的，不知道。

解決顧客的問題，也代表需要學會以顧客的觀點來看待事物。他們如何看待貴機構？如何看待你的工作人員、董事會、貴機構的建築物？如果你想當然爾地假定顧客在想什麼，心中想的是「我當然知道他們需要什麼，因爲我在這已經待了二十五年了」，那就無法掌握問題的重點：顧客對此的想法爲何？

關注顧客觀點是聆聽需要的必然結果。一級棒的顧客服務以站在顧客的立場爲開端，表示有在注意他們的需要、關心的議題、面對的問題。不關心顧客的觀點是非營利組織行銷的一大障礙，我們得承認此一問題是個存在的危機，從而關注它是必要的，擁有感同身受的急迫感也是重要的，從顧客的眼中來看待事物，會提供你不可思議的洞察力。如果只以機構的觀點，而不是顧客的觀點去解決問題，結果將會解決錯誤的問題，或錯誤地解決問題。

❑ **舉例說明**：1991年我的好友成爲一個大型州立兒童福利機構的主任，而這是一個承受極大壓力、被強烈要求改善的機構。機構的兒童照顧常出紕漏，幾乎每天都上報，於是聯邦法院勒令整頓，組織士氣可說盪到最低潮。

這位新任主管希望包括我在內的一些人去機構實地了解狀況，於是我們去了幾次，和第一線工作人員及接受服務的人們談話。我們發現了許多可以很容易就搞定的事，當然也有要花好幾年的時間才能解決的問題。第一天我們來到了機構在這一州最大的城市中的一間主要辦公室和工作人員見面，歷時約一小時，然後走進案主等待區。我和副主任蓋瑞一起，他是一個很好的人，我們成爲好朋友一直至今。正當我們走進這個等待區時，看到在入口的接案桌上有一個數字（把它想成熟食店）正由 234 變成 235。一個空泛的聲音傳出「235號……235號」。

蓋瑞當下抓狂，滿臉漲紅地對我說：「這眞是糟糕！我們得立刻改善！我們不能用數字叫人。這是多麼的不尊重啊，馬上改！」我要他冷靜一點，我同意他所說的：需要解決這個問題。然後我們坐下來，大約花了一小時和一些人談話，接著就離開了。

隔天，這項命令由州政府向所有的辦公室宣布：不要再使用數字，改成直呼人名，以示尊重。好主意，大進步，或者完全不是那回事。

四星期後，我被請到這個州的各地去貫徹執行此一改革。簡單地說，就是去了解實際上有沒有產生顯著的改變。結束後回到了同一個辦公室，並且與工作人員討論，發現有些已經改善，有些則沒有。然後我走出辦公室，和案主坐在一起開始聊天。不久之後，一位人高馬大的仁兄（我並不是一個很矮小的人）走過來，停在我的面前，說道「你是不是那一個取消號碼的笨蛋？」我承認了，此時等候區中其他的人圍了過來（只是

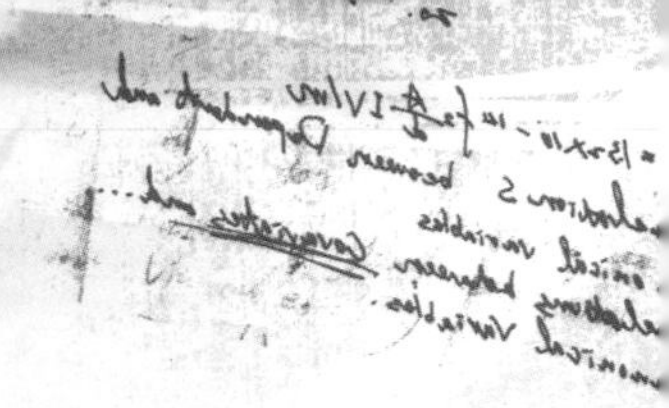

口頭上的，但是我承認我不確定事情是否就此打住！)，告訴我我是笨蛋甚至更糟。我試圖解釋這麼做是希望能夠藉由呼喊案主的名字以表示尊重，但是他們更加挖苦我的自以為是。設法使他們平靜下來後，我請他們告訴我問題到底出在哪。回答是：

「當我們走進來時，拿到的號碼是278，而等候室中所顯示的最新號碼是134，那就知道還有時間離開一下再回來。但是變成叫名字時，就得一直杵在這裡，擔心錯過。還是恢復叫號碼吧！」

噢，這可眞不好受。我們建議機構做的改變——取下這數字——是唯一未經詢問對方需要就自做主張的。我們想到他們需要的是尊重，但他們想要的卻是自由！為了提供案主所「需求」的，我們降低了服務的價值。需要詢問、需要傾聽，也需要關心顧客的想法。

你有注意嗎？希望有。以下我們來看一些其他方面的顧客觀點。有沒有從顧客的角度來想過提供服務的方式？希望有。我們現在就透過顧客的觀點來看看。

1・安全

你要顧客來的場所安全嗎？可以更安全嗎？有沒有提供適當的照明、門鎖、保全、護衛、監視器，或做任何事讓顧客感到更安全？

❑ **舉例說明**：數年前（前一任主管主事時）我與內人在當地基督教青年會的置物櫃被破壞，偷走了一些財物。事件發生之後，我和其他的成員討論，發現和我談過的當中至少有二、三十人對機構安全問題非常憂心。我把這些擔憂拿去和執行長談過，並且自願負責任何有關檢視保全，以及對董事會提出建議改善的委員會。我告訴他其他人都很不安，並且如果沒有解決這問題，也許會影響到會員人數。而他的反應是，「我們早在兩年前就已經處理過這個議題了，但是每一個地方都有小偷，誰想要離開，請便，他們肯定會再回來的！」這完全不是一個顧客導向的觀點。

2・停車

是否提供機構服務的老主顧低價位（或者，最好是免費的）、很容易找到的停車位？容易找到是相當重要的。

3・整潔

機構的設施及場地有沒有定期清理？（不是一年一次！）有沒有通過白手套測試？是不是全部的燈光／高壓交流電／廁所／電話／販賣機都是可用狀態？以上所有的表現都會影響到人們如何看待你和你的組織。這是投資，也是義務，但是只要一隻蟑螂、一個不通的馬桶，就足以讓顧客抓狂。

4・容易找到他們要去的地方

機構的設施容易被找到嗎？訪客容易由一區被引導到另一區嗎？有清楚的指路標，或有人可以就近幫忙嗎？或者，去到你的設施就像沒有羅盤，艱苦跋涉在最黑暗的非洲？

5・問候

所有的工作人員有沒有用友善、樂於協助的態度迎接顧客？工作人員之間的互動，不管是在走廊、大廳、長廊，或者不論何

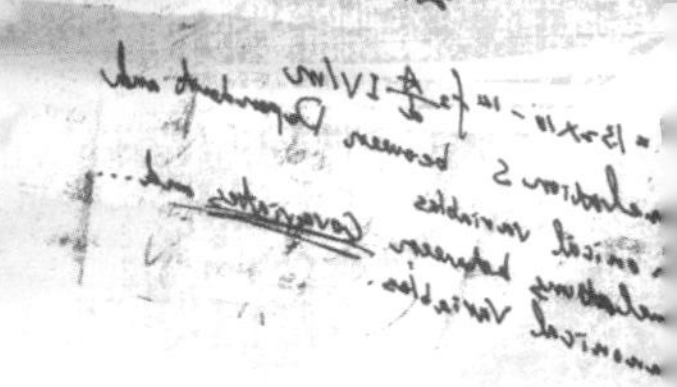

時何地，都相互表達友善的問候嗎？

6·洗手間

容易被找到，並且很近便嗎？乾淨嗎？安全嗎？

顧客有很多的方式來觀察你的組織，但若因爲這些（或其他問題）不滿意，多半不會再回來，或者會告訴其他人這些負面經驗。就像這樣：

- ❑ **舉例說明**：我曾在芝加哥的一間大型、有名的飯店做一整天的發表會。在第一次休息時，我使用會議室旁的男廁。進廁所後，做我該做的，然後四下找尋衛生紙。這才發現那裡不只不供應衛生紙，連裝衛生紙的捲筒都沒有，看來完全沒有任何跡象顯示那裡曾經有過這種裝備。什麼都沒有。

  這下該如何是好？此刻我絕對需要（並且迫切的需要）衛生紙。我決定待在裡頭等到大家都離開洗手間的時候，快速衝到隔壁間。但是，不巧遇上另外一個會議也正值休息時間，大約有三十人在男廁中。現在，我眞的無計可施了，更糟的是，會場裡有七十五個人正在等我回到講台！

  當時我愉快嗎？絕對沒有。那天稍後我向櫃檯反映這個問題，建議他們立刻去處理。櫃檯人員對我所經歷的危機似乎不大有感覺，只把它當做是另一個維護問題罷了。這眞是一個嚴重的錯誤。因爲打從那個時候起，我大概已經跟不下三千個人講這樣的故事。

因此透過你的市場、顧客的眼光，來看待自己的組織是非常重要的，這就是爲什麼需要一再詢問。但是在此你也要確定自己是眞正的在聆聽，而不只是等待輪到你發言的機會。傾聽並且給他們所想要的！

☞ **實際操作**：如果你還沒有運用我之前所提的實際操作的建議，現在是一個好時機。找一個願意以潛在顧客的身分來到貴機構的朋友，請他們方便時隨時可以來，然後記錄他們看到所有喜歡的和不喜歡的——甚至是最細微的小節。挑出對你的組織比較嚴苛的朋友，強調貴機構銳意改革。參觀後請你的朋友列出這次參觀看到的優劣點，如果他或她願意的話，進一步邀請他們向你的行銷團隊或管理團隊提出報告。我向你保證，肯定讓人大開眼界。

第五節　不滿意的顧客

幸運的是，對於許多顧客來說，只是經常詢問顧客滿不滿意、有沒有問題需要解決，並進一步解決問題就足夠了。因爲如果經常與顧客接觸，他們會在問題還不太嚴重的時候告訴你，而不是等到變成重大議題的時候才提出來。大約有一到十個顧客會抱怨，但要以禮貌的、願意協助的，以及最終會成功的態度來處理問題，這是每一個工作人員都需要培育及練習的技巧。現在來看看如何處理這些不滿意、抱怨的顧客。有些時候他們有根有據（從你的觀點），但是有時則不。記住，顧客不一定總是對的，但是顧客永遠是顧客。因此，需要有專人來指導你和工作人員如何應付打電話或出現在你的辦公室門口的火冒三丈的顧客。讀到這裡，回想上一次顧客對你發洩怒氣的情況下，你使用了哪一些技巧？發生了什麼事？

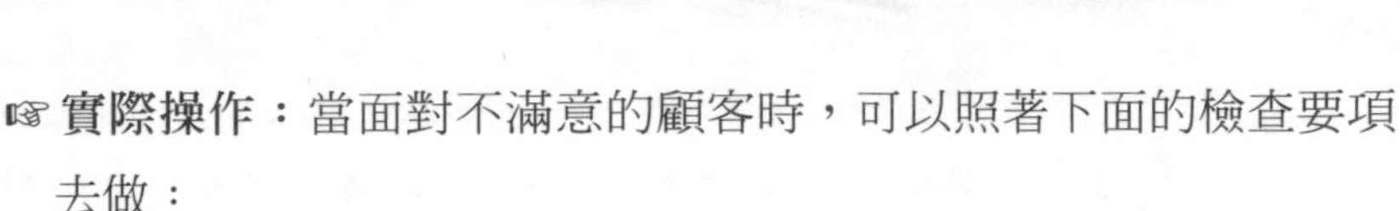

☞**實際操作**：當面對不滿意的顧客時，可以照著下面的檢查要項去做：

(1)聽完他們完整的抱怨：不要插嘴、打斷，或任何妨礙他們發洩的動作。如果對方憤怒到要抱怨，多半希望一吐爲快。不要爲了更正、打斷，或急著向他們解釋，而演變成火上加油，至少也要等到他們暢所欲言，然後再詢問你想要澄清的問題。

(2)接納顧客的觀點：這裡有兩個可能：顧客是對的，是機構搞砸了；或者顧客是錯的，而你還沒做錯。不管是哪一個情況，要先接納他們的觀點，這是很重要的。首先，如果顧客是對的，你說，「瓊斯先生，這聽起來像是我們的錯誤，我非常抱歉，眞的很感激你特別花時間打電話來。」或者，顧客是錯的，而你說，「瓊斯先生，我了解你的挫折，也很遺憾你有這樣的感覺，感謝你讓我了解這個情況。」接納你所聽到的問題，感同身受，並確定對方知道你聽到了他們的問題反映。

(3)詢問他們的需要：這是經常會搞砸的地方，我們在爲不滿意的顧客解決問題時，從來沒去問他們要的是什麼。這是不對的。要先詢問，「瓊斯先生，請問您認爲我們現在該如何做才好？」如果對方也不知道要什麼，你才提出建議。不過事情通常不是這樣的，顧客多半只希望感覺好一點，問題不要再發生。要先詢問！

(4)千萬不要承諾做不到的事：幫助人們時，我們會想要使顧客開心，方法之一就是有求必應。這樣做可以讓他們當下會很高興，但萬一後來我們無法兌現承諾時，相信對方會很不滿。因此，當你說，「今天就把資料寄過去。」「我們可以在一個星期內為你作第一次預約。」或者是「新顧客只需花三十分鐘即可完成登記。」這些是眞的嗎？你可以言而有信不打折扣嗎？如果沒有把握，絕對不要輕易做下承諾，要確定工作人員也都了解這一點，第一線提供服務的員工最容易出這個紕漏。要經常對工作人員耳提面命：只承諾你可以做到的。這裡有個很容易脫口而出的承諾，但是卻很難達成：「瓊斯先生，我向你保證絕對不會再發生。」聽說過墨非定律嗎？

(5)保持詳實的記錄：特別是如果你手上正好有顧客的問題、對方申訴的內容、誰答應誰在什麼時候之前做什麼事等，都要保留清楚的記錄。這時記錄的文件不只會保護你，也會提醒該要做的事，讓你更能信守承諾，同時它也是一個可以拿來和其他工作人員分享這些抱怨的好工具，以確保才處理過的事件不致再度發生。

(6)千萬不要假設顧客是滿意的：詢問、評估、面談。如果眞的有人來抱怨，親自打電話給那些人，此一動作可望減少將近90%的抱怨。但是不要等到人們前來抱怨——通常只有10%的人會這麼做，剩下90%沒有提出抱怨的人，會告訴另外十個人，並且會誇大其詞。所以，一定要搶在顧客抱怨之前主動處理。詢問、詢問、詢問。

第六節　定期與顧客接觸

顧客服務的另一個重要部分是要定期與他們聯絡。藉由定期接觸，特別是針對目標團體顧客，不只會更了解他們，而且會更有機會看到他們的問題，當有問題發生時，就可以即時提供解決

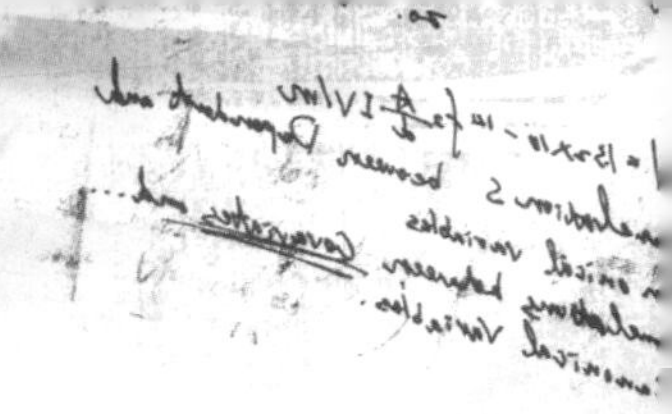

方法，有時就算只是本人出現也好。

❑ **舉例說明**：我經常會和主要顧客聯絡，只是聊聊。我不會嘗試去銷售，不會和他們談論我們新發展的訓練課程，或者是近日會發行的新的出版品。我單純只是打個電話，寄封電子郵件，或者是閒聊五分鐘，有時甚至是十五分鐘。我會問他的生活近況，那一行產業如何，及工作如何。如果對方提出一些問題是屬於我所擅長的領域，我會提供若干想法，或建議一些可能的解決方式。

我從未在這樣的電話中銷售。但我卻因爲它們意外地得到了許多工作，並且常常是在講電話當中。是什麼？因爲他們看得到我本人，搭得上線，並且知道我有多關心他們。我和最成功的銷售人員談話時，他們都會說：你必須和顧客保持聯絡，必須讓他們看得到你，必須是可聯絡得上的，換句話說，就是要和顧客直接互動。

❑ **舉例說明**：有沒有發現保險公司打電話來時，都是在你每一年的生日前後？是來祝你有個愉快的一天嗎？有沒有提醒你年華老去？沒有，只是與你聯繫，並且問問看有沒有什麼與保險有關的事想要談一談。

❑ **舉例說明**：爲什麼牧師在做完禮拜之後會逐一問候教區的居民？爲什麼很多牧師會打電話到家裡，有些時候不預先告知？是爲了抓到你正在做壞事？不是，是爲了更了解你，並且在你需要時能儘量幫得上忙。

以下幾點是與主要顧客保持聯絡時需要加以考慮的。在此要指出，我了解你沒有足夠的時間對每一個市場都全部做到，建議使用第6章所討論的80/20法則，把重點放在最重要的市場。同時，記住主要的顧客團體就是組織的資助者，不要把他們排除在例行接觸的規劃之外。

1．提供所有主要市場（買方、董事會、工作人員、志工、客户、契約委託者）對組織有所影響的機會

例如，可以透過讓顧客檢視計畫草案，將他們納入組織的策略規劃中。順道拜訪時，偶爾可以詢問他們一些如何解決組織問題的想法，增加他們在組織裡的擁有感（ownership）。

2．與顧客的重要議題同步

廣泛的閱讀，並將所有可能會影響顧客的事情記下來，無論是產業或者是家庭的議題。下回與他們見面時，就這些主題請教他們，並且讓他們知道你了解他們的問題和經驗。

3．如果事情無法馬上解決，要他們直接打電話給你

當問題發生時，讓他們知道如果正規的解決方法無法令人滿意，可以直接來找你。然後，親自主動打電話，確定他們是滿意的。

4．每一筆進帳都應致上謝卡

這是一件小事，但是很容易做到，可以印製小張明信片。

5．如果做下保證，言出必行

此處不再贅述。

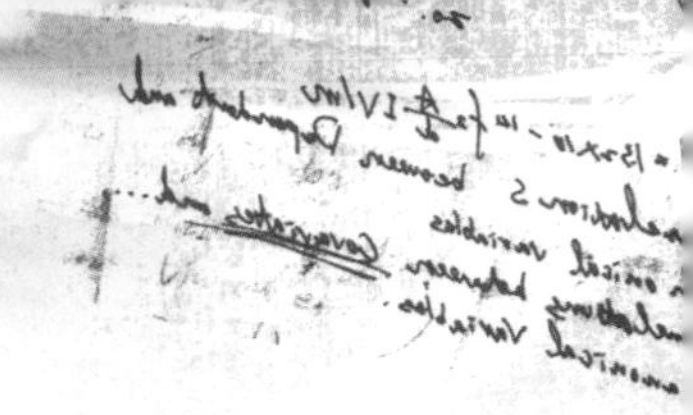

6・定期性的進行「品質檢查」

露個臉，或是打個電話，只問一件事：一切都還好嗎？確定工作人員知道你正在進行這個任務，好處有二：減少出錯及讓顧客知道你堅持品質的承諾。

7・永遠要持續追蹤新的顧客

對於大的新市場，個人的問候及品質的檢查是應該要有的，而且高階主管責無旁貸。

8・要保持愉快

即使情緒低落、精疲力盡、挫折沮喪，或甚至生病時，都要盡你所能地愉悅迎人。記住，你一直都是行銷團隊中的一個成員，所以隨時都是「執勤中的」(“on”)。微笑、有禮和愉悅的態度，會帶來許多的善意——日後非常需要的，而這也是「感同身受的急迫感」概念的展現。

眞是工程浩大，但我們都希望顧客是永遠的顧客，投資他們，他們就會用十倍來回報你，方法之一就是帶來新顧客、新案主、新學生。這是下一節的主題。

第七節　讓顧客成爲轉介來源

不費吹灰之力就有顧客上門如何？完全不用去推銷、打電話、寄書面資料，或是親自拜訪就來的如何？聽起來不錯吧？你也一樣可以善用這個來源：就是機構現有的顧客群。

前一節提到不滿意的顧客會向人們（很多人）傳述這個不愉快的經驗，同樣的情形也發生在滿意的顧客身上。對於自覺受到一級棒的顧客服務的顧客，眞的會這麼做的。因此，如果讀者照著本章提出的方法身體力行，應該會有一些顧客愉快到滿心願意爲你介紹新顧客。我們是不是只能等待它的發生，或者有沒有可以做和應該做的，好積極促成這樁美事呢？介紹如下：

1・轉介者不是眞正的「免費」

機構需要爲他們服務，並且在他們身上下功夫。如果貴機構在顧客服務方面已經有傲人的成果，那麼滿意的顧客就是不該輕易浪費的資源。

2・不要對新顧客表現太熱切

最常見的錯誤之一，是有些機構一旦有新的顧客，就會急切地要他們向別人推薦或轉介，頓時使這些顧客感到十分不自在。給新顧客一些時間完整地體驗貴機構。再者，當我打電話給一個推薦人，通常會問「你成爲我們的顧客多久了？」，如果答案是「一星期」，那我大概了解雖然他或許是眞心誠意的推薦，但並不是以重要的議題，像是我們如何解決問題，作爲轉介的基礎。要有耐心。

3・在使用一個名字作推薦時，一定要先徵得同意

絕對不要在未經過同意前，貿然使用某人的姓名，或者該組織的名稱。99%的人會樂意向別人推薦，但其中大約有一半的人會因爲貴機構在他們不知情或者是不同意的情況下，把他們的姓名公開而責備你。確定要讓一半的最滿意客戶生氣嗎？我不這麼認爲。

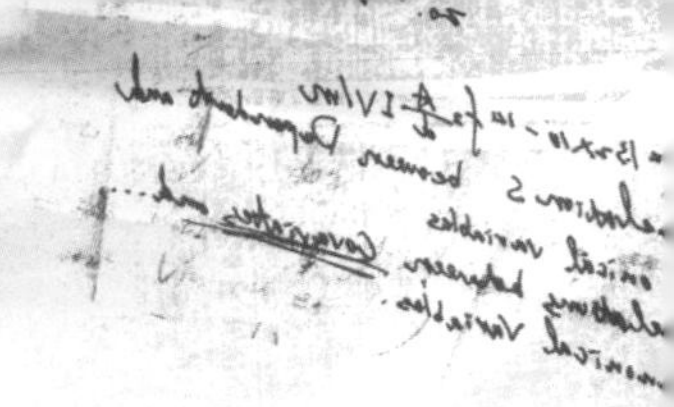

在這個方面你可以要求很多的事情，包括：

- 其他可能成為我們服務對象的組織。
- 同意用他們名號為本機構做推薦。
- 對同行提到本機構。
- 告知他們所屬協會的名稱。

以上所有的事情在組織擴展行銷努力時肯定會有好處。

4．記得滿足推薦者的需要

你的顧客在協助貴機構的同時，有沒有要求些什麼回饋？找出來。對大多數的人，也許只是一聲謝謝，但還是要先確定。有些人會希望在姓名前面加上頭銜，有些則否。要問清楚。

5．一定要打個電話或寫張謝卡致意

我假設你有追蹤顧客從哪裡得知貴機構，因此無論何時發現機構進來一個經推薦而來的顧客時，立刻打個電話或寫一張謝卡致意。每一次都要這麼做。

不要忽略了組織為改善顧客服務投注的心力所可以獲得的好處。尋求既有顧客的幫忙，可以讓機構招攬到更多的工作，幾乎所有顧客都會很樂意提供協助，他們希望貴機構經營成功，這樣才可以繼續為他們提供更多的服務。

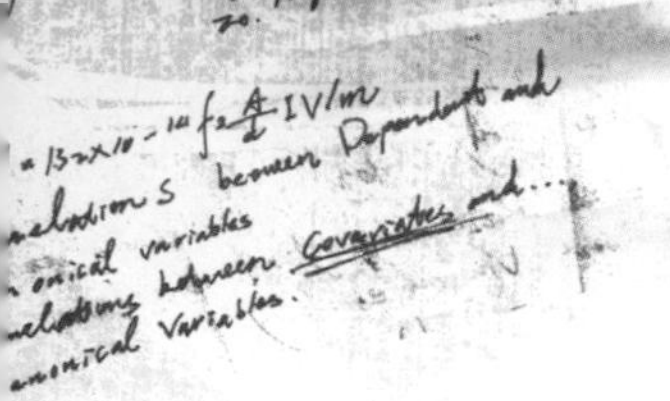

重點回顧

一級棒的顧客服務？沒有什麼是難以置信的。不過是一種態度與全力以赴，持續地活用一些基本原則，以及團隊的努力。不過，一級棒的服務是可以做到的，而且對於處在一個競爭的經濟下的行銷努力，是相當重要的。本章闡述一級棒的服務在競爭環境中是最基本的，組織眞正所想要的顧客導向成果，就是顧客滿意度。

本章討論一級棒的服務，和解決顧客問題等議題。我們檢視了「顧客永遠是對的」的謊言，但也同時肯定「顧客永遠是顧客」的事實。因此，當問題出現時，解決固然是必要的，然而也要確定什麼是顧客生活中亟待解決的問題，並嘗試與貴機構所提供的服務相連結。前文也提及在處理每一位希望從貴機構得到服務的顧客時，要要求工作人員抱持感同身受的急迫感的態度。

第三，本章探討爲何要授能給工作人員，並且讓他們可以立即解決所發生的問題，而不是等你有空的時候再告訴他們怎麼做。第四，我們檢視維持與顧客的定期接觸，在問題變大之前就找出來，並經常地了解顧客的需要，以方便你或你的組織可以提出解決的方法。此外，我也提到和資助者接觸尤其重要，也提供了八點具體建議，讓你和顧客接觸更具成效。

最後，我們談到如何藉由將顧客變成爲轉介來源，以獲致一級棒顧客服務的好處。本章提出如何從既有的顧客那兒得到更多，並且讓他們能夠更加深入參與的方法。

一極棒的顧客服務是在更加競爭的世界當中，保住現有顧客基礎的方法。這是一個越來越多的非營利組織所追求的標準，應

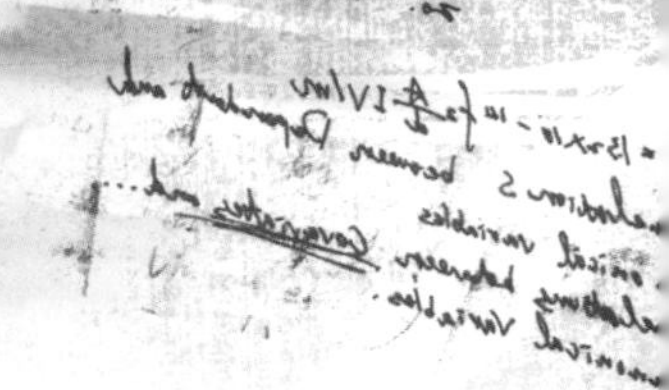

該要努力做到。這代表有一堆的工作要做，但也是一項投資，會有很好的報酬。

第11章的問題與討論

1.我們的工作人員有沒有被授能去解決顧客的問題？或者是他們總是依賴我？我有沒有鼓勵創造力，並獎勵讓顧客愉快的工作人員，或者會不會因爲工作人員沒有詢問我們而受到懲罰？

2.我們有沒有對每一個尋求服務的人表現出感同身受的急迫感？如何可以做得更好？

3.我們是在銷售服務，還是解決問題？我們有沒有詢問，然後聆聽，或者只是要對方付錢？

4.我們有沒有定期拜訪所有重要的顧客和目標顧客？如何可以做得更好？有請對的人在適當的時間間隔，以正確的方法去拜訪這些市場嗎？

5.我們有多少的工作是轉介來的？知不知道是從誰那裡得到轉介？每次都有感謝他們嗎？有誰是我們可以鼓勵要他們轉介給我們的？

6.想一想最近有哪一個交易的經驗（在餐廳、服務、產品、商店）是特殊的。是什麼？爲什麼它是特殊的？你會不會覺得那些離開我們組織的人有同樣的感覺？頻率有多高？

12 行銷規劃的程序

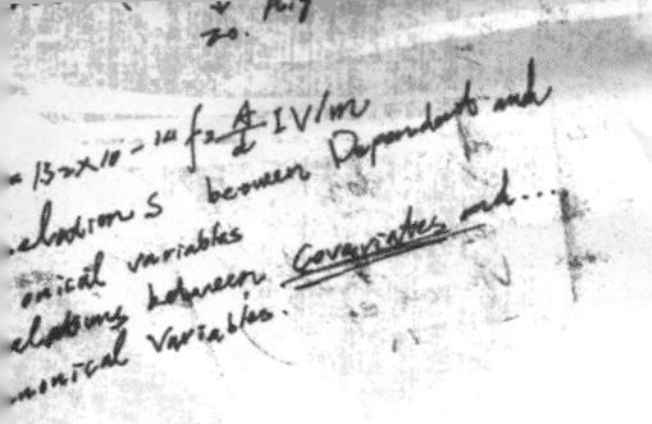

總覽

現在，我們需要把先前幾章組合起來。讀者已經具備所有可用來促使貴機構邁向市場導向和使命導向所需要的哲理或技術方面的資訊，但是要從現在立足之處邁向理想的境界，組織需要一個行銷計畫。

本書前文曾提過組織應該要一點一點地進步和改變——一次只要往前進1%就好了。該章節中也提到，如果那些「1%的改變」不是由一個計畫在引導的話，那麼那些改變只會讓我們在原地打轉。有此一說：沒有計畫，會走到哪裡全憑運氣。我同意，而且人們一定不會想看到，所有的行銷努力都是偶然的，或只是碰運氣的結果。我們都不希望組織的一些部門只鎖定特定的一群人，而忽略掉了其他人——尤其是如果那些「其他人」，正好是組織的其他部門的目標市場。我們不想要在公眾面前擁有多重「身分」，也不會想要針對某部門的市場進行五次市場調查，而另一部門的市場卻一次也沒有。好的行銷規劃，可以讓組織用一種協調的、有效率的，並且可望有效能的方式來做所有該做的事。

章節重點

- 建立組織的行銷團隊
- 詢問時間表
- 鎖定組織的行銷努力
- 行銷計畫大綱
- 行銷規劃軟體

本章將引導讀者如何開始規劃的程序，也就是從組成一個勝利的行銷團隊開始，將針對該挑選誰、如何凝聚團隊，及設定其工作內容等提供若干建議。

其次，要探討如何發展詢問的時間表。讀者應該還記得第八章有關詢問的討論，作者曾點出一個人們常犯的錯誤：過猶不及，要不是問得太頻繁，就是太少問，這份時間表正好有助於避免這樣的問題。但是你該如何選擇在什麼時候詢問哪個市場呢？本書會提供一些建議。這個議題將順勢帶到本章的第三部分，探討鎖定市場的實務操作方法。本書一而再、再而三地提及聚焦和鎖定有多重要，以下將會提供一些具體做法。

最後，我將提供一份相當詳細的行銷計畫大綱，讓讀者了解重要的內容，同時也會提出一份行銷計畫的真實範例。除此而外，本章也將檢視組織如何將行銷計畫整合到組織整體的策略規劃之中。希望讀者讀完這一章時，對如何開始一個協調的、有計畫的行銷努力能有充分的掌握。

第一節　建立組織的行銷團隊

本書前文曾提到，行銷是每個人的工作，而不只是執行長或行銷總監的職責而已。每個人都是整體行銷努力中的一環，不過未必每個人都能進入發展或執行組織行銷計畫的委員會或團隊中。

無論如何，組織需要一個團隊，而且是一個多元廣泛、有各種不同經驗和觀點的人所組成的團隊。組織需要靠這個團隊來發展行銷計畫、設計詢問內容與方式、分配行銷預算，以及負責大部分經常性地與顧客接觸的工作。現在讓我們來看看行銷團隊的組成，並討論它的職責。相信讀者會發現，藉由發展這樣的團隊，將可以大大地改善貴機構行銷努力的成果。

1・誰應該進入行銷團隊？

我一向欣賞多元廣泛的團隊或委員會，行銷團隊不應該只有董事會成員，或是僅由高階管理人員組成。想想看你的組織圖，有垂直的層級（高階主管、中階主管、第一線工作人員）和水平的面向（不同的服務方案或服務領域）。我發現一個由組織中垂直和水平的各個階層、各個面向的廣泛代表所組成的團隊，可以讓大家在當中得到最佳利益。如果讀者同意「行銷是團隊努力」，以及「每一個人都在行銷團隊中」的觀點，在組成貴機構的行銷團隊時，務必身體力行。哪些人該被納入行銷團隊呢？這些人包括：

- 執行長（CEO）：組織中最高階的工作人員應該在團隊中，至少在選擇目標市場、行銷規劃，以及決定其他策略性議題時要參與其中，但是他或她或許不宜擔任這個委員會的召集人。
- 董事：應該邀請一、兩位董事進入這個組織的重要團隊，特別是如果有董事會成員在他或她平常的工作中，就是從事行銷相關的工作。
- 行銷總監：組織中職司行銷的工作人員，不只應該進入委員會，同時也最應該主持這個委員會。
- 服務總監：無論這個頭銜指的是一或多個工作人員，負責組織核心服務的這些人，需要參與這些詢問與聆聽的過程。
- 中階和第一線工作人員：行銷團隊需要來自組織中各種職

位的人。這些人許多都比高階主管擁有更多和顧客接觸的經驗，因此他們的投入是很重要的，而這對他們來說，也會是一個很好的職員發展經驗。

- **外聘專家**：有些組織發現，在行銷團隊中有一、兩位外部人士是大有幫助的，這些人幾乎都具有某些特定的專業知能可以貢獻。

這個團隊不宜超過十到十二人，也不低於五至六個人，這是這類任務團體的最佳規模。

2．行銷團隊的責任是什麼？

當組成了行銷團隊後，該做些什麼？以下是行銷團隊應該考量的成果一覽表：

- 發展一個和組織的策略規劃相搭配的行銷計畫。這個計畫應該包括策略以及年度目的（goals）、目標（objectives）和預期成效（desired outcomes）。
- 編列和執行行銷預算。
- 規劃組織進行詢問的時間表。
- 設計組織的行銷素材，並隨時更新。
- 設計組織的「外觀」和標誌，並且讓它們跟得上時代。
- 監測該行業的趨勢，並且適切地提供董事會及管理團隊建議。
- 進行適合的市場調查、焦點團體和面訪，以便隨時掌握市場的需要。
- 舉辦機構內部針對所有員工有關顧客服務、行銷、詢問和其他相關議題的適切訓練。

• 和主要的市場區塊保持定期的面對面接觸。

• 強化本身行銷專業知能的定期訓練。爲團隊人員找尋外部針對市場調查、面談、市場分析和行銷素材設計的教育機會，發展團隊內部的專業知能。

聽起來似乎有不少事要做，的確是如此。不過如果團隊在剛開始的六個月中，每兩個禮拜開一次會（一次二至三小時），之後固定每個月開一次會，應該會有足夠的時間完成以上所有工作。同時，爲了讓讀者可以即刻著手，以下列舉了一些需要在前六個月完成的重要事項。

3．前六個月的成效

以下是針對行銷團隊在前六個月可以努力之處提出建議：

• **達成共識**：團隊成員在定義和完成共同目標的方法上，達成共識是很重要的。建議所有的團隊成員一起閱讀這本書，若是有用，就可以進一步使用*Mission-Based Marketing Discussion Leader's Guide*，那是專爲行銷團隊這類團體所設計的。

• **確認目標市場**：把在第6章所學到的市場確認過程操作一次，試著在「誰是目標市場」這一點上達到共識。

• **確認和每一個目標市場的接觸窗口**：可能的話，在組織的每一個目標市場，分別指派一個專人固定保持聯絡。這對資助者來說比較容易，但如果是在「青少年」、「護理之家住民」這類的目標市場上，可能較爲困難。但即使是在這類範圍廣泛的市場中，也會有一些代表、倡導者、家庭成員，或是其他可以扮演這個角色的人。

- **將每個成員指派到一個目標市場區塊**：團隊中的每個成員都至少要有一個（可能會不只一個）市場做爲責任區。如此假以時日便可以發展出專業知能，而這正是機構想要的。
- **發展評估基準（benchmarks）**：可以的話，檢視一下這些市場目前的狀況，多半已經有一些內部的資料可以查閱：這個市場的規模有多大？有多少回頭顧客？轉介是從哪裡來的？這些市場對我們有多滿意？受到多少抱怨？工作人員和董事會的流動率如何？顧客目前的滿意度達到何種層級？以上資訊都會進到基準設定當中。這些評估基準是組織改善的起點，如果現在不設定基準的話，之後就無從得知究竟改善了多少！
- **規劃詢問時間表**：參閱本章第二節，可以更了解如何和爲什麼要發展詢問時間表。現在就需要協調好詢問，而不是之後才做。
- **設計行銷計畫的草案**：第四節將有更多討論。簡單地說，在六個月之內，你一定會被逼著完成上面所有的事項，和設計出一個計畫，不過也可以發展一些目的和預期的成效。

組織的行銷團隊是整體行銷努力的關鍵要素，所以要審愼地挑選成員；提供他們支持和資源（包括暫時從原有其他任務抽離的時間），並且讓行銷成爲他們最優先的事。不要把工作加給一兩位本來在機構裡就已經負荷過重的工作人員。要組成一個團隊，激勵他們，支持他們，並賦予高度期許！

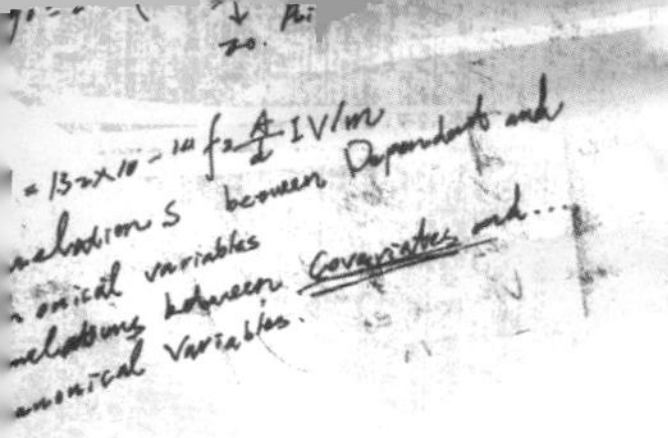

第二節　詢問時間表

本書第8章一再提及，經常詢問市場需要的方法，包括有面談、市場調查、焦點團體，當然還有非正式和持續的詢問。所以讀者現在應該已經了解詢問是很重要的，而且也知道該如何去問了。但是詢問，尤其是使用焦點團體（某種程度上市場調查也是）的方式是很昂貴的，該如何讓有限的金錢發揮最大效用呢？同時，有些組織常犯的錯誤就是問得太多，造成一直去打擾（或甚至是糾纏）他們最好的顧客，其實這些資訊都可以用一個更有計畫的、更協調的方式，有效率地蒐集到。

因此，貴機構的行銷團隊應該發展一個充分協調的詢問時間表，其中包括所有的市場調查、焦點團體、面談和非正式詢問的時機與內容。這個時間表應該要反映出在行銷計畫中已設定的市場優先順序，以及預算框限的現實。記住，我們不可能每一年都去問每一個人每一件事情，預算不允許，況且我們也不想這樣糾纏別人。授予行銷團隊規劃和決定組織所有詢問的權限，如此就可以充分運用有限的預算獲致最豐富的資訊。

記得要把這些蒐集到的資訊帶回去給最需要的人——服務的直接提供者。

- **舉例說明**：有一個爲貧民區弱勢兒童所設立的幼稚園規劃了一個方案，內容是所有的工作人員（老師、行政人員、自助餐伙食人員和接待員）要經常地、儘可能地去問每一個人，問他是從哪裡得知這所學校的、他們覺得這裡的服務和教育如何。爲了評估該機構的行銷努力，我檢視了所有從市場調查、焦點團體和非正式面談蒐集到的資料。發現市場調查、焦點團體，以及由行政人員做的面談，都得到相當重要而有價值的資訊，但是來自老師或是自助餐伙食人員的面談資料卻非常有限。我問了那些老師有沒有經常進行非正式的詢問，答案是有，而且不只是接納家長們的建議，還隨時找機會付諸實行。我再問他們有沒有接收到任何針對組織其他部門的抱怨或是建議，答案也是有，但很可惜的是他們還沒把這些訊息轉知相關單位，因爲他們假設行政人員也會蒐集到類似的資訊。

同樣的情節也發生在接待員和餐飲服務人員身上，他們都有詢問並且試著在本身工作領域中妥善處理所得到的構想、建議或是抱怨，每一個人都假設被提出來的有關組織其他部門的問題，那些單位也有所聞。資訊從來沒有被傳遞出去，但是，很重要的是，它應該要被傳遞。一些很認眞的關切和一些很關鍵的機會，就因爲沒有做到資訊流通而被錯失了。

請確定詢問時獲得的資訊有忠實地傳遞到它應該到達的地方。這表示所有蒐集到的資訊應該影印一份給行銷團隊，或是可以設計一個資訊傳送路徑系統，讓所有的構想和關切可以到達它們應該到的地方。不過無論如何，先確定透過詢問，機構有得到投入經費想要獲取的資訊！

現在，本書提供幾個詢問時間表的例子，包含幾個關鍵要素：正在詢問誰？什麼時候問？多常問？用什麼方式問？**表12-1**是一個教會的例子，這個教會擁有大規模的外展、單身人士以及青少年方案，這些族群是教會的目標市場。

從這個例子中可以看出來，該教會決定要把本年度的工作重點放在青少年和單身人士，其次是新成員。按計畫針對一般成員的市場調查週期是兩年，因此在接下來的十二個月內這間教會並

表12-1　詢問時間表

方法	市場	循環	本年度的最後期限
市場調查	青少年	每18個月	2月
	新成員	參加後6個月	視需要而定
	單身人士	每18個月	6月
	一般會眾	每2年	無
電子郵件	20到40歲	每6個月	2月和8月
焦點團體	青少年	每年	一次：安排在市場調查之後
	青少年的家長	每年	一次：安排在青少年的市場調查之後
	新成員	每年	一年兩次
面談（正式的）			今年不做
面談（非正式的）	全部的人	隨時進行中	隨時進行中

不打算執行。也請注意電子郵件這一項，它鎖定在教會中最有可能使用電子郵件的族群上。如同本書第10章討論過的簡易電子郵件調查大概就夠用了。

☞**實際操作**：如同第8章曾提及，經常詢問的優點之一是，組織可藉以測知潮流的變動。問題是多「經常」才夠經常呢？在隨時隨地調查和一千年才調查一次之間，是可以找到平衡點的，一般性的指導原則如下：

- **工作人員調查**：每十八個月（一年半）做一次，這樣的間隔可以讓組織有足夠的時間來執行那些可行的建議，並產生一定的效果。
- **消費者調查**：有些一年調查一次，有些則是每六個月一次，視服務類型而定。學校可能每半年會對學生及家長做

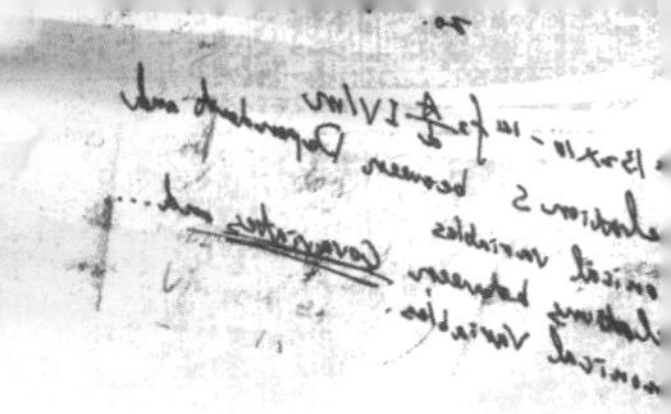

一次正式調查，而管弦樂團可能只會在一個策略規劃週期中，問資助者一次。一般而言，作者的建議是一年一次。

- 資助者：一年一次，或是在每個募款週期的尾聲時進行。
- 捐贈者：每兩年一次，或是在從事大型募款活動分析之際進行。
- 轉介者：每六個月一次。

☞ **實際操作**：當你在設計詢問工具和撰寫報告（像調查報告）時，在報告的封面註明執行日期，以及下次調查的日期。譬如說，在一份工作人員工作滿意度調查報告上，寫下這個調查是在2003年6月完成的，而這份調查應該在兩年後，或是2005年6月更新。放上調查報告的更新期限，會比較可能記得再次進行調查。

一份詢問時間表可以省去不必要的重複，和對你應該最珍視的人——機構的關鍵市場——不必要的騷擾。

第三節　鎖定組織的行銷努力

在這本書中，我不斷強調，要把大部分的行銷努力放在最重要的市場上。我們檢視了好幾次80/20法則，以及它可以如何在組織中應用。但是現在你要組合出一個計畫，而你已經向總是很拮据的資源承諾，會在這個計畫中試著爲每一個人做每一件事。行銷團隊（或是董事會）中可能有些人會希望去和每一個人面談、針對某個市場區塊舉行焦點團體，或是爲每個微小的利基發展促銷素材。每個人都會有自己獨鍾的構想、個人的優先順位。怎麼可能在如此有限的時間和經費下面面俱到、全數完成呢？

做不到，因此組織需要鎖定最關鍵的市場和「高價」項目（”big-ticket” items），並且把它們排在最優先的地位，以便讓你的時間和金錢發揮最大效用。先來看看我所謂的重要市場是什麼，然後再來看那些極爲重要和極爲貴重的「高價」項目。

1・最關鍵的市場

先確定一下，我們在最重要的市場上是立場一致的。在第6章曾提到聚焦在目標市場上、80/20法則，以及和策略計畫連結的重要性。它們仍然很重要，所以要再復習一次，並且加上一些政治上的考量，以做爲行銷團隊評估之用。

※組織目前收入的80/20法則

復習一下，80/20原則聲稱，組織80％的收入來自20％的顧客。因此它提供了絕佳的實證基礎，讓組織把行銷努力聚焦在最大的顧客之上。同時，如同在第6章學到的，這個法則不只可以應用在收入上，也適用在服務上：組織所服務的80％的顧客／學生／病患／成員／教區居民，幾乎可以確定只是來自那些市場群中的20％，所以確定將行銷努力的焦點放在那20％上。

※重要的未來市場

在另一方面，很多讀者可能會認爲機構在目前的財務上，太過依賴某一特定對象了——通常是政府。你可能就是其中之一，而且試圖想要降低來自此一來源的經費占總收入或服務的比例。要達到這個目標，機構應該不致讓整體資源縮減，可以採取的做法是增加來自其他團體的收入和接觸，而這些團體目前可能還不在你的「20％俱樂部」當中。這表示，你應該根據策略規劃，把行

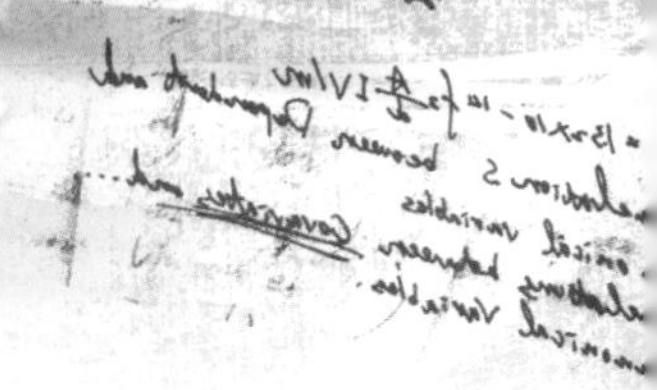

銷努力中的一部分聚焦在那20%之外。你在哪裡看到服務的良機？如果你發現它們是在20%之外，很好！要記得讓機構的行銷預算分配有根有據。

※認同貴機構的市場

對大多數的非營利組織來說，有些顧客群體對它們的身分認同而言是很重要的一部分。舉例來說，大部分天主教學校也兼收非天主教徒的學生，但即使非天主教徒學生的百分比逐年成長，工作人員若是因此不繼續行銷它們在天主教社群中所扮演的提供教育機會的角色，那就未免太天眞了。有沒有一些市場眞正與貴機構理念相同併肩作戰的呢？像是在很多社區中，捐血和美國紅十字會是緊密相連的，基督教青年會和水上安全、青少年夏令營密切相關，美國癌症協會則是和癌症警醒、篩檢及研究相連結。貴機構有沒有一些核心市場，對組織的社區形象，以及內部自我形象而言是很關鍵的呢？即使他們是很小的市場，組織可以承擔不去從事這方面行銷的後果嗎？

2·重要的行銷項目

所謂重要的項目，是指那些耗用最多時間或金錢的項目，這也不是在每一個市場都會用到的方法。

※市場調查

市場調查，雖然未必貴得離譜，但確實是很耗時費錢的。尤其是第一輪的調查，正在摸索如何用正確的方式和次序詢問問題時，情況會最糟。貴機構如果經常在做調查（希望有），那些重複的循環可以少花很多時間，但是不會省下多少錢。

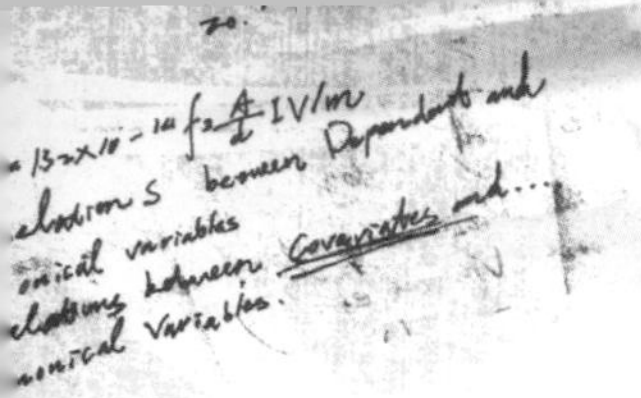

※焦點團體

焦點團體非常昂貴，每一個焦點團體的花費大約在2,000美元到10,000美元之間，依團體的引導者、環境和團體的大小而定，這就是爲什麼大多數的組織選擇先進行市場調查，篩選最重要的議題，再納入焦點團體討論。

※個人接觸

時間、時間，時間是最大的花費。如果你有學到本書第11章的一些構想的話，就會發現這將會吃掉多少時間。即使是將行銷的個人接觸任務，分配給全體行銷團隊成員，這仍然是整個行銷組合中很花時間的部分。

※行銷素材

希望第9章的敘述夠清楚——行銷素材不一定非要是極爲昂貴的不可。然而它們的確會花點錢，因爲連最小的市場也有專門設計的素材，但這可能沒什麼道理，除非你期待該區塊會有所成長。但是不要只發展一種一般通用的素材，要針對不同的目標市場設計不同的素材。

※網站

經常維護和改善貴組織專屬網頁，確實需要些開銷。退一步來說：最好在這個重要的顧客接觸點上花些錢，千萬不要因陋就簡接受一個免費的、陽春的，只有首頁，然後空空如也的網頁。在現在社會中，組織需要把網站當作外展工具、當作教育場所、當作召募工作人員和志工的據點，以及當作一個讓人們捐款的地方。貴機構可以在這方面找些志願性的協助（如同本書第10章所

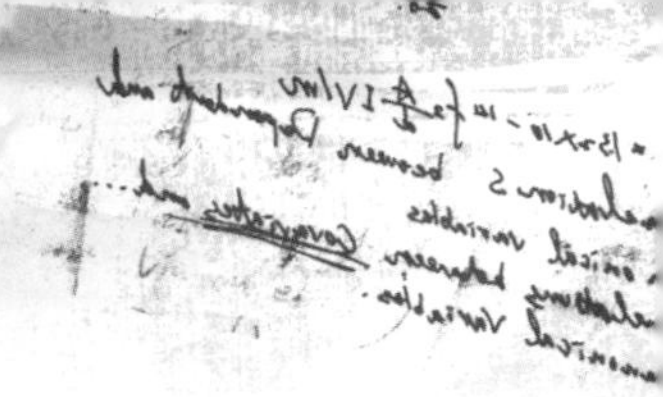

述），網站對組織而言很重要，不該便宜行事。

組織在發展行銷計畫時，記住要聚焦、聚焦、聚焦。你和團隊中的其他人會希望爲每一個人做每一件事，但這是不可能的，所以學習聚焦的功課吧！

行銷計畫本身，是我們下一個要探討的主題。

第四節　行銷計畫大綱

我很願意提供一個行銷計畫大綱，讓你明天開始發展行銷計畫時可以立即派上用場。但根據我閱計畫無數的經驗，看到當中都有若干共同的錯誤。所以，在進到實質的計畫內容之前，一定得先提供一些規劃的定義，以及對最佳行銷計畫循環的建議，然後再提出我所建議的大綱。

1・定義

如果你曾經擔任經理職務超過兩小時的話，可能就已經參加過某個規劃工作坊，或是讀過有關做計畫的文章了。這樣很好。問題是，人們對計畫的四個核心要素——目的、目標、行動步驟和成效測量——似乎有高達5,578種不同的定義。冒著成爲第5,579號定義的風險，以下是作者試圖對「計畫」所做的語義學解釋：

※目的

是對預期成效的長程陳述，可能可以量化，也可能不行；可能有一個期限，也可能沒有。「長程」這個形容詞，是這段敘述中最重要的部分。

「目的」的範例：卡特郡芭蕾舞團會定期修訂它的行銷素材，以展現它迎合目標市場需要的能力。

※目標

對成效較短程的陳述，這個成效支援前述的目的，有最後期限，有可測量的成效，也會有一個人被指派要為成效負責。

「目標」的範例：行銷總監每兩年檢視、修訂並更新所有的印刷及電子化行銷素材，初步的檢視要在2003年9月30日前完成。

※行動步驟

對於工作的簡短陳述，有可測量的成效、最後期限，並列上負責人的姓名。它必須要支持目標。這種陳述最常出現在年度計畫中，對大多數的讀者來說，類似工作計畫陳述。

「行動步驟」的範例：2003年6月行銷總監會檢視目標市場，並與行銷素材系列相對照，以確認所有的目標市場都擁有針對其需要及需求而設計的素材。

※成效測量

對眞實成效可測量的陳述。目標和行動步驟都需要成效測量，但在計畫中絕大多數其實都只是過程測量。過程測量相對於成效測量的例子是：「每個月拜訪四十位可能的捐贈者」相對於「確保每個月至少有兩筆捐贈達到1,000美元」。前者是測量活動，雖然該項活動最後可能會帶來捐贈，但是並不保證，這就是過程測量；後者才保證了眞正的成效。不要掉進過程測量的陷阱裡，這麼做會立即折貶行銷計畫的價值。

以上定義是我們在看一個計畫時要念茲在茲的。很顯然需要設定最後期限：工作自然會擴張到塡滿可工作的所有時間。所以如果不設下最後期限的話，將永無完工之日。指派一個負責人，對確實執行計畫來說，也十分關鍵。如果寫上某個人的名字（相對於寫上委員會，或是誰都不寫），而這個人在計畫定案之前也有機會參與檢視的話，那麼實際上就等於擁有一份保證目標和行動步驟會被達成的合約了。再者，寫上那個人的名字，他們就可以（而且非得）對目標或行動步驟的履行負起責任。

2・規劃循環

行銷團隊在啓動規劃的過程後，一定會遇到一個問題：計畫的視野該有多遠？換句話說，就是這個計畫是爲何種時間架構而設計的？關於這點，意見不一，以下檢視一般組織最常做的選擇，及其優點與缺點：

- **每五年撰寫一次的五年計畫**：要五年後再改寫計畫，確實太久了，很多事物的改變快得等不了那麼久。儘管如此，以一個策略計畫來說，五年爲期的視野是值得肯定的，因爲它可以強迫人們去仔細思考五年後組織的長遠目的，而免於陷入眼前的立即危機而難以自拔。不過，話說回來，對一個行銷計畫來說，五年的確長了一點。
- **每三年撰寫一次的三年計畫**：這樣的長短在視野和修改上都可以說是恰恰好，但卻沒辦法詳細到可以每週或逐月提供給工作人員和董事會成員指引。
- **一年計畫**：組織原本就有工作計畫，現在需要的是長遠一點的眼光。
- **每三年策劃一次，每年再針對當年狀況訂定年度計畫的三年計畫**：這是重點所在。此一模式擷取了三年計畫和一年計畫的精華，既有三年計畫的長遠眼光，也具有一年計畫在工作上的即時性。除此之外，藉著每十二個月撰寫一次每年度的部分，可以在前瞻視野的引導下，還跟得上潮流的快速變遷。

在此同時也要記住，隨時協調行銷計畫和組織的策略規劃，如果貴機構的策略規劃是五年一個環循，要進行一個週期為三年的行銷可能就會遇到挑戰。不過整體而言，對行銷來說，三年是最佳期程。

3・行銷計畫大綱

以下所列大綱，目的在提供行銷團隊著手計畫過程時的一些指引，可確保做出一份思慮周延、面面俱到的行銷計畫。所分段落是依據作者認為最有效率的順序排列的，你可以依實際需要先後調換順序或加以合併。

※使命

在使命的引領下，可以經常提醒你和你的讀者貴機構是誰，是什麼。畢竟本書討論的是使命導向的行銷。如果貴機構的董事會已經多年沒有檢視組織使命的話，現在是一個確定它有跟上時代腳步，仍保持和所提供的服務及服務的市場相關聯的好時機。

※摘要

這個部分（雖然放在前面，但應該最後被撰寫）應該摘錄菁華，而不單只是把計畫的其他部分再重複一次。摘要應包括：對組織的市場、服務、目標市場的精簡描述，市場核心需要的簡潔臚列，以及計畫目的的重申，或許目標也可以放進來。就這樣，不能再多了，摘要就應該只是——摘要。

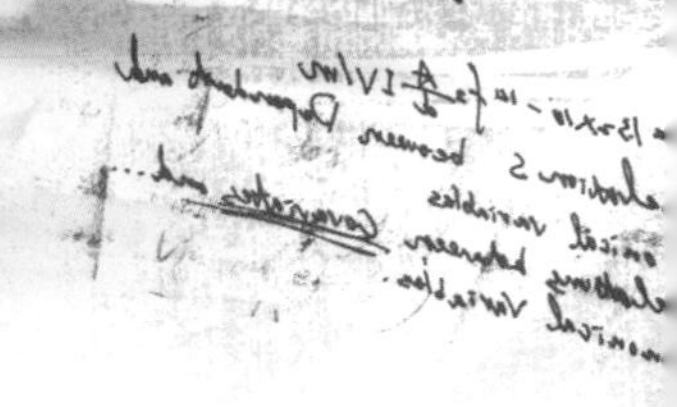

※引言：計畫的用途

告訴讀者為什麼要寫出這個計畫，預期的讀者是誰，這個計畫將會如何被運用，是誰發展出這個計畫，以及董事會何時採納了這個計畫。

※市場的描述

服務的對象是誰？在哪？人數在成長還是縮減中？市場中有什麼變化？現在的趨勢是什麼？在州或是全國性的層級中，總體經濟上曾發生些什麼事影響到貴機構的市場？競爭對手是誰？他們在哪些方面比你強、比你弱？把以上的資訊用最能表達現況的方式呈現，不論是文字、表格、圖表或是圖解都可以。

※服務的描述

貴機構目前提供哪些服務？提供給什麼樣的市場區塊？相對於五年或十年前，貴機構在每個區塊中各有多少案主／學生／顧客？計畫有什麼樣的成長？在這份計畫的期間內打算開始提供哪些新的服務？

※市場需要的分析

首先，也是最重要的，展示出你有詢問過人們想要什麼。有做過市場調查、面談、進行過焦點團體、或是非正式詢問嗎？告訴讀者貴機構從以上的詢問中了解到些什麼。最後，討論計畫如何滿足那些已經確認了的需要。

※目標市場及選定理由

我們必須從上述「市場的描述」的眾多市場中，選擇若干作爲要聚焦的目標市場。告訴讀者是哪些，以及爲什麼選擇這些而沒有選擇其他市場的理由。

※行銷目的及目標

在一份三年計畫中，應該要涵括行銷的目的和目標，並在年度計畫中寫到行動步驟的層次。

※附錄

任何有必要用來支持前述規劃的「有分量的」資料、行銷調查的問卷與分析等文件，以及其他不需要放在正文中的項目，都可以放入這一項，但注意別讓這整個計畫裡的這一部分，變得像洛杉磯的電話簿一樣厚，總之，要合理。大多數會讀這份計畫的人，不是爲你工作的人就是董事，所以如果他們其中的一、兩個人對於市場調查、焦點團體報告、行銷素材或市場分析資料有興趣，可以另外再索取。所以，不要用所有可想到的稀奇古怪的文件來加重每一位讀者的負擔。人們不會用一份報告的重量來衡量它的價値，如果它太厚重了，可能根本就沒人去讀它。

4．目的和目標的範例

以下所舉的目的和目標範例，都是來自一個在美國中西部爲身心障礙者提供服務的復健中心。該機構所訂的目的實際上來自組織的策略計畫，最後也成爲行銷計畫的核心。下面所列只是該計畫的一部分，十分出色。

讀者可以看到從目的到目標，再到行動步驟的活動流程，也可以看到指定的負責人、最後期限，和可測量的成效，拿你草擬的目的和目標和這些來相比較，有符合這些要求嗎？

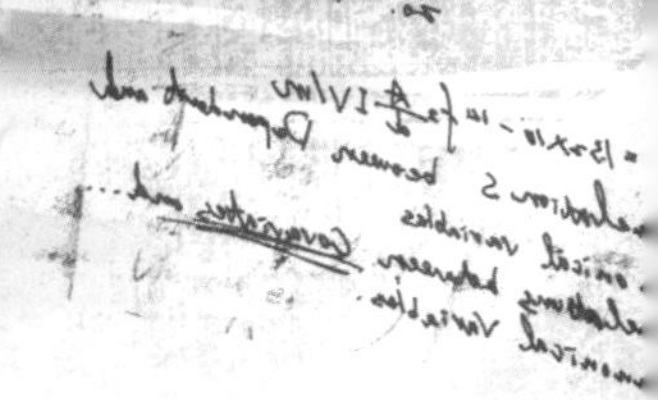

目的4：成為一個市場導向的組織。

目標4-1：確認並量化十個本中心在20__年10月1日前服務的主要市場（溝通及行銷部門主管）。

行動步驟4-1-1：發展出主要市場一覽表，並決定出前十名的市場為何（從20__年4月17日到20__年6月30日；溝通及行銷部門主管）。

行動步驟4-1-2：研究這十個主要市場，以決定每個市場在本機構的主要服務範圍中所占的比例、要服務多少人，以及有多少人需要服務（從20__年1月2日到20__年3月29日；溝通及行銷部門主管）。

目標4-2：有系統地調查市場的需求、需要以及偏好，在20__年6月前必須完成初步評估（溝通及行銷部門主管）。

行動步驟4-2-1：舉行焦點團體、翻閱之前蒐集的資訊、訪談、寄送問卷，或是其他我們能夠負擔得起或可利用的資料蒐集方式，花些時間儘可能找出市場的需求、需要及偏好。這些工作的完成時間表如下：

1)成人顧客：20__年4月到5月

2)職能復健輔導員及退伍軍人（VA）轉介者：20__年6月到7月

3)父母：20__年8月到9月

4)雇主：20__年10月到11月

5)學校：20__年12月到1月

6)醫生：20__年2月到3月

7)其他復健服務提供者：20__年4月到5月

8)個案管理員／健康照顧網絡：20__年6月到7月

9)有影響力人士／倡議者：20__年8月到9月

10)有就業障礙者：20__年10月到11月

(20__年4月到20__年11月；溝通及行銷部門主管)。

目標4-3：確認出十大競爭對手，並評估其優勢及劣勢（從20__年1月2日到20__年3月29日；溝通及行銷部門主管、行銷經理、總經理、副總經理、職能及兒童計畫協調者)。

行動步驟4-3-1：本中心工作人員列舉出十大競爭對手，並逐一分析其優勢及劣勢（從20__年1月2日到20__年1月22日；前述目標中所列出的工作人員)。

行動步驟4-3-2：詢問顧客、轉介者、社區領袖、董事會成員，及其他適當的來源，對於特定競爭對手的看法(從20__年1月22日到20__年2月29日；溝通及行銷部門主管，行銷經理)。

行動步驟4-3-3：將上面兩步驟蒐集到的資訊彙整為一份可綜覽本中心競爭局勢的報告，以作為未來行銷決策之參考（從20__年3月1日到20__年3月22日；溝通及行銷部門主管)。

在撰寫行銷計畫時，要對於成效、最後期限和指定負責人的需求念茲在茲。當目的和目標還在草擬階段時，可以在組織裡四處傳閱，廣徵各方意見。然後，完成整份計畫（參考前文所提供的大綱)，提交董事會檢視、給予建議，並且採納它。

第五節　行銷規劃軟體

在開始規劃之前，可能需要先查訪一下目前市面上有哪些與策略和行銷規劃相關的軟體。截至本書送印前，最好的、最具彈性的軟體是由PaloAlto軟體（www.paloalto.com）製作的MarketPlan

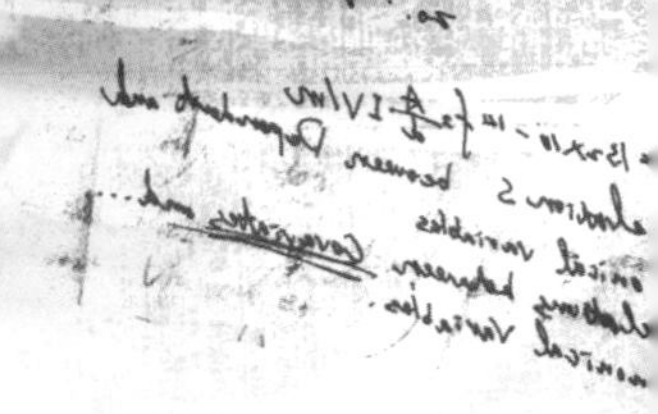

Pro。這套軟體會帶領讀者處理各個關鍵問題，並且提供若干需要再加研究以尋找答案的提醒。這是一個商業工具，需要輸入的財務資訊可能比貴機構實際上需要的還要多，不過如果不需要也可以略過。

然而，就像其他所有的軟體一樣，市面上可以買得到的以及它的特色都一直在改變和改進中。讀者可以上網蒐尋，到販售者的網站去，下載一個試用版本，索取一些參考資料，或是看看其他同儕組織在用什麼。讀者也可以到我的網站去看最新的資訊（www.missionbased.com）。規劃軟體是可以提供一些幫助，但不能取代做一個計畫所需的工作付出及思考。

重點回顧

本章讀者學到了如何把行銷上的構想轉化成實際行動：藉由發展一份行銷計畫。此一計畫將會是用以確保貴組織有真正在運用從這本書裡學到的行銷技巧的工具。沒有計畫的話，你可能會好好利用，也可能不會。

首先，我們探討組織行銷團隊的方法，包括誰應該在團隊中，以及他們的職責為何。本書提供一份行銷團隊在開始的六個月應設法完成的事項之一覽表，儘管對很多團體來說，這張單子可能是太複雜了。不過，有必要把目的設高一點，這樣才會完成更多的事。

其次，我們轉而討論發展詢問時間表，本章提供了一個範例，和該多常去詢問工作人員、資助者、顧客和轉介來源等團體的一般性指導原則。接下來，教導讀者可以如何應用本書一直在討論的技巧：聚焦在目標市場之上。這對行銷計畫的發展來說是很重要的，本章提供三項準則：80/20原則、貴機構的策略規劃，以及認同於你的市場，這些是應該優先考慮的。

最後，我們談到了計畫本身。本書討論了目的、目標、行動步驟和成效的定義，並提供一個附有註解的大綱，讀者在做計畫過程中可以參考。

讀者在閱讀這本書時已經學了很多，現在是以一種具協調性的、有效能的方式，把知識化爲行動的時刻了！發展團隊、撰寫計畫，要做的事很多，但這麼做貴組織及所服務的人將獲益良多。不要跳過做計畫這個步驟，否則會後悔的。

第12章的問題討論

1.我們的行銷團隊有找對人嗎？應該要加些什麼人或是排除什麼人嗎？

2.我們可以如何發展詢問時間表？應該要做市場調查還是焦點團體？該如何訓練工作人員去問、問、問？

3.資訊傳達的路徑（information loop）如何？我們如何確定工作人員從詢問中聽到的，有傳遞到應該知道的對象？

4.我們應該發展（更新）我們的行銷計畫嗎？什麼時候？誰應該在這件事上負責？

13 行銷的相關資源

本書最後一章蒐集了一些目前能找到最好的資源，希望能對讀者的行銷努力有所助益。以下列出了可供調查、發展和行銷素材等等方面參考的書、工作手冊、網站、軟體和組織。

本章分成幾部分：

- 書、工作手冊、期刊。
- 組織。
- 軟體。
- 網路資源。

每一個部分又更進一步地根據適當的議題分成更小的部分。

另外一點提醒

提供給市場導向、使命導向的組織之資源每天都在增加中。由於很多高等教育的課程設計是聚焦在這個領域，每個月又有很多新的出版品上市，所以本章提供的資訊極可能在這本書付印的那一天就過時了，加上網站的網址又是眾所皆知地經常變換，所以，建議讀者讀完這一章，想了解這本書完成後還有哪些新的資源出現時，可上我的網站（www.missionbased.com）隨時查看最新資訊；也歡迎讀者以電子郵件提供新的資源（peter@missionbased.com），我會看過後把它加到網站的連結，讓更多的人也可以利用。

第一節　書、工作手冊、期刊

書／工作手冊

Adkins, Val. *Creating Brochures & Booklets*. (Graphic Design Basics). Cincinnati: North Light Books, 1994. ISBN: 0891345175.

Dillman, Don A. *Mail and Internet Surveys: The Tailored Design Method*. 2d ed. New York: John Wiley & Sons, 1999. ISBN: 0471323543.

Fink, Arlene, and Jacqueline B. Kosecoff. *How to Conduct Surveys: A Step by Step Guide*. 2d ed. Thousand Oaks, Calif.: Sage Publications, 1998. ISBN: 0761914099.

Greenbaum, Thomas L. *Moderating Focus Groups: A Practical Guide for Group Facilitation*. Thousand Oaks, Calif.: Sage Publications, 1999. ISBN: 0761920447.

Krueger, Richard A. *Developing Questions for Focus Groups*. Focus Group Kit, vol. 3. Thousand Oaks, Calif.: Sage Publications, 1997. ISBN: 0761908196.

Krueger, Richard A., and Mary Anne Casey. *Focus Groups: A Practical Guide for Applied Research*. 3d ed. Thousand Oaks, Calif.: Sage Publications, 2000. ISBN: 0761920714.

McLeish, Barry L. *Successful Marketing Strategies for Nonprofit Organizations*. Nonprofit Law, Finance, and Management. New York: John Wiley & Sons, 1995. ISBN: 0471105678.

Radtke, Janel M. *Strategic Communications for Nonprofit*

Organizations: Seven Steps to Creating a Successful Plan. Nonprofit Law, Finance, and Management Series. New York: John Wiley & Sons, 1998. ISBN: 0471174645.

Schonlau, Matthias, Ronald D. Fricker, and Marc N. Elliott. *Conducting Research Surveys via E-mail and the Web*. Santa Monica, Calif.: Rand Corporation, 2002. ISBN: 0833031104.

Stern, Gary J., and Elana Centor. *Marketing Workbook for Nonprofit Organizations: Develop the Plan*. 2d ed. Vol. 1. Saint Paul, Minn.: Amherst H. Wilder Foundation, 2001. ISBN: 0940069253.

期刊

這些都是非營利組織方面的期刊，其中某些部分與行銷或是發展相關。讀者可以在下列的網址瀏覽或訂閱。

www.nptimes.com

www.boardcafe.org

www.philanthropy.com

你也可以訂閱作者每個月發行的免費電子通訊，每一期裡面都會傳授一個行銷小訣竅，寄一封電子郵件到subscribe@missionbased.com吧。

第二節　相關組織

非營利管理聯盟（The Alliance for Nonprofit Management）：www.allianceonline.com

此一管理的同行團體提供支持給非營利組織和這些組織的顧問（包括行銷）。讀者可以訂閱該聯盟免費的電子會務通訊「Pulse」，讀讀裡面的常見問題問答（FQA）。

募款專業人士協會（Association of Fundraising Professionals）（前身為全國募款主管協會，National Society of Fund Raising Executives）：www.nsfre.ort

可以在這裡找到相當豐富有關募款的資源，以及全國舉辦的課程一覽表。

基金會協會（The Council on Foundations）：www.cof.org

此一網站裡有超過一百三十種與申請補助和尋找補助相關的出版品，也有提供研討會和工作坊的資訊。

基金會中心（The Foundation Center）：www.fdncenter.org

讀者可以在這裡發現申請補助和尋找補助的相關資訊，以及如何撰寫企劃書的資訊，這裡也有線上圖書館員接受電子郵件型式的詢問。此外，這個網頁裡也有很多很棒的超連結。

獨立部門（Independent Sector）：www.indepsec.org

這裡有許多有關「獨立部門」在慈善和傳播等方面的方案。

管理支援組織（Management Support Organizations）：www.idealist.ort/support_states.html

管理支援組織（MSOs）是一個非營利組織，它可以在技術協助、訓練及很多不同的領域上提供協助，有些是利用他們本身的工作人員，有些則是運用志願服務的專家，讀者可以在這個網站上找到相關領域裡的管理支援組織名單。

全國非營利協會組織（The National Council of Nonprofit Associations）：www.ncna.org

這是一個範圍涵括將近四十個州的協會網絡，讀者可以找到你那一州協會的超連結，閱讀裡面的案例研究，也可以訂閱一份付費的會務通訊。

非營利組織會社（Society for Nonprofits）：www.danenet.wicip.ort/snpo/index.html

是《非營利世界》（*Nonprofit World*）的出版者，該會社的網頁有關於過去故事的連結、常見問題回答，以及通往「非營利組織學習機構」（Learning Institute for Nonprofit Organizations）的超連結。

第三節　軟體

行銷規劃軟體（marketing planning software）

Market Plan Pro, Palo Alto Software, www.paloalto.com

業務發展軟體（development software）

這裡有幾個募款軟體一覽表的超連結，這些軟體有經過第三者評鑑過的。

www.techsoup.org/articles.cfm?topicid=2&topic=Software

http://nonprofit.about.com/cs/npofrsoftwarelindex.htm?terms=fundraising+software

第四節　網站資源

自行出版（desktop publishing）

這是一個很棒的資源，它會教你如何運用個人電腦設計簡介。

http://desktoppub.about.com/cs/brochures

免費的管理圖書館（free management library）

這個網站裡資源的深度和廣度都令人驚豔。下面的網址只是把有關行銷的超連結挑出來，建議讀者連結過去時，記得也看看其他的資訊。

www.mapnp.org/library/mrktng/mrktng.htm

網站上的募款資源

這是一個很完善的網頁，包括有關軟體、顧問、組織和其他資源的資訊。

www.agrm.org/dev-trak/links.html

行銷及競爭對手研究

CEO Express是眾多網站中一個不錯的起點，讀者可以捲動網頁到行銷和競爭對手研究的部分。

www.ceoexpress.com

非營利行銷（nonprofit marketing）

下列這兩個超連結，是在網路上學習更多行銷的理念與應用的好地方。

http://nonprofit.about.com/cs/npomarketing

www.nonprofits.org/npofaq/keywords/2n.html

印表機

這個網站是由全錄公司經營的，他們贈送高檔的印表機給合格的組織——不是因爲身爲非營利組織而合格，而是因爲列印的量夠多。不過總是有陷阱的——墨水匣自備。

www.freecolorprinters.com

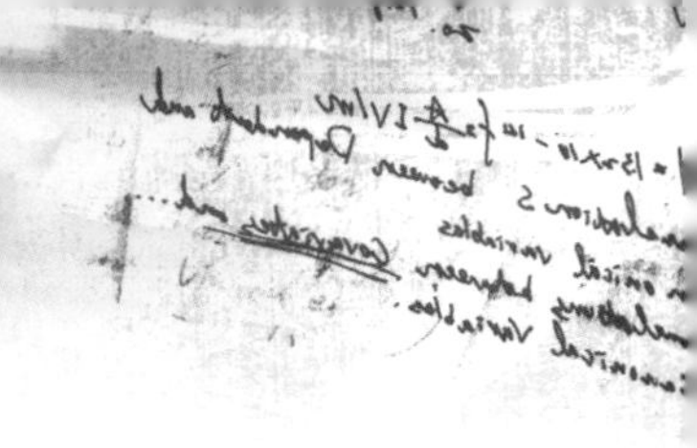

卷後語

你現在已經裝備好要往前走，有工具、有動機、有能力踏上成爲市場導向——當然，也還是堅守使命導向的組織之旅程。雖然不保證一定會有成效，但現在就要開始行動則是無庸置疑的，況且，有很多人正等著你來發號施令呢！

在經歷這些過程時，多少會遇到阻撓，本書提供了若干方法來避開，但是有時候是無法避免的，那就克服它們吧！你會累、會沮喪，甚至有時候不確定自己這麼做到底對還是不對。這是很自然的，而且肯定將成爲你每天或每週的例行循環。我希望這本書不只是提供了一些工具，更是給了你重新站起來、站得穩的動機，這也是我寫這本書的目的。

接下來的十年，經濟的每一個面向都將會產生不可思議的改變，而我們這小小的角落——非營利組織的世界，也逃不過這樣的變革。社區裡的非營利組織每一年都會有戲劇性的改變。隨著社區裡如雨後春筍般冒出各種新組織，一些最老牌、傳統包袱最沉重的組織被逐出主流，或是因著頑固地不肯去了解社區需要，並且予以回應，而落入使命無能（mission-impotence）的窘境。「我們一向都是這麼做的。」是邁向組織毀滅的致命呼喚，即使他們已經做的事是很好的、動機純良的、慈善的。

貴組織所服務的人，仰賴機構的存在來提供服務，因此更需要靠他們來指點你需要什麼，告訴你提供服務的機會在哪，並且一起來推動你的組織、使命以及社區，邁向效能、福祉和成功的新高。

國家永遠會需要我們這些非營利組織，依賴爲組織工作或參與志願服務的這些特別的人，來成爲社會中慈善的凝聚力——也就是正向的角色模範、信念的守護者、希望，以及使我們成爲一個偉大國家的博愛。但是，在十年內，我們就不再需要像現在這樣的非營利組織了，我們需要能夠有所回應的組織，到時會是如此。如果你詢問、聆聽並且回應的話，你的組織是可以成爲這樣的非營利組織的。組織身體力行，就更能確保繼續達成使命的能力。祝你一路順風，許多人仰賴你成功地完成這段旅程。

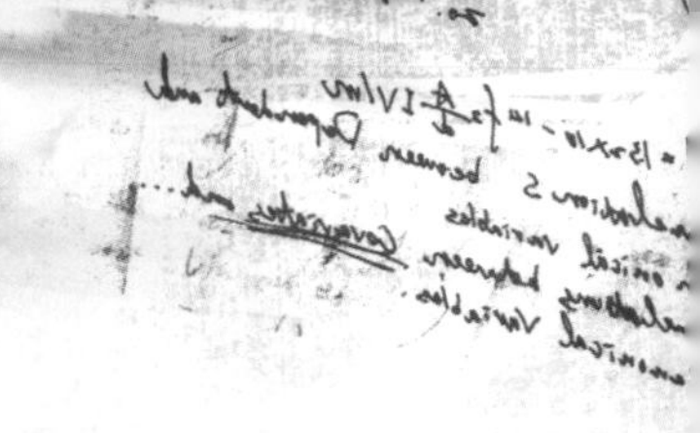

附錄A：市場調查範例

這是美國東岸一家復健中心，用來評估案主服務滿意度的問卷調查表，這是在客戶家中用會談方式進行，所以會花上比平常還要長的時間。

注意在每個問題的答案的左邊都有數字，是爲了方便資料輸入。這本質上是一份封閉式問卷的調查，往下看，你會發現有時候會有混合的選擇，用來區分回答者身分。這是因爲有時候是身心障礙人士親自回答，有時候卻是他們的代理人來作答。

同時也要注意一下，這份調查沒有（也不需要）在開頭或結尾加上指導語，因爲這份調查是使用面談的方式來進行。如果是用郵寄的方式來進行調查的話，那就需要指導語。

日期＿＿＿＿＿＿＿＿＿

個案姓名＿＿＿＿＿＿＿＿＿

家長／監護人姓名＿＿＿＿＿＿＿＿＿

個案年齡＿＿＿＿＿＿＿＿＿

1. 這份問卷是由誰來作答？（請圈選數字）

   4 個案本人

   3 家庭成員

   2 監護人

   1 代言者

   0 其他：＿＿＿＿＿＿＿＿＿

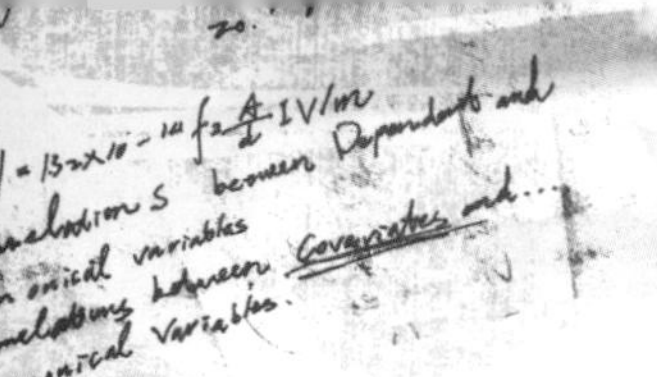

2. 作答者的性別。

2 女性

1 男性

3. 請指出當事人的主要殘疾。

5 心智障礙（mental retardation）

4 腦中風（cerebral palsy）

3 癲癇（epilepsy）

2 自閉症（autism）

1 其他：________________

0 不清楚

4. 當事人住在哪裡？

6 安置機構　請描述：________________

5 父母家中

4 監護人家中

3 保護者家中（conservator's home）

2 自己住（有居住上的協助）

1 自己住（沒有協助）

0 其他

5. 你知道這中心是做什麼的嗎？

2 知道

1 不知道

0 不確定

6. 你／____________（填入案主的名字）第一次和本中心接觸是

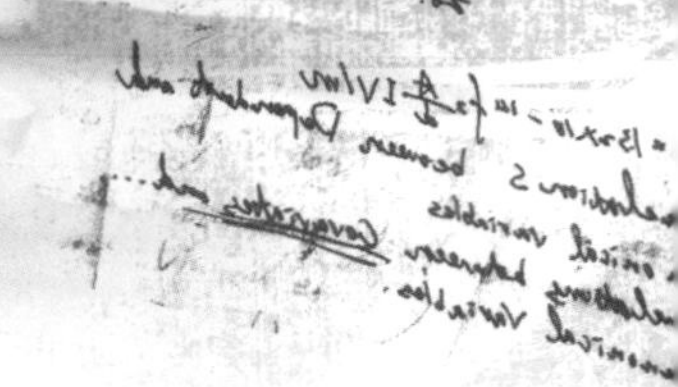

什麼時候？

5 六個月內

4 六個月到兩年

3 二到五年

2 五到十年

1 十年以上

0 不知道

7. 知道你的個案主責人（client program coordinator）名字嗎？

2 知道

1 不知道

0 不清楚

8. 你的／______________ 的個案主責人對你的權利及可以利用的服務之解說情形如何？

4 非常清楚

3 稍微解釋了一點

2 沒有解釋得很好

1 完全沒有解釋

0 不知道

9. 你對那些推薦給你／______________ 的評估及服務的滿意度如何？

5 非常滿意

4 還算滿意

3 中等／普通

2 有點不滿意

1 非常不滿意

0 不確定

10. 你覺得你的個案主責人是站在你 / ______________ 的立場上爲你取得服務嗎？

4 是，非常爲我著想

3 是，有一點爲我著想

2 不是，沒有很爲我著想

1 不是，一點也沒有爲我著想

0 不確定

11. 在經由本中心的評估和轉介後，你 / ______________ 得到了什麼服務？

____

____

12. 現在爲你 / _____________ 提供服務的人是？

____

____

13. 本中心有定期地與你聯絡跟你討論你的 / ______________ 的進展嗎？

3 有

2 沒有

1 有時候

0 不知道

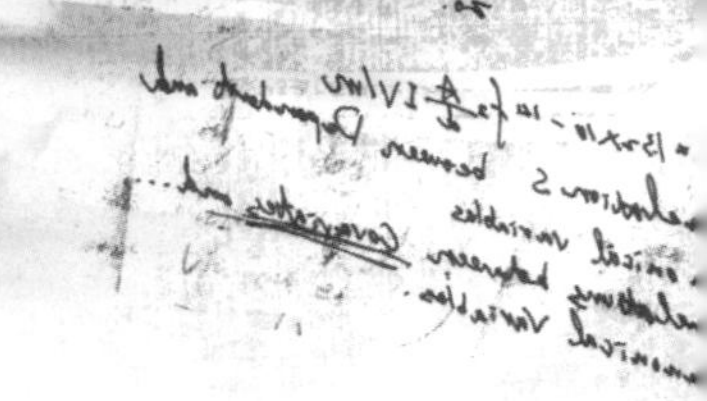

14. 你有爲了遭遇問題或困難而和本中心聯絡過嗎？

 2 有

 1 沒有

 0 不知道／不記得

15. 如果有的話，你的個案主責人在解決你的問題上有幫助嗎？

 5 非常有幫助

 4 稍微有幫助

 3 不是很有幫助

 2 一點幫助也沒有

 1 我沒有因爲遇到問題而和中心聯絡過

 0 不知道／不記得

16. 當你爲了一些問題或困難而打電話給本中心時，你的個案主責人多快給你回應？

 5 二十四小時內

 4 一週內

 3 兩週內

 2 超過兩週

 1 我沒有因爲遇到問題而和中心聯絡過

 0 不知道

17. 你覺得他的行動對處理你的問題而言夠快嗎？

 3 不夠

 2 夠

 1 我沒有因爲遇到問題而和中心聯絡過

 0 不知道

18. 你對你的個案管理員（case manager）花在你／_____________身上的時間滿意嗎？

5 非常滿意

4 還算滿意

3 中等／普通

2 有點不滿意

1 非常不滿意

0 不確定

19. 自從你／_______________開始接受本中心服務後，你／_____________有得到希望得到的協助嗎？

4 有，肯定有

3 可能有

2 可能沒有

1 肯定沒有

0 不確定

20. 你會向其他身心障礙朋友推薦本中心嗎？

2 會

1 不會

0 不知道

21. 你覺得本中心做得最好的三件事是？

____

____

____

22. 你覺得中心可以做得更好的三件事是？

____

____

____

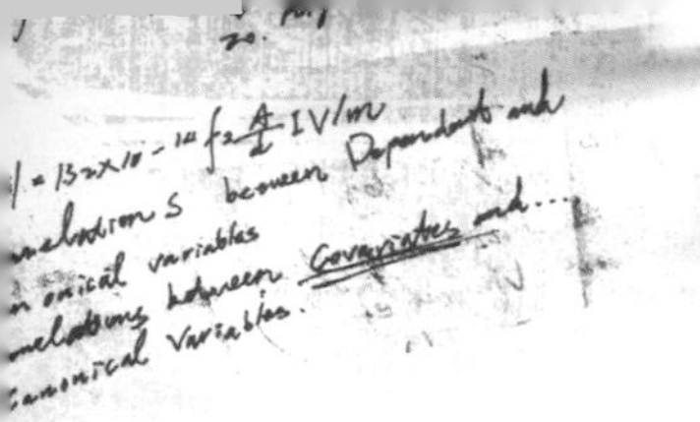

附錄B：焦點團體問題

這套焦點團體的問題是美國中西部一家復健組織，用來評估他們準備要在為身心障礙者設置的庇護工廠中生產的新產品。焦點團體的成員是在庇護工廠方圓一百哩內，向幾家主要商店購買傢具的人，同時，在這個焦點團體現場也有產品展示。

要注意這些問題如何以開放的方式來詢問，以及它如何從這個主題轉移到下一個主題；同時也要留意，組織的執行長一定要在場——這對大多數焦點團體來說是很特別的。由於他對產品的發展涉入甚多，因此這裡需要他來展示產品並且聆聽購買者的意見。

一、前言

1. 本次開會的目的
2. 感謝大家的出席
3. 介紹參與者
4. 介紹執行長
5. 介紹團體引導者

二、日式床墊的展示及觀察

三、問題——產品

1. 你對這個產品大體上的印象如何？如果訂一個有競爭力的價格，它會賣得比其他的競爭對手好嗎？
2. 你會想在這個產品上做些什麼改變？它和你看過的其他產

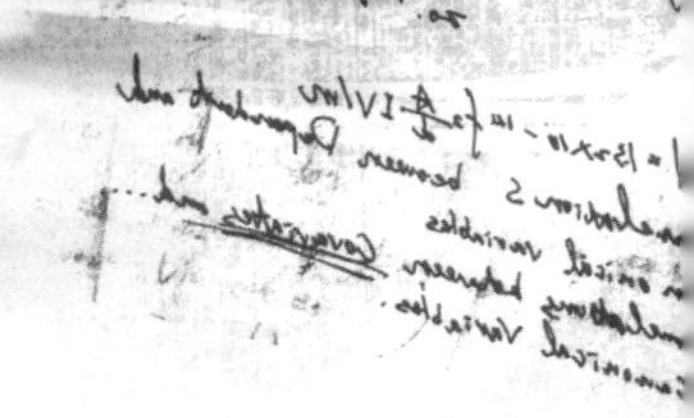

品比起來如何？

3. 有什麼其他周邊產品或是配件可以和這個產品搭配？

4. 下面這些產品特色在獲取競爭優勢上的重要性如何？

特色	高	中	低
• 品質／木料的種類	__	__	__
• 結構的品質、強度及持久性	__	__	__
• 外觀適當且有拋光	__	__	__
• 容易組裝及拆卸	__	__	__
• 容易摺疊的裝置	__	__	__
• 風格的選擇	__	__	__
• 圖樣／顏色／漆的選擇	__	__	__
• 價格	__	__	__
• 產品保證	__	__	__
• 其他__________________	__	__	__
• 其他__________________	__	__	__

四、問題——市場

1. 過去十八到二十四個月中，市場領域的趨勢爲何？

• 日式床墊的銷售水準？

• 日式床墊的風格？

• 有幾家供給者？

• 價格？

• 品質水準？

• 顧客的選擇？

• 價格？

• 消費者的型態？

• 配售方法的改變？

2. 你有沒有目前的日式床墊供應者？

3. 你滿意他們的服務、品質，與產品選擇嗎？

還有其他任何建議嗎？

你會考慮帶一個這個產品回去嗎？

謝謝你的參與！

英中名詞對照

A

abortion　墮胎

access ease　使用便易

action steps　行動步驟

adaptation. *See also* flexibility　適應（參見彈性）

advertising. *See also* sales　廣告（參見銷售）

　　acceptance of　廣告的接受度

　　community visibility　社區能見度

　　competitors and　競爭對手與廣告

　　copying　模仿

　　methods　方法

　　targeting　鎖定目標

affiliations　結盟

affinity cards　親善信用卡

agreement　協議

airlines　航線／航空公司

Alliance for Nonprofit Management　非營利管理結盟

annual cycles　年度循環

appearance　外觀

　　of marketing materials　行銷素材的外觀

　　of wealth　富有的外觀

arts　藝術

asking about wants. *See* market inquiry　詢問需要（參見市場調查）

assets　資產

Association of Fundraising Professionals　募款專業人員協會

associations　協會

AT & T　美國電話電報公司

attention span　注意力廣度

buildings　建築
business assessments　商業評估
business skills　商業技巧

C

capability. *See also* competencies　能力（參見能力）
　checkpoints　檢核點
　good service　優質服務
car wash operation　洗車作業
cash flow　現金流量
CEO (chief executive officer)　執行長
change. *See also* adaptation; flexibility　變革（參見適應、彈性）
　ability for　變革的能力
　acceleration of　加速變革
　behavioral　行爲的變革
　costs of　變革的成本
　cultural. *See* culture change　文化的變革（參見文化變革）
　direction for. *See also* marketing planning process　變革的方向（參見行銷規劃程序）
　effort needed for　變革所需的努力
　in environment　環境上的變革
　high impact　高衝擊的變革
　implementing　執行變革
　incremental　漸進的變革
　inevitability of　變革的必然性
　large　大幅變革
　leading. *See also* change agent　主要的變革（參見變革媒介）
　low impact　低衝擊的變革
　to market-driven basis　改變成市場導向的
　mission and　使命與變革
　names for　變革的名聲
　need for　需要變革
　nonsupporters　不支持者

compassionate urgency　感同身受的急迫感
goodwill and　善意和感同身受的急迫感
need for　需要感同身受的急迫感
in staff　工作人員的感同身受的急迫感
competencies　能力
core. *See* core competencies　核心（參見核心能力）
evaluating. *See also* self-assessment　評估（參見自我評估）
in fund-raising　募款的能力
competition. *See also* competitors　競爭（參見競爭對手）
area of　競爭的範圍
bases of　競爭的基礎
benefits form　從競爭中受益
choices available　可用的選擇
choosing markets for　爲競爭選擇市場
discussing　討論
with for-profits　與營利組織競爭
for funding　在募款上的競爭
increase in　競爭的增加
linkage to marketing　與行銷相連結
reality of　競爭的現實
successful　成功的競爭
trend toward　朝向競爭的趨勢
underpricing　削價競爭
competitive environment　競爭的環境
customer loss in　在競爭環境中的顧客流失
customer service in　在競爭環境中的顧客服務
competitiveness　競爭力
characteristics of　競爭力的特性
financial　財務的競爭力
marketing's role in　行銷在競爭力中所扮演的角色
need for　競爭力的需要
perception of　對競爭力的體察
staff buy-in　工作人員認同競爭力

creaming　挑選案主
credit cards　信用卡
crises　危機
criticism　批評
　expectations re　預期受到批評
culture change　文化變革
　for competitiveness　為競爭的文化變革
　flexibility and　彈性和文化變革
　for market inquiry　市場調查的文化變革
　from monopoly　獨占的文化變革
　outside organization　外部組織
customer orientation　顧客導向
customer satisfaction　顧客滿意度
　assumptions about　關於顧客滿意度的假設
　evaluating　評估顧客滿意度
　impact on　對顧客滿意度的衝擊
　improving　改善顧客滿意度
　membership　會員
　surveys re. *See* surveys　有關顧客滿意度的調查（參見調查）
　total　全部
　voice mail in　語音留言的顧客滿意度
customer service. *See also* customer satisfaction　顧客服務（參見顧客滿意度）
　to all markets　對所有市場的顧客服務
　customer contact　接觸顧客
　customer perspective on　顧客對顧客服務的觀點
　employee attitude toward　員工對顧客服務的態度
　excellent　出色的顧客服務
　pleasantness in　顧客服務的愉悅
　problem solving in. *See* problem solving　問題解決（參見問題解決）
　promises　承諾
　response time　反應時間
　rules　規則

customer service (*continued*)　顧客服務
staff empowerment　授能員工
standards　標準
telephone answering　電話接聽
testing　測試顧客服務
unhappy customers　不滿意的顧客
customers. *See also* markets; needs; wants　顧客（參見市場、需求、需要）
attitude toward. *See also* customer service　對顧客的態度（參見顧客服務）
contact with　接觸顧客
dependence on　依賴顧客
devaluing opinions of　忽視顧客的選擇
financially important　財務上重要的顧客
follow-up　後續行動
governments as　政府是顧客
identifying　確認顧客
ignorance of　忽略顧客
internal　內部的顧客
issues　議題
labels/names for　對顧客的稱呼
listening to　傾（聆）聽
as market　顧客即市場
as marketing cycle focus　顧客是行銷循環的焦點
perceptions　體察
perspective of　顧客的觀點
pleasing. *See* customer satisfaction　取悅顧客（參見顧客滿意度）
as referrers　顧客是轉介來源
as research sources　顧客是研究資源
service. *See* service recipients　服務（參見服務接受者）
sources of　顧客的來源
targeting　鎖定顧客
types of　顧客的類別

unhappy 不滿意的顧客
customers, treating everyone as. *See also* customer satisfaction; customer service 顧客，視每一個人爲顧客（參見顧客滿意度、顧客服務）
belief in concept 信念
competitive advantage in 競爭優勢
funders 資助者
market identification and 市場確認與顧客
customer/vendor relationship 顧客／賣方關係

D

data, quantitative 定量資料
day care 托育（日間照顧）
deadlines 截止時間
demand, reducing 需求減少
DePree, Max
Designing and Conducting Survey Research: A Comprehensive Guide 《設計與執行調查研究：綜合指南》
development, organizational 組織的發展
distribution 配送
documentation 記錄
of outcomes 成果的記錄
of problem solving 問題解決的記錄
donations. *See also* funding 捐贈（參見資助）
competition for 對捐贈的競爭
competitiveness re 在捐贈上的競爭力
online 線上捐贈
targeted 捐贈目標
donors. *See also* funders 捐贈者（參見資助者）
marketing materials for 爲捐贈者準備的行銷素材
as payer market 付費者市場
power 捐贈者權力
repeat 重複捐贈者
survey of 捐贈者的調查

duplication of service　服務重疊

E

- edifice complex　大廈情結
- education　教育
  - re donating　有關捐贈的教育
  - governments' role in　政府的教育角色
  - in-house training　內部訓練
  - re not-for-profit sector　有關非營利部門的教育
  - part-time students　兼職學生
  - road shows　巡迴教育
  - web site for　教育的網頁
- efficiency　效率
  - incentives for　效率的誘因
  - in market inquiry　市場調查的效率
- 80/20 rule　80/20 法則
  - customer contact　顧客接觸
  - implications of　80/20 法則的意涵
  - in marketing focus　行銷焦點中的 80/20 法則
- electric power utilities　電力能源公用事業
- e-mail　電子郵件
  - for customer feedback　顧客回饋專用的電子郵件
  - development program and　發展計畫與電子郵件
  - for information gathering　爲資料收集而設的電子郵件
  - newsletters　會務通訊
  - for surveys　調查專用的電子郵件
- endowments　捐贈
- entrepreneurship, social　社會的企業家精神
- environment　環境
- ethics. *See also* values　倫理（參見價值觀）
- evaluation　評估
  - of competitors　競爭對手的評估
  - of marketing materials　對行銷素材的評估

of web sites 網站的評估
executive summary 摘要
expectancy, pace of 期待的步調

F

failure 失靈
family activities 家庭活動
fears 恐懼
financial competitiveness 財務競爭力
financial planning 財務規劃
flexibility 彈性
financial 財務彈性
limits on 彈性的限制
in marketing materials 行銷素材的彈性
mental 心理上的彈性
need for 需要彈性
organizational 組織的彈性
in response to competition 回應競爭的彈性
retaining 保留彈性
focus groups 焦點團體
analysis of results 結果分析
compensation for 對焦點團體的酬謝
cost of 焦點團體的成本
facilitator for 焦點團體的引導者
information best gathered by 最適合從焦點團體蒐集的資料
length 焦點團體的時間長度
number of 焦點團體的次數
participant mix 混和各類參與者
question focus 問題焦點
question sample 問題範例
recording 記錄
for-profits 營利組織
as competitors 營利組織爲競爭對手

G

goals　目標
governments　政府
competition and　競爭和政府
dual roles as to　政府的雙重角色
funding bases　資助基礎
marketing materials for　針對政府的行銷素材
nonunitary nature of　政府的非單一本質
as payer market　政府做爲付費者市場
grants, competition for　補助，競爭補助
greetings　問候
guarantees　保證

H

health care. *See also* hospitals; managed care　醫療保健（參見醫院、管理式照護）
historic preservation　歷史保存
hospitals　醫院
hotel industry　旅館產業
human services　人群服務
federal government bidding for　聯邦政府人群服務招標
insurance and　保險和人群服務
referral sources　轉介來源

I

identity. *See also* mission　身分（參見使命）
maintaining　維持
market groups and　市場群和身分
multiple　多重身分
transition　過渡期
identity drift　認同改變（身分改變）
image. *See also* appearance　形象（參見外觀）

improvements. *See also* change　改善（參見變革）
- from market inquiry results　從市場調查結果而做的改善
- as part of marketing cycle　改善爲行銷循環的一部分

Independent Sector　獨立部門
inertia, overcoming　克服慣性
information, asking for. See market inquiry　詢問資訊（參見市場調查）
innovation. *See also* flexibility　創新（參見彈性）
- in donation requests　在邀請捐贈上的創新
- encouraging　鼓勵創新

insubordination　不順從
insurers　保險業者
internal markets　內部市場
- competition in　在內部市場的競爭

Internet. *See also* technology; web sites　網際網路（參見科技、網站）
- access to　網際網路的近用性
- for information gathering　爲資料蒐集而使用網際網路
- for research on competitors　爲研究競爭對手而使用網際網路

J

jargon　行話
job postings　公告職位出缺

L

letterhead　信頭
lobbying　遊說
location　位置
logo　商標

M

managed care　管理式照護
management　管理
- library　管理圖書館
- tools　管理工具

management support/service organizations (MSOs)　管理支援／服務組織
market analysis　市場分析
market definition　市場定義
　census trap　普查的陷阱
　competitors and　競爭對手與市場定義
　form for　市場定義的表格
　funders in　市場定義中的資助者
　groups within markets　市場中的不同群體
　information from　來自市場定義的資訊
　by marketing team　由行銷團隊定義市場
　process　過程
　segmenting markets　區隔市場
market inquiry　市場調查
　analysis of results　市場調查結果分析
　competitors' work　競爭對手的工作
　continuous　持續的市場調查
　culture for　市場調查的文化
　customer satisfaction from　來自市場調查的顧客滿意度
　feedback on　回饋
　focus groups　焦點團體
　frequency　市場調查頻率
　ignoring　忽視市場調查
　implementing　執行完成
　informal asking　非正式詢問
　information sharing　資訊分享
　internal information　內部資訊
　listening to answers　聆聽回答
　as marketing cycle activity　市場調查作為行銷循環活動
　methods　方法
　mistakes　錯誤
　need for　需要市場調查
　online　線上市場調查
　public relations distinguished　市場調查與公共關係的區隔

market inquiry (*continued*)　市場調查
responders' time　回覆者的時間
schedule for　市場調查的時間表
service provision information from　來自市場調查的服務供應資訊
surveys　調查
technology for　市場調查的技術
use of information　資訊的使用
value in　市場調查的價值
re web site　關於市場調查的網站
market orientation　市場導向
market redefinition　市場再定義
market-based organizations. *See also* competitiveness　以市場爲基礎、市場導向的組織（參見競爭力）
becoming　變成市場導向的組織
benefits of being　成爲市場導向的組織之好處
change process　變革過程
characteristics of　市場導向的組織之特質
support for transition　對變革的支持
marketing　行銷
big-ticket items　高價項目
as competitive edge　行銷成爲競爭優勢
difficulty in. *See* marketing disability　行銷的困難（參見行銷障礙）
elements/tasks of. *See also* marketing cycle　行銷的要素／任務（參見行銷循環）
expertise　行銷專長
importance of　行銷的重要性
linkage to competition　行銷和競爭的關係
as mission promotion　行銷是使命的發揚
need for　需要行銷
as process　行銷是過程
promotion distinguished　行銷與促銷的區隔
resources for　用來行銷的資源
team approach. *See also* marketing effort; marketing team　團隊模式

（參見行銷努力、行銷團隊）
technology assistance in　在行銷上的技術支援
Web resources　網路資源
marketing committee　行銷委員會
marketing cycle. *See also* marketing sequence　行銷循環（參見行銷順序）
activity order in　行銷循環的活動次序
application case studies　運用個案研究
competitive application of　競爭性地應用行銷循環
competitors and　競爭對手與行銷循環
continuous nature of　行銷循環的持續性本質
customer as center of　以顧客為行銷循環的中心
distribution. *See also* service delivery　配送（參見服務輸送）
evaluation　評估
market as beginning of　市場為行銷循環之開端
market definition/redefinition　市場定義／再定義
market inquiry　市場調查
pricing. *See* price setting　定價（參見訂定價格）
as process　定價是過程
promotion. *See* advertising　促銷（參見廣告）
service design/modification. *See* services　服務設計／修改（參見服務）
marketing director　行銷總監
marketing disability　行銷障礙
customer service and　顧客服務與行銷障礙
market inquiry use and　運用市場調查與行銷障礙
overcoming　克服行銷障礙
service recipients and　服務接受者與行銷障礙
sources of　行銷障礙的來源
marketing effort　行銷努力
attitude for　行銷努力的態度
inclusiveness of　行銷努力的包容性
staff role in　員工在行銷努力中的角色
targeting　鎖定目標

understanding　了解市場
wants of. *See* wants　市場的需要（參見需要）
media, representation in　媒體，在媒體中的再現
meetings　會議
membership　會員身分
marketing materials for　爲會員準備的行銷素材
as payer market　會員是付費者市場
mental health services　心理衛生服務
mission　使命
avoiding service mismatches with　避免與使命不符的服務
change outcome for　變革後的使命成果
commitment to　對使命的承諾
in fund-raising　募款中的使命
as guide　以使命爲引導
implementing　實踐使命
maintaining　維持使命
market opportunities at variance with　市場機會與使命的落差
mission statement　使命陳述
in marketing materials　行銷素材中的使命陳述
in marketing plan　行銷計畫中的使命陳述
visibility of　使命陳述的能見度
mission-based organizations　使命導向（以使命爲本）的組織
mistakes　錯誤
in market inquiry　市場調查的錯誤
in problem solving　問題解決的錯誤
monopolies　獨占
customer service by　獨占的顧客服務
geographic　地理上的獨占
loss of　失去獨占地位
MSOs. *See* mangement support/service organizations　管理支援／服務組織
museums　博物館

N

National Council of Nonprofit Associations　全國非營利協會組織
National Public Radio　全國性公共廣播電台
needs　需求
　assessments　需求評估
　assumptions about. *See also* marketing disability　有關需求的假設（參見行銷障礙）
　focus on　聚焦於需求
　having　有需求
　knowing　知道需求
　meeting　滿足需求
　transforming to wants　將需求轉化成需要
　wants distinguished　需要與需求的區分
new, focus on　新，聚焦於新
newsletters, online　會務通訊，線上會務通訊
nonprofit associations　非營利協會
not-for-profit areas　非營利領域
not-for-profit　非營利
　database of　非營利的資料庫
　expectations re　關於對非營利的期待
　markets of. *See* markets　非營利的市場（參見市場）
　naming　命名
　need for　非營利的需求
　provider choices　供應者的選擇
　rules for　非營利的規則
　successful　成功的非營利
　wealth of　非營利的財富
nutrition　營養

O

objectives　目標
offices　辦公室

organizational chart/table　組織的圖／表
outcome measures　成果測量
outcomes　成果（效）
　documenting　記錄成果
　in marketing plan　行銷計畫中的成果
　from marketing team　來自行銷團隊的成果
　referral follow-up　轉介的追蹤
outsourcing　契約委外

P

payer markets　付費者市場
　competition in　付費者市場的競爭
　e-mail　電子郵件
press　新聞界
price setting　訂定價格
price wars　價格戰
pricing　定價
　competitors'　競爭對手的定價
printers　印表機
printing costs. *See also* marketing materials　印刷成本（參見行銷素材）
prisons　監獄
privatization　私有化（民營化）
problem solving　問題解決
　asking about wants　詢問需要
　customer perspective in　顧客在問題解決上的觀點
　documentation for　為問題解決留下記錄
　follow-up　追蹤
　listening to complaint　傾（聆）聽抱怨
　mistakes in　在問題解決上的錯誤
　promises　承諾解決問題
　speed in　問題解決的速度
　staff empowerment　員工授能（充權）
process measures　過程的測量

product cycle　產品週期
product definition　產品定義
products　產品
　　design/modification of　產品設計／修改
　　new　新產品
profit, entitlement to　利潤，應享有的利潤
promotion. *See also* advertising; sales　促銷（參見廣告、銷售）
public records　公共記錄
public relations　公共關係

Q

quality　品質
　　checking　品質檢查
　　improving　改進品質
　　maintaining　維持品質
　　perception of　對品質的看法

R

rapid-response environment　快速回應的環境
referral sources　轉介來源
　　competition for　轉介來源的競爭
　　competitor information from　從轉介來源獲得競爭對手的資料
　　customers as　顧客是轉介來源
　　as market　轉介來源是市場
　　marketing materials for　針對轉介來源設計的行銷素材
　　permission for use　轉介來源的使用許可
　　surveys of. *See also* surveys　轉介來源的調查（參見調查）
　　thanks to　對轉介來源表示感謝
religion. *See also* churches　宗教（參見教會）
rental car industry　出租車輛產業
reputation. *See also* image　聲望（參見形象）
research. *See also* market inquiry　研究（參見市場調查）
　　by competitors　由競爭對手所做的研究

on competitors　針對競爭對手所做的研究
online　線上研究
resources for　研究資源
statistically significant results　統計上顯著的結果
response time　反應時間
risk taking　冒險
for change and flexibility　為了變革和彈性而冒險
for customers　為了顧客而冒險
by delegation　授權的風險
in informal market inquiry　在非正式的市場調查中的冒險
in problem solving　在問題解決過程中的冒險

S

safety　安全
sales　銷售
availability　銷售的可得（及）性
solving customers' problems　解決顧客的問題
schools, public　學校，公立學校
secrecy　祕密
self-assessment　自我評估
service delivery. *See also* distribution　服務輸送（參見配送）
service, duplication of　服務，服務重疊
service markets　服務市場
competition in　服務市場的競爭
service orientation　服務導向
in marketing materials　行銷素材中的服務導向
service population. *See also* customers; market definition　服務人口群（參見顧客、市場定義）
advertising　廣告
changing　改變中的服務人口群
competition for　為服務人口群而競爭
service recipients. *See also* customers of competitors　服務接受者（參見競爭對手的顧客）

for surveys　為調查而設計的軟體
upgrading　軟體升級
stability　穩定性
financial　財政的穩定性
staff　工作人員
backgrounds of　工作人員的背景
changes in　工作人員的變革
competition education for　對工作人員的競爭教育
competition for　競爭（爭取）工作人員
as customers　工作人員是顧客
discussion of change with　與工作人員討論變革
effect on organization　工作人員對組織的影響
e-mail　工作人員的電子郵件
empowerment. *See also* customer service　對工作人員的授能（參見顧客服務）
informal market inquiry by　由工作人員進行非正式市場調查
as information source　工作人員是資訊來源
information use by　由工作人員使用的資訊
as internal market　工作人員是內部市場
job satisfaction　工作人員工作滿足感
listening skills　工作人員傾（聆）聽技巧
as market　工作人員是市場
marketing involvement. *See also* marketing effort　行銷參與（參見行銷努力）
marketing materials for　為工作人員設計的行銷素材
on marketing team　行銷團隊裡的工作人員
motivating　激勵工作人員
pay　支付工作人員
recruiting difficulties　工作人員的招募困難
resistance to change　工作人員抗拒改變
retraining　工作人員再訓練
skills needed in　工作人員需要的技巧
source of　工作人員的來源

question sequence and wording　問題的順序和措詞
referral sources　轉介來源
repeat　重複
return rate　回覆率
sample　樣本
of service recipients　服務接受者的調查
software for　調查軟體
staff　員工
tabulation　表格化
testing　前測
thanks to responders　向回覆者致謝
trend tracking　追溯趨勢資料
who to survey　調查對象

SWOT analysis　SWOT（優勢劣勢機會與威脅）分析
symphonies　交響曲

T

target markets　目標市場
contacts in　在目標市場的接觸
80/20 rule　80/20 法則
focusing on　聚焦目標市場
ignoring　忽視目標市場
marketing materials' connection with　行銷素材與目標市場相連結
marketing plan identification of　行銷計畫對目標市場的確認
marketing team assignment to　指派行銷團隊成員到各個目標市場
overlap with competitors　與競爭對手重疊的目標市場
prioritizing　賦予目標市場優先性

taxation　徵稅
technology　科技
access to　科技的近用性
availability of　科技的可得（及）性
changes in　科技的變革
cost of　科技的成本

- technology (*continued*)　科技
  - for information gathering　蒐集資訊之用的科技
  - interference with service　科技阻礙服務
  - for market inquiry　協助市場調查的科技
  - for marketing assistance　協助行銷的科技
  - for marketing materials production　產製行銷素材的科技
  - for organizational development　協助組織發展的科技
  - overuse　過度使用科技
  - role of　科技的角色
  - uses of　運用科技
  - voice mail　語音郵件
- telecom　電信
- telephone service　電話服務
- thrift stores　慈善二手商店
- titles　標題
- trade association　貿易協會（商會）
- trademarks　商標
- traditions　傳統
- trend analysis　趨勢分析
- trends, measuring　趨勢，測量趨勢
- truth　眞理

U

- United Way　聯合勸募
  - survey help from　聯合勸募的調查協助
- unrelated business income　非關商業收入
- urgency, compassionate. *See* compassionate urgency　急迫感，同情的急迫感（參見感同身受的急迫感）
- user fees　使用者費用

V

- value　價值
  - adding　增加價值（增值）

W

wants (*continued*)　需要
- assumptions about. *See also* marketing disability　有關需要的假設（參見行銷障礙）
- as change drivers　需要是改變的驅動者
- changes in　需要的改變
- choice of meeting　會議選擇
- in conflict with mission/values　與使命／價值相衝突
- discerning. *See also* market inquiry　有洞察力的（參見市場調查）
- of donors　捐贈者的需要
- of fiscal intermediaries　財務媒介的需要
- focus on　聚焦於需要
- of funders　資助者的需要
- ignoring　忽視需要
- of internal markets　內部市場的需要
- lumping groups' together　將各群體的需要混為一談
- market expectations　市場預期
- marketing materials appealing to　訴求於需要的行銷素材
- marketing plan analysis of　行銷計畫的需要分析
- meeting　滿足需要
- of membership　會員的需要
- needs distinguished　需要與需求的區分
- of payer markets　付費者市場的需要
- primacy of　首位
- of referrers　轉介者的需要
- responding to　對需要的回應
- satisfying　滿足需要
- seeking　尋求需要
- sensitivity to　對需要的敏感度
- re service delivery　有關於服務輸送的需要
- of staff　員工的需要
- targeting　鎖定目標
- transforming to needs　將需要轉變為需求
- of users　使用者的需要

web sites　網站
- for advertising　爲廣告而設的網站
- affiliations　連結
- of competitors　競爭對手的網站
- content　網站內容
- costs　網站成本
- donations via　經由網站捐款
- education via　經由網站教育
- evaluating　評估網站
- as feedback access point　網站作爲回饋點
- information currency　網站資訊流通
- for information gathering　爲資訊蒐集而設的網站
- links　網站連結
- marketing concepts incorporated into　將行銷概念併入網站
- for research　爲研究而設的網站
- restricted area　受限範圍

Welfare-to-Work initiative (Texas)　（德州）工作福利計畫

work plans　工作計畫

X

Xerox Corporation　全錄公司

Y

youth activities　青年活動

Z

zoos　動物園

國家圖書館出版品預行編目資料

非營利組織行銷：以使命為導向 / Peter C. Brinckerhoff著；許瑞妤等譯；劉淑瓊校譯. -- 初版. -- 台北市：揚智文化, 2004[民93]
面； 公分. --（社工叢書；27）

譯自：Mission-based marketing: positioning your not-for-profit in an increasingly competitive world
ISBN 957-818-668-1（平裝）

1. 市場學 2. 非營利組織

496 93015523

非營利組織行銷：以使命為導向 社工叢書27

著　　者／Peter C. Brinckerhoff
校 譯 者／劉淑瓊
譯　　者／許瑞妤、鍾佳怡、雷宇翔、李依璇
出 版 者／揚智文化事業股份有限公司
發 行 人／葉忠賢
總 編 輯／林新倫
執行編輯／晏華璞
登 記 證／局版北市業字第1117號
地　　址／台北市新生南路三段88號5樓之6
電　　話／(02)2366-0309
傳　　真／(02)2366-0310
E-mail／service@ycrc.com.tw
網　　址／http://www.ycrc.com.tw
郵撥帳號／19735365
戶　　名／葉忠賢
印　　刷／鼎易印刷事業股份有限公司
法律顧問／北辰著作權事務所　蕭雄淋律師
初版一刷／2004年10月
定　　價／新台幣500元
ＩＳＢＮ／957-818-668-1
原文書名／MISSION-BASED MARKETING: Positioning Your Not-for-Profit in an Increasingly Competitive World (second edition)